天下文化
BELIEVE IN READING

科學文化　167A

完美的理論
一整個世紀的天才與廣義相對論之戰

THE
PERFECT THEORY
A Century of Geniuses
and the Battle over General Relativity

by Pedro Ferreira

費瑞拉／著　蔡承志／譯

完美的理論

一整個世紀的天才與廣義相對論之戰

__contents

THE
PERFECT THEORY
A Century of Geniuses
and the Battle over General Relativity

導讀

美是均衡中有錯愕

陳丕燊（臺大梁次震宇宙學與粒子天文物理學研究中心主任）

　　在人類歷史的長河裡，追求對宇宙的了解從未間斷。遠的不說，從文藝復興與末期的伽利略開啟近代物理學的先河起，四百年來物理學走在所有科學的前端，發展成高度抽象化、數學化，卻又嚴格實證的一門學問。牛頓的重力理論簡潔的定律和方程，以無比的穿透性，一舉把蘋果落地和月球繞地，統一在同一個萬有引力的概念下。十九世紀馬克士威把法拉第的發現進一步推廣，結合原有對靜電與靜磁的知識，推導出如詩句一般有節奏與對稱美的四個方程式，完美的揭示電磁相生的電動力學，也因而催生了愛因斯坦1905年提出歷史性的「狹義相對論」。而物理學的發展雖然如此的精緻化，卻還沒有到達人類思想創造力的極致，直到1915年，愛因斯坦經過十年的尋尋覓覓，終於發現並完成「廣義相對論」的正確結構，才真正的登峰造極！

　　廣義相對論在人類思想史上之所以獨樹一幟，固然是因為它包容並擴大了牛頓重力理論到極高的密度和極接近光速的狀況，因而能解釋牛頓重力理論所不能解釋的水星進動現象，並提出重力透鏡、黑洞、大霹靂等等先後經觀測證實的預測；這些本來就是一個正確的物理理論的必要條件。狹義相對論與廣義相對論從理論的角度看，它們與歷史上任何物理理論體系的根本不同處，在於它們從很少的幾個定義，譬如同時性，及無可爭辯的「公設」，譬如相對性原理及等價原理出發，而推導出完美的「定理」，譬如狹義相對論的勞倫茲轉換式，及

廣義相對論的愛因斯坦場方程。這樣的建構，已經和歐幾里得幾何一樣，煥發出無比的智性、理性之美。而多半物理學家都會同意，在狹與廣之間，前者如果世上沒有愛因斯坦，別人可能稍後也會發現。但是後者則是遠遠超越時代的曠世天才之作，像米開朗基羅把年輕的大衛從大理石中「請」出來一樣，全無斧鑿，宛若天成。

廣義相對論從 1915 年發表以來，它的孕育、誕生、成長、徬徨、再起、雄霸、到修正，在過去一百年裡，充滿了曲折的情節，好像一個探險家的奇幻之旅，充滿了戲劇性。難怪除了全球物理學界紛紛舉辦研討會，包括筆者服務的單位在內，慶祝廣義相對論百年大壽、回顧過去並展望未來，媒體及出版界也大量報導及發行專書，其中牛津大學費瑞拉教授所著《完美的理論》最值得推薦。費瑞拉承襲了物理學界數十年來的優良傳統，由做過重大學術貢獻的物理學者，主動積極的撰寫深入淺出、生動有趣的科普著作，使社會大眾能適當了解科學最前沿的發展。這優良傳統當中最膾炙人口的，當然是霍京（Stephen Hawking）教授的《時間簡史》，但是費瑞拉的《完美的理論》這一部廣義相對論簡史，實在不遑多讓。

《完美的理論》全書分為序幕及本文十四章。序幕解釋了全書的主旨及作者本身和主題的關連，也巧妙的為他在全書結尾時描述他代表歐洲物理學界赴非洲西海外普林西比島，為愛丁頓歷史性的 1919 年日全食觀測立碑，從而提到他的祖母竟然生長在這塊當年葡屬殖民地上，留下了伏筆。物理，就像人類其他的智慧創造活動，十分重視承傳，不但在學理上，也在個人的因緣互動上。從作者這個小小的與祖母的連結，我們感受到作者和廣義相對論之間，除了學問上的連結，還有個人的、感性的另一個維度的縱深。全書的主要目標當然是簡介廣義相對論的歷史，但是作者大量穿插各路英雄豪傑成功、失敗、困頓、掙扎的故事，引人入勝且兼具幽默，使得硬邦邦的科學解釋多了一層人性化的潤澤。

在本文的十四章裡，頭兩章〈當你成為自由落體〉與〈愛因斯坦最珍貴的發現〉，描述了愛因斯坦在1905年狹義相對論成功的把馬克士威的電動力學和時空的相對性及光速的絕對性連結起來之後，如何進一步把牛頓的重力理論容納進相對性原理的種種嘗試與挫折，以及如何從「思想實驗」發現「等價原理」（廣義相對論的基礎）的心路歷程。愛因斯坦曾經說，這個洞見是他「一生中最快樂的一瞬」，而他終於在1915年定案的愛因斯坦場方程，則是他「一生中最珍貴的發現」。

經過了艱辛的孕育和光榮的誕生，廣義相對論進入了它的成長期，從1915年持續到1930年代。第3、4兩章精采描述了這段歷史：這一幕的主角們，從一次大戰東普魯士前線的德國人施瓦氏，俄羅斯的應用數學家兼氣象學家傅里德曼，到比利時的神父勒梅特，像是梁山泊一百零八條好漢，盡是各路英雄。值得提醒讀者的是，這段期間廣義相對論的進一步發展，大都不是愛因斯坦自己做出的。不但如此，這些愛因斯坦場方程的解，往往和他的物理直覺相牴觸。的確，根據廣義相對論的數學所得出的解，包括宇宙擴張、黑洞、或時空奇異點，都大大超出愛因斯坦自己的想像。可以說，當潘朵拉把盒子打開後，病毒四散，已不是她所能掌控的了。

接下來的數十年，廣義相對論進入了徬徨、沉潛期。最主要的原因有二。一個是自身的，另一個是外在的。自身的原因是它所涉及的物理條件距當時的世界還太遠，以致於除了起初幾個可驗證的現象之外，再沒有什麼可以檢驗它的現象了。而它的數學也實在太困難，在算完了各種理想化、對稱性的解之後，進展也就緩慢下來。外在的原因恐怕更關鍵。那就是1920年代發生的另一場歷史性的物理學革命：量子力學。在一段長時間裡，它吸引了全球物理學界最聰明的頭腦，而廣義相對論也就相對乏人問津了。

1960年代開始了廣義相對論的再起和復興。不意外的，這是因為

天文觀測受惠於二次大戰期間雷達無線電及戰後各種科技的發展，以及新穎數學技巧的發現。本書作者對此有極詳盡且生動的描述。經歷了這一段「黃金年華」，物理學界透過霍京－潘若斯的幾個「奇異點定理」，終於接受黑洞及大霹靂等時空奇異點是廣義相對論不可逃避的結論，而潘奇亞斯－威爾遜發現的「宇宙微波背景輻射」（cosmic microwave background, CMB）和其他重大的天文發現，則大大的強化了廣義相對論的說服力。

　　1990 年代以來，廣義相對論已經雄霸天下。相對於高能粒子加速器愈來愈難建造，而實驗計畫愈來愈少的情況，宇宙學及重力的觀測及實驗計畫，則從早期宇宙的暴脹到晚期宇宙的加速擴張、從星系中央的超巨黑洞到重力波，多如過江之鯽。這景況和半世紀前正好顛倒過來，歷史又一次帶給我們嘲諷。如今廣義相對論已經成為顯學，是全世界主要大學物理系必開的課程。

　　理論家並沒有閒著。眾所周知，二十世紀的兩大物理學革命：相對論與量子論，分別極為成功的詮釋了巨觀宇宙與微觀宇宙，卻互不相「融」。各種量子重力理論在過去幾十年紛紛提出，包括弦論及迴圈量子重力論，但是至今都還沒有成功。其實這些努力並非無的放矢。霍京在 1974 年發現著名的「黑洞蒸發」現象之後不久就指出，他的黑洞蒸發會導致所謂「黑洞訊息消失悖論」，就是說量子力學的基本假設：機率守恆，和廣義相對論不能相容。此外在晚期宇宙加速擴張的解釋上，所有數據都傾向支持愛因斯坦的宇宙常數，可是在廣義相對論裡，它只是一個任意值的常數。量子真空能量是宇宙常數一個自然的微觀解釋，可是它的值卻比加速擴張所需的暗能量密度大了 124 個數量級！量子真空能量顯然絕不能參與重力作用，否則我們的宇宙早就煙消雲散、夭折了。凡此種種，都指向成功結合相對論與量子論的重要性與必要性。可以說，這是二十一世紀物理學最具挑戰的課題。有朝一日，當我們終於將量子與重力融合時，時間和空間在最微觀的尺

度上，還會是愛因斯坦揭示的圖像嗎？

筆者依稀記得多年前閱讀美學家朱光潛的名著《談美》時，曾經讀到作者引用某位西方美學家的一句話而印象深刻：「美是均衡中有錯愕」（可惜上網查證卻遍尋不得）。這句話用來形容愛因斯坦登峰造極的廣義相對論也十分恰當。

本書作者稱呼廣義相對論為「完美」的理論。什麼是完美？就像傑出的音樂與美術作品，經典物理理論結構的自然性、對稱性、自恰性、穿透性、普適性等等，在在給人智性的美感，而當這些完美的理論竟然能解釋、進而預測微觀或巨觀宇宙時，它也就同時具有感性的、甚至宗教性的美。還有什麼比「完美」更美嗎？依筆者的看法，那應該是在完美之餘，竟有一些破缺。我懷疑，維娜斯雕像如果雙手仍在、完整無缺，會不會還是那麼美呢？

廣義相對論從簡單而自然的公設出發，得到一組均衡而完美的愛因斯坦場方程，從時空的誕生到消亡，上下四方、古往今來，無所不包。但是廣義相對論對於宇宙常數的任意性，竟無從解釋。愛因斯坦曾經說：「引進這樣的常數，就意味著在相當程度上放棄了這個理論的邏輯簡單性。」而這個史上最完美理論的瑕疵，卻使它顯得更美！

■本文作者陳丕燊簡介：美國加州大學洛杉磯分校（UCLA）理論粒子物理學博士，國際知名的物理學家。目前擔任臺灣大學物理學系暨天文物理研究所講座教授、臺大梁次震宇宙學與粒子天文物理研究中心主任、美國史丹福大學卡福立粒子天文物理與宇宙學研究中心（KIPAC）終身研究員。2009年陳丕燊教授在國際上發起，與美國、歐洲、日本等多國合作，打造史上最大型的微中子天文台「天壇陣列」（ARA），聆聽來自冰原中的無線電波訊號，來觀測宇宙的極高能微中子。這是中華民國百年來第一個在南極大陸進行的大型科研計畫。他曾在2011年底前往南極，參與安裝第一座ARA觀測站。在提高台灣天文及物理研究的國際能見度上，貢獻良多。

廣義相對論一百年

如果二十世紀是量子物理的世紀，

那麼二十一世紀將是愛因斯坦廣義相對論

完全發揮的舞臺。

1919 年 11 月 6 日，愛丁頓（Arthur Eddington, 1882-1944）在英國皇家學會與皇家天文學會的聯合年會上起身發言，他所宣布的研究結果，悄悄推翻了當時重力物理的典範理論。這位劍橋天文學家以嚴肅、平穩的語調，描述了他到非洲西海岸外一座草木茂盛、名叫普林西比（Príncipe）的小島上所做的觀測。

愛丁頓在那座小島上架設了一臺望遠鏡，來拍攝某次日全食的照片，他特別留心去捕捉的，是散布在太陽背後的一團黯淡恆星的身影。藉由測量那些恆星的位置，愛丁頓發現英國科學界的守護神牛頓（Isaac Newton, 1642-1727）所發明的重力理論其實是錯誤的，但是在過去兩百多年來，卻一直被當成真理來看待。愛丁頓主張，牛頓理論的地位，應該由愛因斯坦（Albert Einstein, 1879-1955）所提出的一個嶄新、正確的理論來取代，這理論就是**廣義相對論**（general theory of relativity）。

全世界只有三個人懂廣義相對論？

當時愛因斯坦的理論已經頗為人知，一方面是因為它有潛力解釋宇宙的奧祕，另一方面更是因為它出奇的難懂。典禮結束之後，聽眾與講者一起在演講廳裡緩步移動，準備離開會場，進入早已夜幕低垂的倫敦市區。

這時候，波蘭物理學家席伯斯坦（Ludwik Silberstein, 1872-1948）走到愛丁頓身邊。席伯斯坦曾寫過一本關於愛因斯坦那範圍比較窄的**狹義相對論**（special theory of relativity）的書，而且那天他非常專注的聆聽了愛丁頓的演說。他跟愛丁頓說：「愛丁頓教授，全世界懂廣義相對論的只有三個人，您想必就是其中一

位。」愛丁頓並沒有馬上回答他，於是他又補了一句：「您不用
謙虛哪，愛丁頓教授。」愛丁頓兩眼直盯著他，說：「我不是在
謙虛，我只是在想那第三位仁兄是誰！」

　　我自己第一次注意到愛因斯坦的廣義相對論時，懂廣義相對
論的人數很可能已經又再往上調升了。當時是 1980 年代初期，
我在電視系列節目「宇宙」上，看到薩根（Carl Sagan, 1934-1996）
正在談論時間與空間可以如何收縮或伸展。我馬上請我老爸解釋
這理論給我聽。他唯一能跟我說的是：這個理論非常、非常難。
「幾乎沒有人懂廣義相對論，」他說。

　　但我可沒那麼容易就被勸退。這個古怪的理論有著某種非
常吸引人的魅力——它那扭曲的時空網格纏裹著深幽、荒蕪的虛
空，束勒出曲線優雅的頸部。在「星艦迷航記」（Star Trek）的舊
影集中，當企業號因為遭遇到一顆「黑星」而被送回過去，或是
當寇克船長在時空的不同維度之間遊移時，我都看到了廣義相對
論的應用。它真的有可能這麼難以理解嗎？

　　幾年之後，我前往里斯本讀大學。我在一棟由石材、鋼鐵及
玻璃建成的獨幢建築裡攻讀工程學位，這樣的建築物是薩拉查[1]
獨裁政權下的典型法西斯式建築。這樣的安排讓我們可以一堂接
著一堂，無止盡的修課。在課堂上我們被教導一些實用的知識：
如何建造電腦、橋梁與機器。我們當中某些人會利用課餘時間，
自己去讀近代物理，來跳脫那日復一日的繁重課程。我們都希望
成為愛因斯坦。

　　偶爾，愛因斯坦的理論會出現在課堂上。我們學到能量與質

[1] 譯注：António de Oliveira Salazar，葡萄牙獨裁者，1932 年至 1968 年擔任葡萄牙總理。

量之間的關係，也知道光其實是由粒子所構成。等到要上電磁波時，我們開始接觸愛因斯坦的狹義相對論。愛因斯坦是在1905年建構出這理論，當年他年紀輕輕、才二十六歲，只比當時課堂上的我們大幾歲。一位思想比較開明的老師，要我們去讀愛因斯坦的原始論文。和我們平常要做的那些繁瑣習題比較起來，這些論文就像是一顆顆小寶石，簡潔而明晰。但是，廣義相對論——愛因斯坦最宏大的時空理論，卻不在我們的菜單上。

後來，我決定自學廣義相對論。我仔細搜尋學校圖書館裡的藏書，並且發現不少非常吸引人的專著及教科書，這些書是二十世紀最偉大的一些物理學家與數學家撰寫的，其中包括來自劍橋的皇家天文學家[2]愛丁頓；來自哥丁根的幾何學家外勒（Hermann Weyl, 1885-1955）；以及量子物理開創者薛丁格（Erwin Schrödinger, 1887-1961）與包立（Wolfgang Pauli, 1900-1958）。對於該如何講授愛因斯坦的理論，他們各有各的想法。

當中有一本廣義相對論巨著，看起來就像一本厚重的黑色電話簿，頁數超過一千，裡面還有許多精采的圖示及注解，作者是三位普林斯頓大學的相對論學者。[3]另一本由量子物理學家狄拉克（Paul Dirac, 1902-1984）所寫的書，卻只有薄薄七十頁。我感覺自己進入了一個全新的觀念世界，在這世界住著的都是一些最精采、最迷人的觀念。

[2] 譯注：原文Astronomer Royal，是英國天文學界崇高的名譽職務，但愛丁頓似乎並未擔任過此職務。

[3] 譯注：作者指的是Charles W. Misner、Kip S. Thorne與John A. Wheeler合寫的廣義相對論經典作《重力》（Gravitation）。

要了解他們的觀念並不簡單。我必須自己學習使用一種全新的方式來思考，而我所要憑藉的工具，乍看起來就像是某種難以捉摸的幾何學及深奧的數學。想要將愛因斯坦的理論解碼，我需要先能掌握某種陌生的數學語言。我不知道的是，愛因斯坦當初絞盡腦汁要弄出他自己的理論時，也同樣經歷了這些過程。在我學會那語言的語彙與語法後，我才很驚訝的發現自己竟然可以用它做那麼多事。我一生與廣義相對論的愛戀情緣就此展開。

解開宇宙奧祕之鑰

下面這句話聽起來也許有點言過其實，似乎將廣義相對論捧上了天，但我還是忍不住要這麼說：能夠駕馭愛因斯坦的廣義相對論，就等於得到了一把宇宙奧祕之鑰，讓我們得以了解宇宙的歷史、時間的起源，以及宇宙中所有恆星與星系的演化。

廣義相對論可以告訴我們在宇宙最遙遠之處有什麼東西，並且解釋這樣的知識對於在這裡、在此刻的我們會有何影響。愛因斯坦的理論還能幫助我們了解最小尺度的世界，在那裡最高能量的粒子可以從無變有。廣義相對論甚至能解釋實體、空間及時間等結構是如何出現，並演變為大自然的骨幹。

我在那幾個月的密集研讀中，學到了一件事，那就是廣義相對論讓時間與空間得到了生命力。空間不再只是一個讓事物存在的地方，時間也不再只是個滴滴答答響的鐘，用來標記事情發生的時刻。根據愛因斯坦的說法，任何一塊物質的出現，小自粒子、大到星系，都會讓空間和時間跳起宇宙之舞，彼此恣意交織，產生複雜的模式，並帶出各種非常奇特的效應。從愛因斯坦

提出廣義相對論那刻開始，它就被用來探索這個自然世界。它告訴我們：宇宙其實是一個以驚人速率**擴張**（expanding）的動態處所，其中充斥著許多黑洞（時空中具有毀滅性的洞）、以及規模超大的能量波，它們各自攜帶的能量幾乎和一整個星系一樣多。廣義相對論讓我們到達先前無法想像可到達的地方。

我剛開始學廣義相對論時，還有另一件事讓我感到很驚訝。雖然愛因斯坦只花不到十年的時間，就發展出廣義相對論，但它卻從那時到現在都維持原貌。在將近一世紀的時間中，許多人認為廣義相對論是物理學上的完美理論。對於有榮幸發現這理論的人來說，這是極大的推崇。

做為當代思潮的一個中心理論，也做為和梵蒂岡的西斯汀教堂、巴哈的無伴奏大提琴組曲、以及義大利大導演安東尼奧尼的電影一樣重要的文化成就，廣義相對論已經成為堅定不移的代表圖像。

廣義相對論可以簡潔的凝縮成一組易於概括及寫下來的方程式與定則。這些方程式不僅美妙，還可以告訴我們關於這個真實世界的事，並且用來做一些關於宇宙的預測，而這些預測後來也由實際的天文觀測證實了。物理學家深信，還有更多深層的奧祕埋藏在廣義相對論中，等著我們去發掘。我還能期待找到比廣義相對論更棒的研究主題嗎？

高潮迭起，壯闊非凡

將近二十五年來，廣義相對論已經成為我每日生活的一部分。它在我的許多研究扮演著中心角色，也提供扎實的理論基

礎，讓我和我的研究夥伴可以嘗試去了解許多問題。我與愛因斯坦理論邂逅的經驗一點也不獨特；我遇過許多來自世界各地、受到愛因斯坦理論深深吸引的人，他們一生都致力於發掘它的奧祕。我所謂的「世界各地」真的是指世界各地。我經常收到各地寄來的科學論文，從金夏沙到克拉科夫[4]，從坎特伯里到聖地牙哥。這些作者嘗試找出**廣義相對論的**新解，甚至提出對廣義相對論的可能修正。

愛因斯坦的理論也許很難理解，但是它也很民主；它的艱澀與難解正意味著，在人們完全掌握它的所有意涵之前，還有許多研究可做。在這裡，任何一個有筆、有紙、有毅力的人都有發揮的機會。

我經常聽到博士論文指導教授勸告他們的學生：別專攻廣義相對論，以免將來找不到工作。對許多人來說，廣義相對論太深奧了。投注一生來研究廣義相對論，絕對只是**犧牲奉獻**，幾乎可說是一種不負責任的職業選擇。但是一旦你被這隻廣義相對論之蟲咬到，你就絕對不可能再將相對論拋下。我最近遇到氣候變遷建模學界的一位重量級學者。他是皇家學會院士，在這個異常困難、至今仍然難有突破的領域，他是一位真正的開拓者，是預測天氣與氣候的專家。但他並不是一直以此為業。事實上，1970年代，當他還是個年輕人時，研究主題正是廣義相對論。那是將近四十年前的事了，當我們第一次見面時，他苦笑著跟我說：「事實上，我也是相對論學者。」

我有一位朋友多年前離開學術界，在那之前他曾花了近二十

---

[4] 譯注：金夏沙（Kinshasa）是剛果民主共和國的首都，克拉科夫（Kraków）是波蘭的舊都。

年的時間，從事愛因斯坦理論的研究。現在他在一家軟體公司任職，負責研發及建置可以儲存大量數據的機器。每個星期他都要飛到世界各地，為銀行、企業及政府機構的辦公室架設這些複雜而且昂貴的系統。但是每次我們見面，他還是喜歡考我一些關於愛因斯坦理論的事，或是跟我分享他最近關於廣義相對論的一些想法。他還是無法忘懷相對論呢！

關於廣義相對論，有件事一直困擾著我。那就是，雖然廣義相對論已經出現一個世紀了，但它卻持續為我們帶來新的研究成果。我原本以為，在人類投注了如此多的腦力來研究廣義相對論之後，這個理論應該早在幾十年前，就被研究透澈並且清理得很乾淨了。這個理論或許真的很難，但它所能提供我們的知識，總該有個上限吧？知道有黑洞，以及宇宙一直在擴張，難道還不夠嗎？但是，在我持續與愛因斯坦理論所衍生的各式概念角力，並接觸過許多研究廣義相對論的絕頂聰明學者之後，我才發現，廣義相對論的發展史本身也是高潮迭起、而且壯闊非凡，甚至就和理論本身一樣複雜。要了解這個理論為什麼是如此，呃，有生命力，沒有其他方法，就是跟它一起經歷它在百年的生命期中，所經歷過的苦楚與陣痛。

二十一世紀是廣義相對論的大舞臺

這本書是廣義相對論的傳記。愛因斯坦關於時間與空間是如何結合在一起的想法，已經發展出它自己的歷史，在整個二十世紀中，它為全世界最頂尖的頭腦帶來許多的愉悅與挫折。廣義相對論持續將出人意料的古怪洞見，帶入自然世界中，這些洞見有

時候連愛因斯坦都覺得難以接受。

　　隨著這個理論從一個心靈傳到另一個心靈，嶄新而且沒人預期的結果，已經在最奇特的情境中陸續現身。黑洞的概念最早是在第一次世界大戰的戰場上被人想到，隨後在美國、蘇聯的原子彈先驅手中趨於成熟。宇宙擴張的想法最早是由一位比利時神父及一位俄國數學家暨氣象學家所提出。在驗證廣義相對論上扮演重要角色的一些新奇天體，也幸運的讓人發現了——比方說，約瑟琳・貝爾（Jocelym Bell, 1943- ）在劍橋附近的沼澤地，將鐵絲網架在由木頭與鐵釘搭建的脆弱結構上，接收來自太空的訊號，因而發現了中子星。

　　廣義相對論也在二十世紀幾場重要的智力競賽中，扮演關鍵角色。在希特勒統治下的德國，廣義相對論是受迫害的對象；在史達林統治下的蘇聯，它被追捕；在1950年代的美國，它遭到蔑視。廣義相對論讓物理及天文學界某些名聲響亮、各自想要率先找出宇宙終極理論的人物彼此對立。他們爭論的焦點包括：「宇宙是從一場爆炸開始，或者它是恆久不變的？」以及「時間與空間的基本結構到底為何？」廣義相對論還將遠在世界各地的研究社群聚集起來：在冷戰期間，蘇聯、英國及美國的科學家聚在一起，嘗試解開黑洞起源的問題。

　　廣義相對論的故事並非全在講過去。在過去十年間，有件事已經變得很清楚，那就是：倘若廣義相對論是正確的，那麼絕大部分的宇宙就是黑暗的。宇宙中充斥著一些不僅不發射光，也不會反射或吸收光線的物質。觀測上的證據已經非常充分，讓人無可抵賴。將近三分之一的宇宙似乎是由暗物質（dark matter）所構成，那是沉重、無法被看見、像忿怒的蜂群似的繞著星系飛行

的物質；而三分之二的物質則是以太（ether）式的物質，那是能夠將空間推開的**暗能量**（dark energy）；僅有百分之四的宇宙是由我們所熟悉的物質（亦即原子）所構成。我們實在是非常微不足道——我的意思是，如果愛因斯坦的理論是正確的話。但也有可能，我們已經到達廣義相對論的極限，愛因斯坦的理論開始要破裂了。

廣義相對論的故事精采十足

理論物理學家彼此競爭，想要搶先發展出新的大自然基本理論，而愛因斯坦理論在其中扮演著關鍵的角色。**弦論**（string theory）嘗試走得比牛頓及愛因斯坦更遠，試圖將自然界的每樣東西都整合在一起。弦論所根據的就是複雜的時空結構及高維空間裡的一些奇異的幾何性質。弦論比愛因斯坦理論更加奧祕，許多人把它視為終極理論，但另一些人卻嗤之以鼻，把它看成是羅曼史小說之流，甚至有人認為它連科學都稱不上。弦論就像是與主流宗教分道而馳的一支祕密宗教，如果沒有廣義相對論，就不會有弦論的存在，但許多從事相對論研究的學者卻是用懷疑的眼光來看待它。

暗物質、暗能量、黑洞及弦論，都是愛因斯坦理論的子孫，而且它們已經成為物理及天文學研究的主角。我經常到各大學演講、參加工作坊，並參與歐洲太空總署（ESA）的會議，全世界最重要的一些科學衛星就是由這個機構負責發射的。我漸漸明白我們正身處於現代物理的重大轉型期中。極有天分的年輕科學家正憑藉嫻熟的專業來研究廣義相對論，而他們的專業全都奠基在

前一個世紀那些天才的工作上。這些年輕學者利用超強的電腦運算能力，在愛因斯坦理論中挖掘寶藏；探索有可能將愛因斯坦理論從王位上趕下來的另類重力理論；並在宇宙中尋找怪異天體，期待它們可以驗證或推翻廣義相對論的基本教義。

　　在此同時，相對論領域外的科學家也受到激勵，嘗試去建造一些更巨大的儀器，來幫助我們在太空中看得比以前更遠、更清楚；並且發射人造衛星去看看是否有證據顯示，廣義相對論所預測、亟待證實的古怪現象真的存在。

　　廣義相對論的故事非常重要、而且精采非凡，很需要有人將它說出來。因為，進入二十一世紀之後，我們正面對許多有關廣義相對論的重大發現以及未解問題。在未來幾年之內，肯定會有某件重要的事發生，而我們需要了解它到底是怎麼回事。我的猜測是：如果二十世紀是量子物理的世紀，那麼二十一世紀將會是愛因斯坦廣義相對論完全發揮的舞臺。

序幕〈廣義相對論一百年〉附記

　　愛丁頓與席伯斯坦的那段對話，引自 Chandrasekhar（1983）這本書的第一手描述資料。你不妨上 ArXiv.org 網站，打開「gr-qc」（General Relativity and Quantum Cosmology，廣義相對論與量子宇宙學）的條目，看看相對論這個領域到底是在研究哪些稀奇古怪、但有時又相當有意思的東西。

■　中文版編注：本書每一章末尾的附記裡，所列出的參考文獻資料，完整的名稱都可以在書末的〈延伸閱讀〉裡找到。共分成「書籍」和「文章」兩部分，依作者姓氏的英文字母排序。例如：Chandrasekhar（1983），在〈延伸閱讀〉裡可查到完整的名稱是：Chandrasekhar, S., *Eddington: The Most Distinguished Astrophysicist of His Time*, Cambridge University Press (1983).

第
1
章

當你成為自由落體

時間會膨脹，而空間會收縮。

這些古怪的現象暗示了某個更深刻的事實：

在相對論的世界裡，

時間與空間是彼此交織而且可以互換的。

　　1907年秋天，愛因斯坦感受到不小的工作壓力。他受邀在《電子學與放射現象年鑑》上，為他的理論——相對論，寫一篇正式的回顧文。要他在收到稿約後很短的時間內，就為如此重要的一項研究主題寫一篇概論，實在有點強人所難，更何況他只能在正職工作之餘，擠出時間來做這件事。

　　從週一到週六，每天早上八點到下午六點，愛因斯坦都在瑞士專利局上班。專利局位於伯恩剛落成的郵政與電報大樓內，在那裡愛因斯坦必須仔細審視一些新奇電機產品的設計概念，判斷這些玩意兒是否真有價值。愛因斯坦的上司給過他這樣的建議：「當你拿起一份申請案時，你要把那個發明者所說的都當成是錯的。」[1] 愛因斯坦把這建議牢記在心。一天之中的大多數時間，愛因斯坦必須將他針對自己的理論與發現所做的筆記及計算，都收進辦公桌的第二個抽屜裡，他把這個抽屜稱為他的「理論物理部門」。

千山獨行的超級天才

　　愛因斯坦的那篇評論文章，回顧了他先前的整合工作：他將伽利略（Galileo Galilei, 1564-1642）及牛頓的古典力學與法拉第（Michael Faraday, 1791-1867）及馬克士威（James Clerk Maxwell, 1831-1879）的新電磁學，很成功的結合在一起。這能解釋不少愛因斯坦在幾年前發現的怪現象，比方說：行進中的鐘走得較慢，或者，當物體快速往前移動時，物體會縮短。文章中還解釋了他的一條既古怪又神奇的公式，那公式告訴我們，質量與能量可以互換，而且沒有任何東西能夠移動得比光速還快。在回顧自己的

相對論原理時，愛因斯坦還解釋了為什麼幾乎一切的物理都應該要由一組新的、公用的定則來主宰。

1905年，在僅僅幾個月之間，愛因斯坦就一連寫了好幾篇論文，這些論文都改變了物理學的發展軌跡。在那段靈感爆發的期間，愛因斯坦指出，光的行為就像是一束的能量，就和由物質所構成的粒子差不多。他還證明了花粉及塵埃在一碟水的表面上舉棋不定、無秩序的路徑，可能是源自於水分子的騷動行為，這些水分子不斷振動、彼此碰撞及彈開。他還挑戰了一個已經困擾物理學家將近半個世紀之久的問題：為什麼物理定律似乎會因你看待它們的角度不同，而呈現不同的面貌？愛因斯坦利用自己的相對論原理，將這些物理定律整合起來。

這些發現都是相當驚人的成就，而愛因斯坦卻是獨力完成了這一切，當時他只是一個低階職員，在位於伯恩的瑞士專利局工作，負責篩選與當時科技發展有關的申請案。1907年他還在專利局工作，仍然無法進入那令人敬畏、卻又似乎總是讓他不得其門而入的學術界。事實上，雖然他才剛剛改寫了某些基本物理定律，但他過去的表現一點也不突出。愛因斯坦在蘇黎世理工學院的學業表現並不怎麼起眼，他會蹺不感興趣的課，並且去對抗那些可讓他的天分獲得滋育的人。愛因斯坦的一位教授告訴他，「你是個很聰明的孩子……但是你有個很大的缺點：你不願意讓人教導你任何事。」[2] 當指導教授不讓愛因斯坦研究自己有興趣的研究主題時，愛因斯坦就交了一篇乏善可陳的期末論文，這就拉低了他的學業分數，以致雖然他向幾所大學申請研究助理的工作，卻沒有任何一所錄取他。

愛因斯坦於1900年畢業，直到1902年才終於在專利局找到

工作，在這期間他的求職是一連串的失敗。雪上加霜的是，他於1901年提交給蘇黎世大學的博士論文，也在一年之後遭拒絕。在那篇論文中，愛因斯坦著手推翻十九世紀末最偉大的理論物理學家之一的波茲曼（Ludwig Boltzmann, 1844-1906）提出的某些想法。愛因斯坦這次的聖像破壞行動，並沒有成功。直到1905年，愛因斯坦以他那幾篇驚世之作當中的一篇〈分子大小的新求法〉送審，才終於拿到博士學位。對於剛進入社交圈的愛因斯坦來說，這個學位「對我人際關係的開展有很大的助益。」3

在愛因斯坦的學術之路走得相當不順之際，他的朋友葛洛斯曼（Marcel Grossmann, 1878-1936）卻早已平步青雲，成為一位人人敬重的教授。做事非常有計畫，努力向學，很受師長喜歡，這就是葛洛斯曼。他的課堂筆記寫得非常詳細，而且無可挑剔，這些筆記幫助愛因斯坦不至於完全偏離了主流的研究。葛洛斯曼和愛因斯坦及愛因斯坦未來的妻子米列娃·馬利奇（Mileva Marić, 1875-1948）在蘇黎世一起求學時，成為好朋友，而且三個人在同一年畢業。和愛因斯坦不同的是，葛洛斯曼的學術之路從那時起就一帆風順。他在蘇黎世獲聘為研究助理，並於1902年拿到博士學位。在高中短暫任教一段時間後，葛洛斯曼就成為蘇黎世聯邦理工學院的投影幾何學教授。愛因斯坦卻是連高中老師都還當不成。後來是因為葛洛斯曼的父親向一位舊識——伯恩的專利局局長推薦，愛因斯坦才終於找到工作，成為專利局職員。

愛因斯坦在專利局的工作對他而言，有如天降甘霖。經過幾年的收入不穩定、要靠父親的資助過活之後，他終於能夠迎娶米列娃，並且開始在伯恩生兒育女。專利局的工作比其他地方來得單調，有明確的工作項目，而且沒有其他事可以讓人分心，似乎

是最適合愛因斯坦來好好把觀念想清楚的地方。他每天分派到的工作只需要幾個小時就可以做完，這讓他有時間專注在自己想解決的難題上。坐在他那張小小的木製辦公桌前，桌上只擺了幾本書以及他從「理論物理部門」拿出來的論文，愛因斯坦就開始在自己的頭腦裡做起實驗來。

在這些**想像實驗**（他用德文gedanken experimenten來稱呼）中，愛因斯坦會去設想一些情況或場景，方便自己在其中探索物理定律，以了解這些定律對真實世界會產生什麼影響。在沒有實體實驗室的情況下，他會在腦袋中玩一些自己精心設計的遊戲，設想一些事件並詳細審視。得到這些實驗結果後，由於他的數學程度剛好又足以讓他將想法寫下來，於是愛因斯坦就創造出像珠寶般精巧玲瓏的論文，這些論文完全改變了物理學的方向。

相對論原理需要進一步廣義化

專利局的長官們對於愛因斯坦的工作表現感到滿意，將他升為二等專利員，但是他們仍然沒注意到愛因斯坦在學術界的聲望已經與日俱增。1907年德國物理學家斯塔克（Johannes Stark, 1874-1957）邀請他寫那篇回顧論文〈論相對論原理及其意涵〉時，愛因斯坦仍在專利局工作，每天要審一定分量的申請案。這篇回顧論文的交稿期限是兩個月，在那兩個月當中，愛因斯坦發現他的相對論原理尚不完備。如果相對論原理真的要成為一個廣義原理，那就需要做個大翻修。

《電子學與放射現象年鑑》上那篇論文，回顧了愛因斯坦最初提出的相對論原理。相對論原理說的是：物理定律在任何慣性

參考坐標系中，看起來應該都一樣。其實這個原理背後的基本想法並不是新的，它已經存在好幾世紀了。

物理學及力學的定律告訴我們，物體在受到外力時會如何運動、加速或減速。在十七世紀，英國物理學家暨數學家牛頓就提出了一組定律，說明物體受到機械力時會有什麼樣的反應。牛頓的運動定律可以用同一套說法來解釋「當兩顆撞球彼此碰撞、當子彈從槍膛中飛出，或當一顆球被拋到空中時」會發生什麼事。

慣性參考坐標系就是以固定速度移動的坐標系。如果你是在一個靜止不動的地方讀這本書，比方說，坐在你家中一張舒服的沙發上，或坐在咖啡廳的一張咖啡桌前，那麼你就是在一個慣性坐標系裡（速度固定，只不過為零）。慣性坐標系的另一種範例是：一列以高速行駛、窗戶全關上的火車上。如果你坐在那列火車裡，那麼一旦火車到達它設定的行駛速度，你就無法知道你是在移動中。原則上，我們是不可能分辨出兩個慣性坐標系的——即使其中一個是以高速運動，另一個卻只是靜止不動。如果你是在某個慣性坐標系上做實驗，測量作用在某物體上的力，那麼你得到的結果，會跟你在任何一個其他慣性坐標系上測得的結果一樣。物理定律是相同的，不論你是在哪個慣性參考坐標系中。

十九世紀，物理學家找到一組全新的定律，將兩個基本作用力——電力與磁力，編織成一體。乍看之下，電與磁是兩個不相干的現象。我們家中的電燈或空中的閃電呈現的是電的現象，磁鐵吸附在冰箱上或指北針指向北極則是磁的現象。蘇格蘭物理學家馬克士威告訴我們，這兩個力可以看成是同一種力「電磁力」的不同表現，而觀測者所觀測到的現象，就取決於觀測者本身的

運動方式。坐在一根磁棒旁邊的人會看到磁的現象，卻看不到電的現象。但從那根磁棒旁邊呼嘯而過的人，卻不僅會看到磁的現象，也會觀測到些許電的現象。馬克士威把這兩個力統合成一個電磁力，不論觀測者的位置或移動速率為何，這個電磁力都維持不變。

然而，當你嘗試把牛頓的運動定律與馬克士威的電磁定律結合起來，麻煩就來了。如果世界真的同時遵循這兩組定律，那麼在理論上我們就有可能，利用磁鐵、電線及滑輪來製造出一部儀器，讓它在某個慣性坐標系感受不到任何力，但在另一個慣性系卻可以偵測到力，這就違反了慣性坐標系應該無法被分辨的基本定則。因此，牛頓定律與馬克士威定律是彼此不相容的。愛因斯坦想要修正物理定律中的這些「不對稱性」[4]。

時間會膨脹，空間會收縮

在愛因斯坦發表1905年那幾篇經典論文之前的幾年，他為了解決這個問題，做了一系列的想像實驗，並因而發展出一個簡潔的相對論原理。他在腦袋中所做的物理定律修補工作，最終成功打造出兩個基本假定。第一個假定只不過是以下這個原理的重申：**物理定律在任何慣性坐標系中，看起來應該都一樣**。第二個假定則比較激進：**在任何慣性坐標系中，光速的值都一樣**，它是每秒299,792公里。我們可以根據這兩個假定，來調整牛頓運動定律與力學，使它們在與馬克士威的電磁定律結合之後，慣性坐標系的不可分辨性仍然得以維持。不過，愛因斯坦的相對論原理會帶出一些令人難以置信的結果。

　　愛因斯坦的第二個假定，也就是光速的恆定性，讓我們不得不對牛頓定律做出修正。在古典的牛頓宇宙中，速率是相加的：比較從一列高速行駛的火車車頭發出的光，與從一個靜止的光源所發出的光，前者會跑得比較快。在愛因斯坦的宇宙中，情況就不是這樣了。宇宙有個速率上限，那就是每秒299,792公里。即使是最強而有力的火箭，也無法突破這個速率障礙。但是這麼一來，一些古怪的事情就會發生。舉例來說，某個旅客搭乘一列以接近光速的速率行駛的火車，奔馳過月臺，那麼對一個坐在月臺上、看著火車疾馳而過的人來說，他會覺得火車上的旅客老得比較慢。而且那列行駛中的火車，看起來也會比它平常靜止不動時來得短。換句話說，時間會膨脹，而空間會收縮。這些古怪的現象暗示了某個更深刻的事實：在相對論的世界裡，時間與空間是彼此交織而且可以互換的。

　　透過這個相對論原理，愛因斯坦似乎已經簡化了物理學，即便他的理論會帶出一些古怪的後果。但是在1907年秋天，當愛因斯坦準備動手寫他的回顧論文時，卻不得不承認，雖然他的理論似乎相當成功，但它還不完全。因為，牛頓的重力理論並沒有辦法放進愛因斯坦相對論的圖像中。

牛頓定律的昔日輝煌成就

　　在愛因斯坦出現之前，牛頓在物理學的世界中，就扮演像神一樣的角色。牛頓的理論受推崇為近代思想中最偉大的成就。在十七世紀末，牛頓已經用一個簡單的方程式，將作用在非常小及非常大的物體上的重力整合起來，不僅能解釋宇宙，也能解釋日

常生活中的現象。

牛頓的萬有引力定律，或平方反比律（inverse square law）其實非常簡單。它說的是：兩個物體之間引力的大小，正比於各自的質量，而反比於它們之間距離的平方。所以，如果你把其中一個物體的質量加倍，那麼引力就會加倍；如果你將兩個物體之間的距離加倍，那麼引力就會減少為原來的四分之一。兩個世紀以來，牛頓定律持續為我們解釋各種各樣的物理現象。透過解釋已知行星的軌道以及預測新行星的存在，牛頓定律強勢證明了自己的價值。

從十八世紀末開始，證據顯示天王星的軌道會有一種神祕的搖晃現象。天文學家蒐集到天王星軌道的觀測數據後，可以非常精確的把它在天空中的軌跡慢慢描繪下來。不過，預測天王星的軌道並不是一個簡單的習題。你要使用牛頓的重力定律，來算出其他行星會如何影響天王星的運動（這些行星的重力會使天王星的軌道變得比較複雜些），這裡調整一下、那裡修正一下。天文學家和數學家會以表格的形式，發表他們所計算出的軌道，來預測在不同年份與日期，天王星及其他行星會出現在天空中的什麼位置。但當他們拿自己預測的位置，與後來觀測到的天王星實際位置做比較時，卻總是會出現一個他們無法解釋的差異。

法國著名的天文學家暨數學家勒威耶（Urbain Le Verrier, 1811-1877）特別擅長計算天體的軌道。他為太陽系的各個行星計算了軌道。輪到要計算天王星的軌道時，他一開始就假設牛頓的理論是完美的，因為這理論在其他行星軌道的預測上，表現得非常好。勒威耶在心裡揣摩，如果牛頓的理論正確，那麼唯一的可能就是有某個星球的影響沒有被考慮到。所以，勒威耶大膽預測了一顆

新的、想像中的行星,並且推算出那顆行星的天文資料表。令他
很興奮的是,在柏林,有一位德國天文學家伽勒(Gottfried Galle,
1812-1910)將他的望遠鏡對準勒威耶的天文資料表所預測的方
向,而真的發現有一顆巨大、未曾發現過的行星,在他的視界中
散發出微弱的光。伽勒在寫給勒威耶的信中這麼說:「先生,您
推估出位置的那顆行星真的存在。」

　　勒威耶讓牛頓的理論又往前跨了一大步,他的大膽假設果真
得到了回饋。有數十年之久,海王星被稱為「勒威耶的行星」。
普魯斯特(Marcel Proust)在他的《追憶似水年華》一書中,將勒
威耶的發現類比於貪腐的揭發[5]。狄更斯在〈警探〉一文中描繪
冷靜客觀的偵探工作時,也提到了勒威耶的發現。[6] 勒威耶的推
算,是使用科學演繹方法來進行推導的典範。沉浸在這光榮中的
勒威耶,接著就把注意力轉到水星。水星的軌道似乎也有某種古
怪、預期之外的偏移。

　　在**牛頓重力說**(Newtonian gravity)中,一顆繞著太陽旋轉
的孤立行星,軌道會是一條簡單、封閉的曲線,形狀就像一個稍
微被壓扁的圓,我們稱之為**橢圓**。那顆行星會一遍又一遍,無止
盡的沿著同樣的軌道繞著太陽轉,週期性的接近太陽,接著又遠
離它。但是,行星在軌道中最接近太陽時的那一點,稱為**近日點**
(perihelion),幾乎都是固定的,不會隨時間而變。某些行星,例
如地球,軌道幾乎呈圓形,也就是橢圓幾乎沒被壓扁。但另一些
行星,例如水星,走的卻是比較接近橢圓的軌道。

　　勒威耶發現,即使把其他行星對水星軌道的影響都考慮進
去,水星實際的軌道還是與「牛頓重力說」的預測不一致;水星
的近日點每世紀會偏移大約四十弧秒。(弧秒是角度的單位;整

個天穹大約可分成一百三十萬弧秒或三百六十度。）這個偏差稱為水星近日點的**進動**（precession），但勒威耶卻無法運用牛頓定律來解釋它。這其中一定是發生了些別的事。

再一次，勒威耶假設牛頓是不可能出錯的，所以在1859年他就推測還有一顆大小和水星差不多的新行星**火神星**（Vulcan），必須在非常靠近太陽的地方繞行。這是一個大膽、不合常理的推測。勒威耶自己這麼說：「一顆如此明亮，而且就在太陽附近的行星，在日全食時怎麼可能一直沒被人發現。」[7]

勒威耶的推測掀起了一場競賽，天文學家想要搶先發現這顆名為火神星的新行星。接下來的幾十年間，偶爾有人宣稱在靠近太陽的地方看到了一顆星球，但這些說法都禁不起進一步的審驗。雖然在勒威耶死後，天文學家還是一直沒能找到火神星，但在當時的天文學知識中，水星近日點的進動還是根深蒂固的被視為是事實。所以，天文學家必須用隱身行星之外的理由，來解釋這四十弧秒的偏差。

愛因斯坦在1907年坐下來認真考慮重力問題時，他必須調解牛頓理論與他的相對論原理之間的衝突。他心裡也很清楚，他必須能夠解釋水星軌道的偏差。這是個艱難的任務。

若有人從空中自由落下

「牛頓重力說」違反了愛因斯坦相對論原理中那兩個既漂亮又簡潔的假定。首先，在牛頓理論中，重力的效應是即時的。如果兩個物體突然位在彼此附近，那麼兩者之間的重力會是即時的——重力不需花任何時間，就可以從A物體傳到B物體。但

是，若愛因斯坦的相對論原理正確，沒有任何事物、訊號或效應可以傳遞得比光速還快，那麼前述的重力現象怎麼有可能發生？另一個同樣重要、也同樣令人困惑的事實是：愛因斯坦的相對論原理調和了力學與電磁學，卻沒能把牛頓的重力定律融合進來。因為牛頓的重力在不同的慣性坐標系中，看起來並不相同。

愛因斯坦解決重力問題並推廣他的相對論的那段旅途，相當漫長，在他真正跨出第一步的那一天，他和往常一樣，正坐在伯恩專利局的辦公椅上，迷失在自己的想像世界裡。多年之後，愛因斯坦回想起那個突然降臨、又帶領他發展出自己的重力理論的想法時，他說：「若有人從空中自由落下，他將不會感覺到自己的重量。」[8] 想像你就是兔子洞裡的愛麗絲，自由落下，沒有任何東西攔著你。當你受到重力的吸引而往下掉時，你的掉落速度會愈來愈快，而速度的增加率是個常數。這加速度會與重力的大小配合得剛剛好，所以你落下時毫不費力，你不會感覺有任何力在拉你或推你；雖然毫無疑問的，在空中快速落下時，你會嚇得驚慌失措。

現在，想像有一團東西跟你一起落下：一本書、一杯茶，或一隻跟你一樣驚慌的白兔。不論那是什麼東西，它們都會和你以同樣的加速度落下，以配合重力的拉扯，結果就是，它們會全都飄浮在你身旁，和你一起落下。如果你嘗試設計一個實驗，來測量這些物體相對於你會如何運動，以決定重力的大小，那麼你一定會失敗。你將感覺不到自己的重量，而那些物體看起來也是沒有重量。這一切似乎都表示：加速運動與你所感受到的重力之間有相當密切的關係——在眼前這個例子，兩者剛好相互補償。

或許舉自由落下的例子不太恰當。你身邊會發生太多的事：

空氣在耳旁呼嘯而過，而且你很擔心自己最終會撞到洞底，這些都會讓你很難做清晰的思考。讓我們舉另一個較簡單、也較為平和的例子。想像你剛走進一部電梯，那電梯原本停在大樓的一樓。電梯開始上升，在它剛開始加速的幾秒，你會覺得自己變得稍微重一點。相反的，假設你現在是在大樓的頂樓，而電梯開始往下走。當電梯開始加速的前幾秒，你會覺得自己變輕了。當然，等電梯到達它的極速之後，你就不再覺得變重或變輕了。但是在電梯加速或減速的時候，你對自己的重量的感覺、以及你對重力的感受就被扭曲了。換句話說，你對重力的感覺，端賴於你是在加速或減速。

1907年的那一天，當愛因斯坦想到那個自由落下的人時，他發現重力與加速度之間，一定有某種非常深刻的關係，這關係將會是他能否把重力融入他的相對論的關鍵。如果他可以修改他的相對論原理，使得物理定律不僅對於以等速運動的坐標系而言是相同的，對那些加速或減速的坐標系來說也會相同，那麼他就有可能把重力也納入電磁學與力學的融合體中。他還不確定該如何做，但這個卓越的洞見，是將相對論廣義化的第一步驟。

開始對物理學界帶來衝擊

在那位德國編輯的敦促下，愛因斯坦完成了他的回顧論文〈論相對論原理及其意涵〉。他在其中加了一節，探討若他將相對論原理做進一步的推廣，以涵括重力，那會發生什麼事。愛因斯坦總結了一些可能的後果：重力的存在會改變光速，並且使時鐘走得比平常慢。這個推廣版相對論原理所帶來的效應，甚至有

可能可以解釋水星軌道的小幅偏移。愛因斯坦在論文結尾所拋出的這些效應，可以用來檢驗他的基本想法是否正確，但是這些效應還有待他之後做更嚴謹、更詳盡的研究。讀者諸君還需要再等等。事實上，接下有好幾年之久，愛因斯坦根本就沒有機會繼續研究他的理論。

到了1907年的年底，愛因斯坦的懷才不遇時期終於結束。雖然緩慢，但毫無疑問的，他在1905年發表的那些論文，開始對物理學界帶來衝擊。愛因斯坦陸續收到一些傑出物理學家的來信，跟他索取論文抽印本，並且和他討論相對論原理。愛因斯坦對於這樣的發展感到非常興奮，他告訴朋友：「我的論文相當受到重視，而且帶出一些新研究。」[9] 他的一位推崇者半挖苦的說：「我必須承認，得知你一天須花八個小時坐辦公桌時，我相當驚訝。但是，歷史中充滿這種老天開的玩笑！」[10]

其實愛因斯坦的生活並非過得很差。在伯恩的工作，讓他可以開始和米列娃生養小孩。1904年，他們生了一個名叫漢斯・亞伯特的兒子。愛因斯坦在專利局朝九晚五的工作，讓他下班回家後，可為兒子製作玩具，但現在他已經準備好要進入學術界了。

在1908年，愛因斯坦終於成為伯恩大學的個別指導講師，這個職位讓他可以為付費的學生上課。他覺得教書非常無聊，而學生給他的教學評價也不好。不過在1909年，他還是受到吸引，來到蘇黎世大學擔任副教授。但是愛因斯坦在蘇黎世只待了一年多。1911年，布拉格德國大學提供他一個教授職，這次他不需要教書。在省去教學任務的煩擾後，愛因斯坦重新獲得先前那規律、與世隔絕的專利局環境所提供他的平靜心態。他終於可以再次好好思考將相對論廣義化的問題了。

第1章〈當你成為自由落體〉附記

　　太多人寫過關於愛因斯坦的書了，所以我有充裕的選材空間。我讀了幾本超棒的傳記，讓自己對他的一生有更多了解。Fölsing（1998）材料豐富、記載詳細而且描寫得相當細膩。Isaacson（2008）掌握到愛因斯坦這個人的本質，為他的人生及那個時代帶來真實的色彩。Pais（1982）是經典作，焦點擺在愛因斯坦的研究工作上，並且，從數學及物理學的觀點，具體指明許多導致其大發現的關鍵步驟。

　　做為二十世紀初期物理學的一幅全景圖，Bodanis（2001）是一本非常美妙的敘事史，它著重於描述愛因斯坦著名的$E = mc^2$公式的前因與後果。對於馬克士威及同時代的物理學家是如何用他們在電與磁的研究轉變了世界，Bodanis（2006）有獨到的見解。Baum and Sheehan（1997）帶領我們一步一步走過「牛頓重力說」的最後一幕，見證勒威耶的火神星追尋計畫如何難逃失敗的命運。

　　全世界有許多研究愛因斯坦的專家。例如John Norton、John Stachel 及 Michel Janssen 等人都嘗試真正進入愛因斯坦的心靈，探索並詳細描述愛因斯坦的成功與失敗。這方面的文獻豐富到可以讓你整個人被吸引進去。若有讀者想要接觸關於愛因斯坦的重大發現（尤其是他那奇蹟般的1905年）的第一手資料，那就應該去看Stachel（1998），書中彙整了愛因斯坦的重要論文。愛因斯坦追求廣義相對論的第一步，也就是他在《電子學與放射現象年鑑》上發表的那篇論文，相當值得一看。不過對一般讀者而言，Einstein（2001）一書較軟性的描述，或許比較容易讀懂。

愛因斯坦最珍貴的發現

愛因斯坦的最終理論所展現出的美，

純粹的數學之美，令他驚嘆不已。

他將這組方程式說成是：

「我這一生最珍貴的發現。」

　　愛因斯坦曾經私下跟朋友及物理學家同事史登（Otto Stern, 1888-1969）說：「你知道嗎，一旦你開始動手計算，你就已經把事情搞砸了，只是你還不自知。」[11] 這並不表示愛因斯坦不曉得自己的數學功力也很強。事實上，他在學校的數學成績很好，而且有足夠的數學知識來表達自己的想法。愛因斯坦的論文都是物理思考與恰足以精準表達他想法的數學之間的完美平衡。但是在1907年那篇回顧論文中，愛因斯坦根據他的廣義版理論所做的那些預測，卻只用了非常少量的數學——蘇黎世的一位教授談到這篇論文的呈現方式時，說愛因斯坦用的是「蹩腳的數學」。[12]

　　愛因斯坦討厭數學，他稱數學為「膚淺的學問」[13]，並且自嘲：「自從數學家也投入相對論的研究之後，我自己反而看不懂相對論了。」[14] 但是，1911年當他再次回顧自己在那篇論文裡所寫下的想法時，他才突然發現，數學可以幫助他將這些想法推得更遠。

光線會因為受到重力而彎曲

　　愛因斯坦看著他的相對論原理，然後再次思考光的現象。想像你自己搭乘一艘太空船旅行，遠離任何的行星與恆星。這時，想像從遙遠的恆星來的一道光線，穿過你正右方的一扇小窗，射進太空船內，橫向穿越船艙後，再從你左方的一扇窗射出。若你的太空船靜止不動，而那道光是從你的正右方射進船艙，則它會從你正左方的窗戶射出。然而，當光線射進船艙時，若你的太空船是以非常快的速度，**等速**往前移動，則等光線到達太空船的左側時，太空船已經往前走了一段距離，所以光線會在船艙左後方

穿出。在你看來，那道光是以某個固定的角度走直線穿過船艙。但是如果太空船是在**加速**，事情看起來就會非常不一樣：那道光線穿過船艙時所走的路徑會是**彎曲的**，而它離開船艙的地方會更往後偏。

愛因斯坦關於重力本質的洞見，就在這個地方登上舞臺。坐在一艘加速的太空船中，與坐在一艘靜止不動的太空船中、但受到重力吸引，感覺上應該完全一樣。愛因斯坦已經領悟，在最簡單的層次上，加速運動與重力是無法區分的。坐在一艘停在行星表面的太空船裡的旅客，和坐在一艘加速中的太空船裡的旅客，所看到的現象會完全一樣：光線會因為受到重力而彎曲。換句話說，愛因斯坦領悟到，重力會像透鏡一樣讓光線產生偏折。

重力必須非常強大，我們才有可能偵測到這樣的偏折；行星的重力可能還不夠強大。於是愛因斯坦考慮用遠比行星還大的物體來做實驗，並提出一個簡單的觀測來驗證前述的偏折：測量遠方的星光在經過太陽邊緣時，會有多大的偏折。當太陽從一顆遙遠的恆星面前經過時，那顆星在天空中的位置，或說角度，會有非常微小的改變，大約四千分之一度。雖然這是幾乎無法察覺的小角度變化，但當時的望遠鏡技術已經足以測量出這樣的偏移。這樣的實驗必須在日全食發生時來做，此時太陽本身的強光才不至於干擾我們，讓我們無法順利在天空中，捕捉到那些從遠方而來的星光。

雖然愛因斯坦已經找到可實際檢驗他的新想法是否正確的方法，但在真正完成他的新理論上，他卻仍然無法有任何進展。愛因斯坦仍然只是靠著他在專利局上班時，體會的那個洞見（「若有人從空中自由落下……」）在撐場。雖然這時他已經沒有任何

教學任務，全部的時間都可以用來設計他的想像實驗、並更深入
思索他的新理論，但他卻不快樂。

　　他的家中添了新成員，次子愛德華，在愛因斯坦到布拉格前
不久誕生。可是搬到布拉格之後，他的妻子心情卻十分鬱悶、孤
單，因為她遠離了先前在伯恩及蘇黎世已經熟悉了的那個世界。
於是，在1912年愛因斯坦抓住一個機會，再次搬回蘇黎世，擔任
蘇黎世聯邦理工學院的正教授。

不能不面對「非歐幾何」

　　在布拉格短暫停留期間，愛因斯坦開始發覺到，他需要另一
種語言來探討他的想法。雖然他極不情願訴諸深奧的數學，因為
數學可能會讓他嘗試拼湊在一起的那些美妙物理觀念失了焦，但
是抵達蘇黎世的幾星期後，他就去找早年認識的一位好友，數學
家葛洛斯曼，跟他說：「你一定要幫幫我，不然我會瘋了。」[15]
葛洛斯曼向來對於物理學家解決問題的那種草率方式，很不以為
然，但還是盡一切努力來幫助他這位朋友。

　　愛因斯坦想要了解的是，當物體加速或受重力吸引時，會如
何運動。此時，物體在空間中的路徑會是曲線，而非我們在慣性
坐標系中常看到的簡單直線。這種加速度運動的形狀與本質比較
複雜，愛因斯坦必須訴諸的，是簡單幾何學之外的數學。葛洛斯
曼給愛因斯坦一本**非歐幾何**（non-Euclidean geometry），又稱**黎曼
幾何**（Riemannian geometry）的教科書。

　　1820年代，差不多在愛因斯坦開始與他的相對論原理角力的
一百年前，德國數學家高斯（Carl Friedrich Gauss, 1777-1855）就

已經大膽踏出與歐幾里得幾何學決裂的一步。歐幾里得曾經列出平坦空間的直線與圖形的法則。歐氏幾何是我們今天還在學校裡講授的學科，它告訴我們平行線永遠不會相交，而且如果兩條直線相交，那麼它們只可能交會一次。我們學到三角形的內角和是一百八十度，以及正方形是由四個直角構成。我們還學到了一大堆法則，並知道怎麼應用。我們將各種圖形畫在平坦的紙張上或黑板上，一切都運作得相當理想。

但是，如果人家叫我們考慮在彎曲的紙上的情況呢？如果我們嘗試把幾何物件畫在光滑的籃球表面，會發生什麼事？這時我們的簡單法則就破功了。舉例來說，如果我們從赤道上畫兩條與赤道垂直的直線，那麼這兩條線就應該算是平行。的確，它們是平行，但如果我們順著這兩條線走，它們卻會在南極或是北極相交。因此在球面上，平行線是會相交的。我們還可以更進一步，把這兩條平行線在赤道上的垂足拉得更開，使這兩條線在北極呈垂直相交。這麼一來，我們就建構了一個內角和為二百七十度、而非一百八十度的三角形。再一次，我們所熟悉的關於三角形的法則並不適用。

事實上，每一種形狀獨特的曲面，例如球面、甜甜圈表面、有皺痕的紙，都有它自己的幾何及自己的法則。高斯嘗試探討你想像得到的**任何曲面**的幾何法則。他的想法非常民主：所有曲面都應該受到相同的待遇，應該要有一組普遍性的法則來處理任何曲面。高斯的幾何學非常強大而且艱深。1850年代，另一位德國數學家黎曼（Bernhard Riemann, 1826-1866）將它進一步發展成一個複雜而困難的數學分支，這個數學分支非常困難，連引導愛因斯坦往這個方向走的葛洛斯曼都覺得，黎曼的研究是不是難到一

個地步，以致不可能對物理學家有任何的用處。黎曼幾何非常複雜，裡面引進了各式各樣的函數，再用令人討厭的非線性架構把它們包裹起來。但黎曼幾何確實是威力強大，如果愛因斯坦能夠理解它，就有可能馴服他自己的理論。

這個新幾何學相當艱澀，但是在廣義化自己的相對論的路途上，愛因斯坦已經面對一個僵局，於是他決定著手好好把這門新幾何學搞懂。這是非常巨大的挑戰，就像是從頭開始學梵文，再用它來寫一本小說一樣。

到了1913年初，愛因斯坦已經愛上這門新幾何學，且和葛洛斯曼合寫了兩篇論文，描述他的理論**草圖**（德文為 Entwurf）。他告訴同事：「重力現象已經完全釐清了，我非常滿意。」[16] 這個用新的數學表達的理論（在論文中，葛洛斯曼還特別寫了一個章節，為很可能讀不懂論文的物理學家介紹這種新幾何學），把愛因斯坦在前幾次相對論廣義化的嘗試中，所提出的預測全整合在一起。愛因斯坦已經成功的讓所有的物理定律，在任何參考坐標系中看起來都一樣，而非只限於不做加速運動的慣性坐標系。愛因斯坦可以寫下電磁定律及牛頓運動定律，就像他在第一次提出的那個狹義版相對論所做的那樣。

事實上，愛因斯坦已經可以在他的理論中，成功寫下所有的物理定律，**除了重力之外**——愛因斯坦與葛洛斯曼當時所提出的新的重力理論，在與其他物理定律比起來，仍然是與眾不同的，它無法臣服於一個廣義的相對論原理之下。即使有了新數學來支持他的物理直覺，重力仍然無法融入統一的框架中。雖然如此，愛因斯坦確信他已經朝正確的方向跨出重要的一步，他只需要在一些未詳之處再做些處理，就可以完成他的理論。

　　他錯了。愛因斯坦已抵達他的終點——時空理論的最後這一段旅程，與其說是衝刺，還不如說是走得跌跌撞撞的。

受困在德國國家主義的「瘋人院」

　　1914年，愛因斯坦的工作終於穩定下來。他受邀到柏林擔任新創立的「威廉皇帝物理研究所」擔任所長，在那裡他不但有優沃的薪水，而且獲選為地位崇高的普魯士科學院院士。

　　威廉皇帝物理研究所是歐洲學術界的最高殿堂，在那裡他身旁圍繞的都是一些像普朗克（Max Planck, 1858-1947）、能斯特（Walther Nernst, 1864-1941）等非常優秀的同事，而且沒有教學任務。這是個完美的工作，但是相對的，他個人也付上了家庭的代價。愛因斯坦的家人已經受不了隨著他在歐洲不斷遷居，所以這次就沒跟他來到這個新的工作地點。他的妻子米列娃和他的兩個兒子都留在蘇黎世。這種分居的狀態維持了五年，他們在1919年離婚，隨後愛因斯坦與他的表姊愛爾莎（Elsa Lowenthal）開始了新的人生及關係。兩人在1919年結婚，這次的婚姻關係持續到1936年愛爾莎過世為止。

　　愛因斯坦在第一次世界大戰初期抵達柏林，並發現自己受困在德國國家主義的「瘋人院」[17]。這種情緒幾乎感染了每個人。就在他身旁，同事們或是上前線，或是致力發展可在戰場使用的新武器，比方說可怕的芥子氣。

　　1914年9月，九十三位德國科學家、作家、藝術家及文化界人士，共同簽署一份支持德國政府的國家主義宣言〈向文化世界呼籲〉。這份宣言的目的，是對抗已經在全世界傳開的有關德國

的錯誤訊息——至少這些人是這麼認為。這份宣言主張德國人並不需要為剛爆發的大戰負責。它粉飾德國才剛剛入侵比利時、摧殘了魯汶市的事實，只是避重就輕說：「我們的軍隊甚至沒動到任何一位比利時居民的性命或財產。」[18] 這份宣言完全為德國辯護，刻意製造對立，而且其中許多說法並不是真的。

愛因斯坦對於發生在周遭的事感到相當震驚。身為一位和平主義者及國際主義者，他以一份反宣言〈向歐洲人民呼籲〉，加入論戰。在這份反宣言中，愛因斯坦和少數幾位同事選擇與「九十三人宣言」劃清界限，他們態度堅定，嚴詞批評其他同事，並且呼籲「各國的知識份子」[19] 起來反抗身邊這場毀滅性的大戰。〈向歐洲人民呼籲〉宣言整體而言沒有引起任何注意。對德國之外的世界來說，愛因斯坦只不過是另一位支持九十三人宣言的德國科學家，所以他是敵人。至少，在英格蘭的人是這麼看待他。

愛丁頓成為英國天文界領導人物

愛丁頓是英格蘭人，很多人都知道他喜歡騎長距離的腳踏車。他設計了一個數值E，來總結他騎腳踏車的耐力。簡單說，E就是他一生中騎腳踏車超過E英里的最大天數。（我猜我的E值頂多是5或6。我在這一生中，騎腳踏車超過6英里的天數不超過6 ——真是丟臉，我知道。）當愛丁頓過世時，他的E值是87，意思就是他一生中有87天，騎腳踏車的距離超過87英里。愛丁頓獨特的耐力與毅力，對他有相當大的助益，使他在人生的各方面都有非常出色的表現。

在愛因斯坦非常辛苦想進入科學界的同時，愛丁頓已經一帆

風順,進入英格蘭學術界的中心。愛丁頓可能很自負、瞧不起其他人,而且在提倡自己的想法時,有時候相當頑固,但他是一位執著的科學家,不會因為異常艱難的天文觀測工作或玄奧的新數學,而輕言放棄某項研究。

愛丁頓出身於非常虔誠的貴格會家庭,很早就在學業上嶄露頭角。十六歲時,他到曼徹斯特讀數學和物理,後來轉到劍橋,在那裡,愛丁頓是他們那一屆成績最好的學生,也就是所謂的「Senior Wrangler」(頂尖學子)。他完成碩士學位後,幾乎馬上獲聘為劍橋三一學院的研究員,並擔任皇家天文學家的助理。

劍橋是學術強度極高的地方,在愛丁頓周圍都是一些非常厲害的學者。那裡有發現電子的湯姆森(J. J. Thomson, 1856-1940),以及合作寫出堪稱邏輯學家聖經《數學原理》的懷海德(A. N. Whitehead, 1861-1947)與羅素(Bertrand Russell, 1872-1970)。之後又有拉塞福(Ernest Rutherford, 1871-1937)、佛勒(Ralph Fowler, 1889-1944)、狄拉克(見第14頁)以及二十世紀物理學界舉足輕重的一些人物,陸續來到劍橋,成為他的同事。愛丁頓在這裡可謂適得其所。

在倫敦格林威治天文臺工作了幾年後,愛丁頓又回到劍橋。才三十一歲的他,就獲聘為地位崇高的劍橋大學朴姆(Plumian)天文學暨實驗哲學講座教授。愛丁頓還獲聘為劍橋市郊的劍橋天文臺臺長,成為英國天文界的領導人物,他和姊姊及母親就在那裡定居下來。愛丁頓往後的一生都在那裡度過,參與學院生活,在學院吃正式的晚宴,並與同事進行沉著穩重的辯論,定期到皇家天文學會報告他的研究成果,此外也不時到世界上的某個偏遠角落進行天文觀測。

　　就在某次的觀測任務中，愛丁頓第一次注意到愛因斯坦關於重力的新想法。某些天文學家對於愛因斯坦所提議的「光會因重力而偏折」很感興趣，並且已經開始嘗試去測量這樣的偏折。他們會到世界各地，比方說美洲、俄羅斯及巴西，去觀測日食，嘗試在太陽處於最佳位置的時機，捕捉到日食，以便測量遠方恆星的微小偏移。某次在巴西觀測日食時，愛丁頓就遇到這麼一位美國天文學家珀賴因（Charles Perrine, 1867-1951）[20]。愛丁頓對於珀賴因當時在做的事很感興趣。於是，回到劍橋之後，愛丁頓就決定好好研究愛因斯坦的新想法。

　　第一次世界大戰爆發時，一波洶湧的國家主義浪潮不僅襲捲了整個英國，也得到愛丁頓同事們的支持，這讓愛丁頓感到很失望。形孤影單的愛丁頓是少數反對這波浪潮的人之一。《天文臺》（*The Observatory*）是英國天文學家的發聲刊物，刊載了一些資深天文學家所寫的一系列措詞強硬的文章，他們強烈主張不再跟德國科學家合作。牛津大學薩維爾（Savilian）天文學講座教授透納（Herbert Turner, 1861-1930）扼要的表達了這個立場：「我們可以讓德國重新進入國際社會，而把我們的國際法標準降低到她的層次；或者，我們可以把她排除在國際社會外，而提升國際法的層次。沒有第三種選擇。」[21]

　　對任何跟德國有關的事物的敵意是如此深，以致有德國背景的皇家天文學會的會長也被要求下臺。在第一次世界大戰期間，英國科學家與他們的德國同儕之間的關係完全凍結。

　　愛丁頓的想法及做法和他們不同。身為貴格會信徒，他打從心底反戰。在反對德國知識份子的忿怒情緒高漲之際，他站出來表達不同的意見。愛丁頓向他的同事喊話：「不要去想像一個象

徵性的德國人，想想你先前的一位朋友，比方說 X 教授」[22]。「稱為他野蠻人、海盜、殺嬰者，然後試著因此感到忿怒。你馬上就會發現這樣的嘗試是多麼滑稽。」

愛丁頓不僅為德國人發聲，他還拒絕被徵召上戰場。就在他看著朋友和同事被送上前線為國捐軀時，愛丁頓發起反戰活動。因為具有「國家重要性」（他做為一位天文學家對國家的貢獻度高於他去當一名步兵），愛丁頓得以破例不被徵召，也因此他很少有朋友。

愛因斯坦終於發現廣義重力定律

獨自待在柏林、被戰爭暴行環繞的愛因斯坦，此時正潛心研究如何讓他的終極理論更趨完美。這理論看起來是對的，但他需要更多數學，才能把它正確表達出來。於是他到哥丁根大學去拜訪希爾伯特（David Hilbert, 1862-1943）。

哥丁根當時是現代數學的麥加聖地，而希爾伯特是統治著數學世界的巨人。他已經改造了整個數學領域，並且嘗試立下一個無可動搖的形式基礎，讓一切數學都可以由這個基礎建構出來。如此一來，數學將不再有任何鬆散之處。每一個定理都必須由最基本的一組原理，根據一些大家共同接受的形式法則推導出來。只有當我們可以根據這些法則推導出某個數學定理時，它才能算是真正的定理。這樣的要求與做法，後來就稱為**希爾伯特計畫**（Hilbert Program）。

希爾伯特讓自己身旁，環繞著全世界最重要的一些數學家。他的一位同事是閔考斯基（Hermann Minkowski, 1864-1909），閔

考斯基曾經讓愛因斯坦看到，他的狹義相對論可以用一種無比簡潔優雅的數學語言來呈現——而就在幾年前，愛因斯坦還嗤之以鼻，將這些數學說成是「膚淺的學問」呢！

希爾伯特的學生與助手，包括外勒（見第14頁）、馮諾伊曼（John von Neumann, 1903-1957）及策梅洛（Ernst Zermelo, 1871–1953），後來也都成為二十世紀數學界的領導人物。希爾伯特及他在哥丁根的團隊有一項大計畫：從基本原理開始建構出一套關於這個自然世界的完整理論，就和他們對數學的看法一樣。他把愛因斯坦的相對論，當成他計畫中不可或缺的一部分。

1915年6月，愛因斯坦在哥丁根進行短期訪問時，做了幾場演講，而希爾伯特就坐在臺下寫筆記。他們彼此討論、並且爭論一些細節。愛因斯坦物理很強，希爾伯特則是數學很強。但他們沒有任何進展。當時對數學仍持保留態度，對黎曼幾何的了解也還不是很扎實的愛因斯坦發現，自己沒辦法完全理解希爾伯特較詳細、技術性的論點。

就在愛因斯坦結束這次看似徒勞無功的訪問後不久，他開始懷疑起自己的新相對論。他已經知道，那並不是一個真正廣義的理論——當他和葛洛斯曼完成他們1913年那篇論文時，他就清楚知道重力定律仍然無法納入他的框架中。而且他的一些預測與事實不符。舉例來說，愛因斯坦的理論預測了水星的偏移，就像勒威耶在大約五十年前所觀測到的那樣，但是它的數值並不全然正確。它仍然差了兩倍。愛因斯坦必須再次檢視他的方程式。

只經過三個星期的時間，愛因斯坦就決定將他與葛洛斯曼共同提出的那個新的重力定律丟棄，因為它並不遵守廣義的相對論原理。他想要得到的是一個在任意參考坐標系中都成立的重力定

律，就像他先前對其他物理定律所做的要求一樣。而且他希望採用葛洛斯曼教他的黎曼幾何。

每隔幾天，愛因斯坦就把先前做出的東西揉掉，重新寫一條定律，放寬一些假設，並加上其他假設。在這麼做的同時，他捨棄了某些扯他後腿的物理偏見，愈來愈深入他已經學會的數學。愛因斯坦已經明白，雖然物理直覺在他先前輝煌的學術生涯曾帶給他很大的幫助，但自己必須更加謹慎，別讓物理直覺遮擋住數學上的更大圖像。

終於，到了11月底，愛因斯坦知道自己達成任務了。他終於發現一個可以滿足廣義的相對論原理的廣義重力定律。就太陽系的規模來說，這個重力定律可以用「牛頓重力說」很準確的來做近似，而且精確度相當高，正如大家的預期。更甚者，它針對水星近日點的進動所做的預測，大小與勒威耶的觀測完全符合。而且根據這個重力定律的預測，光線經過很重的物體時，會偏折得更厲害——事實上，數值是他在布拉格初次有這想法時，所預測的數值的兩倍。

「我這一生最珍貴的發現」

愛因斯坦所完成的廣義相對論，提供了一種理解物理的嶄新方式，它取代了幾世紀以來支配著物理界的牛頓觀點。

愛因斯坦的理論提出了一組方程式，這組方程式後來就稱為**愛因斯坦場方程**（Einstein field equations）。雖然這些方程式背後的想法「將高斯與黎曼的幾何學與重力連結起來」非常美妙（物理學家喜歡用「簡潔優雅」來形容），但是，若你將這些方程式

詳細寫下，看起來卻是相當繁複。實際上它們是由十個時空幾何的函數共同寫成的十個方程式。而這些方程式裡的函數都是非線性穿插、交纏在一起，以致一般而言，我們無法逐一解出每個函數。這十個方程式必須一併處理，沒有任何逃避的空間——光是想到這點，就令人生畏。然而，物理學家對這組方程式有非常高的期待，因為它們的解可用來預測自然界會發生的事，從子彈的飛行、蘋果的掉落，到太陽系中各行星的運行等等。我們似乎可以透過解愛因斯坦場方程，來揭開宇宙的奧祕。

1915年11月25日，愛因斯坦在普魯士科學院，以一篇三頁的短論文發表他的新方程。他的新重力定律與先前任何人提出的定律都截然不同。簡單來說，愛因斯坦主張：我們所觀測到的「重力」，其實只不過是物體在時空幾何中移動的現象罷了。質量大的物體會讓時間與空間彎曲，而影響到它附近的幾何。愛因斯坦終於完成他名副其實的廣義相對論。

但是，愛因斯坦並不是唯一得到這結果的人。希爾伯特也花了不少時間，思索愛因斯坦在哥丁根演講的內容，而且在愛因斯坦毫不知情的情況下，自己嘗試推導出新的重力方程式。在兩人完全各自獨立進行研究的狀況下，希爾伯特得到了與愛因斯坦一模一樣的重力定律。11月20日，也就是愛因斯坦在柏林向科學院報告研究成果的五天前，希爾伯特就在哥丁根向皇家科學會報告了自己的成果。看起來，希爾伯特比愛因斯坦捷足先登了。

他們各自發表成果後的幾個星期，希爾伯特與愛因斯坦之間的關係有點緊繃。希爾伯特寫信給愛因斯坦，宣稱他並不記得愛因斯坦曾經在其中某場演講，談到自己正在嘗試建構重力方程式的事。到了當年聖誕節，愛因斯坦已經可以接受，希爾伯特並沒

有剽竊他的想法。在寫給希爾伯特的一封信中，愛因斯坦一開始是這麼說的：「我們兩人之間似乎是有些不太舒服的感覺。」[23]但是他已經能夠接受所發生的事了，以致他後來說：「我再次用最真誠的心與你相交……」他們也果真維持好友及同事的關係，因為希爾伯特後來就不再宣稱，自己對愛因斯坦這個最具代表性的成就有任何貢獻。事實上，從那時開始一直到他去世，希爾伯特總是稱呼他與愛因斯坦都各自發現的這組方程式為「愛因斯坦方程」。

愛因斯坦終於完成了他的艱苦旅程。他逐漸臣服在數學的強大威力之下，因而獲致他的終極方程。從那時開始，愛因斯坦就不僅接受想像實驗的導引，也懂得順從數學的導引。愛因斯坦的最終理論所展現出的美，純粹的數學之美，令他驚嘆不已。他將這組方程式說成是：「我這一生最珍貴的發現。」[24]

愛因斯坦的研究救了愛丁頓

愛丁頓一直都會從他在荷蘭的天文學家朋友德西特（Willem de Sitter, 1872-1934）那裡，收到來自布拉格、之後是蘇黎世、最後來自柏林，像涓涓細流一樣慢慢產出的愛因斯坦論文抽印本。愛丁頓對這些論文相當感興趣，這種以難懂的數學語言來闡釋重力的全新方式，深深吸引他。雖然愛丁頓是天文學家，他的工作是去測量及觀測天體並提出解釋，但他還是給自己一個挑戰：去學習黎曼幾何這種新數學，因為愛因斯坦的理論就是用黎曼幾何寫成的。這理論的確非常值得去了解，尤其是因為愛因斯坦已經用它做了一些非常明確、可用來檢驗他的理論是否正確的預測。

事實上，天文學家預測1919年5月29日會發生日食，這是做這檢驗的理想時機，而愛丁頓本人是帶領觀測隊去從事這任務的不二人選。

只是，有一個問題，而且是個大問題。歐洲當時是在戰爭狀態，愛丁頓是和平主義者，但愛因斯坦卻是敵人的同路人——至少，愛丁頓的同事們希望他這麼認為。1918年戰況達到最緊繃，隨著德軍將英國與法國完全吞噬的風險日益增高，英國引發了另一波強制徵兵的浪潮。愛丁頓也被徵召參戰，但是他心裡另有盤算。

當愛丁頓成為愛因斯坦新重力理論的熱切擁護者時，他必須面對同事對他的嫌惡。他的一位同事把德國的科學評得一文不值時，曾說出這樣的話：「我們一直嘗試將德國人現在所做的那些誇張及虛假的宣稱，想成是因為他們新近得了某種暫時性的病。但是像這樣的事，讓我們不得不懷疑，他們的病症可能比我們想像中更根深蒂固。」[25]

雖然皇家天文學家戴森（Frank Dyson, 1868-1939）支持由愛丁頓帶領這支日食觀測隊，愛丁頓還是必須想辦法，逃避因拒絕參戰而被送入監牢的命運。英國政府在劍橋召開了一個仲裁庭，來決定愛丁頓的身分，在聽證會進行的過程中，仲裁庭對他的敵意日益加深。就在他們即將拒絕給予愛丁頓免受徵召的特權時，戴森適時介入。愛丁頓是日食觀測隊的重要成員，戴森說，而且「照目前的情況看來，只有極少數的人能去觀測這次的日食。愛丁頓教授是特別有資格從事這觀測任務的專家，我希望仲裁庭能夠特准他去從事這項任務。」[26]

日食觀測任務讓仲裁庭很感興趣，愛丁頓也再次因為「對國

家的重要性」而得到特准，免受徵召。愛因斯坦的研究救了愛丁頓，讓他得以不用上前線。

觀測日全食背後的星光偏折

　　愛因斯坦的理論預測了以下的事：從遠處恆星而來的星光，經過質量像太陽這麼大的物體時，會產生偏折。愛丁頓想做的實驗是：在一年中的兩個不同時間，去觀測來自遙遠處的一小團恆星**畢宿星團**（Hyades）所發出的光。

　　首先，愛丁頓會在某個天空清朗的夜裡，測量畢宿星團各顆恆星的位置，這時沒有什麼東西會阻擋他的視線，也沒有任何東西讓這些星光偏折。接著，愛丁頓會再一次測量這幾顆恆星的位置，只是這次是有太陽擋在它們前面。這樣的測量必須在日全食時進行，因為這時候太陽的強光幾乎全都會被月球擋掉。在1919年5月29日，畢宿星團會剛好位在太陽背後，是最完美的觀測條件。比較這兩次觀測的結果（一次有太陽，一次沒有），就可以看出有沒有發生偏折。如果偏折的角度是四千分之一度，或更準確來說，1.7弧秒，那就完全符合愛因斯坦的宣稱。這個實驗的目標既簡單又明瞭。

　　不過，事實上並沒有那麼簡單。地球上幾個可以看到這次日全食的地點都很偏僻，而且彼此相隔也很遙遠。天文學家必須在那個甫受戰爭摧殘的世界裡做長途旅行，到極遙遠的地方去架設他們的觀測設備。愛丁頓與格林威治天文臺的卡丁罕（Edward Cottingham）就在普林西比島上架設起他們的儀器。另外一支由兩位天文學家柯洛梅林（Andrew Crommelin）與戴文森（Charles

Davidson）所組成的備位隊，則是整裝前往巴西東北地區的一處名叫索布羅（Sobral）的小村落。巴西東北地區靠近赤道，是個貧窮、氣候乾旱的區域。

普林西比這座小島位在幾內亞灣，是以產可可聞名的葡萄牙殖民地。這座綠意盎然的小島氣候炎熱、溼氣很重，而且每隔一段時間就會有熱帶風暴來襲。島上有不少大型的roças，亦即大型農園。葡萄牙地主們雇用了大量當地的居民，將那些土地開墾為農園。普林西比島曾經負責提供可可豆給吉百利（Cadbury）公司，長達數十年之久。但在二十世紀初期，可可農園因為被指控使用奴隸勞工而失掉該公司的合約，也因此毀掉了普林西比的經濟。在愛丁頓到達時，這座小島正逐漸遭人遺忘。

愛丁頓在桑迪農園（Roça Sundy）的一個僻靜角落，架設他的觀測儀器，在那裡他受到農園主人熱情的招待。除了每天在島上唯一的網球場上與農園主人打網球外，愛丁頓就只能等待日食那天的到來，祈禱不時造訪小島的暴風雨及灰暗的天空，不會毀了他的任務。卡丁罕則是把望遠鏡維持在最佳狀態，希望高溫不至於扭曲了它的影像。

日食當天早上，雨下得很大，完全看不到天空。直到日全食發生前不到一小時，天空才開始晴朗起來。愛丁頓與卡丁罕第一次瞥見正在發生的日食時，太陽的某些部分甚至還被雲遮住。到了下午二時十五分，天空已經相當清朗，愛丁頓和卡丁罕可以開始從事他們的觀測了。他們總共拍攝了十六張關於這次日食的感光板，而畢宿星團就潛伏在背景裡。到日食結束時，天空已經萬里無雲，相當美麗。愛丁頓發了一封電報給戴森：「穿過雲。有望。」[27]

在普林西比島的觀測實驗雖然一開始有雲來干擾,但這卻可能剛好救了那一天。相較之下,在巴西東北地區的索布羅,那一天的天氣無比晴朗、炎熱,柯洛梅林與戴文森可以從一開始就追蹤日食的發展。他們兩人身旁圍繞著許多非常興奮、想見證這個歷史事件的當地人,他們也順利拍攝了十九張感光板,以補愛丁頓與卡丁罕那十六張感光板之不足。他們欣喜若狂的發了電報:「日食,帥呆了。」[28]

那個時候他們還不曉得,絕佳的觀測條件以及巴西高溫、晴朗的天氣,恰好破壞了他們的主要實驗。儀器周遭的熱氣與高溫竟然使感光板上的測量變得毫無用處。還好,索布羅觀測隊還攜帶了另一臺較小型的望遠鏡,並且用它做了備用觀測,使他們仍然得以對這次實驗做出一些貢獻。

人類思想史上最高成就之一

這些天文學家沒辦法馬上回家,所以一直到7月底,他們所拍攝的感光板才開始受到分析。在愛丁頓所拍的那十六張感光板中,只有兩張上面有足夠多的恆星,讓他得以好好分析光線的偏折。他們算出的偏折值是1.61弧秒,誤差範圍0.3弧秒,與愛因斯坦所預測的1.7弧秒一致。

不過,索布羅的感光板經過分析後,結果卻令人擔心。測量出來的值是0.93弧秒,離廣義相對論的預測值較遠,反而比較接近牛頓的預測,但是這個結果正是來自因高溫而變形的那些感光板。在索布羅用較小的望遠鏡所做的備用觀測結果,也被分析出來時,其偏折的角度是1.98弧秒,誤差範圍非常小,只有0.12弧

秒。再一次，愛因斯坦的預測勝出。

1919年11月6日，這兩支觀測團隊在英國皇家學會與皇家天文學會的聯合會上，發表他們的研究結果。在一系列由戴森主持的演講中，這次日食觀測任務的不同測量結果，全攤開在他們優秀的同儕聽眾面前。索布羅遠征隊所面對的問題也被納入考量之後，講員們告訴聽眾，這次的日食觀測以驚人的符合度，證實了愛因斯坦的預測。

皇家學會主席湯姆森把這些觀測結果，說成是「自從牛頓的時代以來，我們在與重力理論相關的研究上，所獲得的最重要成就。」[29] 湯姆森主席補上一句：「如果愛因斯坦的想法持續被發現是正確的——而它已經成功通過兩次嚴苛的檢驗：水星近日點以及此次的日食觀測，那麼，它肯定是人類思想史上的最高成就之一。」

在伯靈頓館[5]舉辦的這次聯合會的隔天，倫敦《泰晤士報》刊登了湯姆森的發言。在幾則慶祝停戰週年並且讚揚「光榮殉難者紀念碑」的設立的標題旁邊，有一篇標題為〈科學革命・新的宇宙理論・牛頓的想法遭推翻〉的文章[30]，文中描述了這次日食觀測任務的成果。

關於愛因斯坦新理論及愛丁頓遠征觀測任務的新聞與評論，從此就像野火一樣，擴散到英語世界的每個角落。到了11月10日，新聞已經傳到美國，在那裡《紐約時報》也刊出它自己的聳動標題：〈天空中所有的光都被扭曲了〉[31]、〈愛因斯坦理論勝出〉，以及較拗口的：〈星星並非在它看似於或被計算於的位

---

[5] 譯注：伯靈頓館（Burlington House）是英國皇家學會所在的建築。

置，不過，沒人需要擔心。〉

　　愛丁頓的賭注下對了。藉由真正去理解愛因斯坦新近發展出來的廣義相對論，並且去測試它，愛丁頓已經讓自己成為新物理學的先知。從那時起，愛丁頓就成為新相對論的少數幾位權威人士之一，只要談到相對論，大家就唯他馬首是瞻。關於愛因斯坦的理論該如何解釋及發展，大家總是優先詢問愛丁頓的意見。

取代牛頓，登上物理學寶座

　　當然，愛丁頓這趟無與倫比的任務，也讓愛因斯坦成為超級明星。愛丁頓的發現轉變了愛因斯坦的人生，並且，至少在短期間，打響了廣義相對論的知名度。

　　很少有科學家曾經擁有像愛因斯坦這麼響亮的名聲。愛因斯坦已經將統治物理學長達數百年的牛頓，從寶座上請了下來。雖然愛因斯坦的理論晦澀難懂，而且是以一種很少人看得懂的數學語言寫成，它卻通過了愛丁頓的測試，功成名就。不僅如此，愛因斯坦這時已經不再是敵人。戰爭已經結束，雖然大家對德國科學家的某些敵意仍然殘存，但愛因斯坦已經受到原諒了。現在大家已經都知道，他並沒有參與九十三人宣言的連署，而且事實上他連德國人都稱不上，他是個瑞士籍猶太人。

　　愛丁頓在英國皇家學會做了那歷史性的宣布後不久，愛因斯坦在《泰晤士報》上寫了一篇文章，「在德國，我被稱為德國科學家，在英國，我則變成瑞士籍猶太人。如果我被視為一個惹人厭的傢伙，那麼這描述就會顛倒過來，德國人會稱我為瑞士籍猶太人，而對英國人來說，我是個德國科學家。」[32]

原本愛因斯坦只是一位沒人認識的專利局職員，有點自傲的傾向，受到同領域一些專家的賞識，但他現在已經成為一個文化圖騰，受邀到美國、日本及歐洲各地演講。愛因斯坦的廣義相對論，也就是多年前在伯恩專利局的辦公室，在他的一個簡單想像實驗中初見曙光的那個理論，現在也已經全然成形，成為一個以完全不同的方式來處理物理學的新理論。

數學已經在相對論的物理學中站穩腳步，讓我們得到一組有趣而且美妙的方程式，等著我們去釋放出它們的威力。現在是該由其他人接手，探索這些方程式的意涵的時候了。

第2章〈愛因斯坦最珍貴的發現〉附記

Fölsing（1998）相當用心的描述了廣義相對論被發現時的背景，以及愛因斯坦跌跌撞撞走向他的最終理論的過程，Pais（1982）則是提供了相關的細節，雖然用到許多數學，但非常值得一讀。

關於愛丁頓的事蹟，我非常倚賴三本性質很不一樣的書。Chandrasekhar（1983）是關於愛丁頓研究工作及思想的一本很薄、但有一定權威性的書。Stanley（2007）介紹了愛丁頓比較偏宗教與政治方面的立場，以及他在第一次世界大戰時的所作所為。Miller（2007）是一本非常好看的書，我們從其中可以看出愛丁頓是個多麼複雜的人（以及他後來成為多麼難以相處的人）。關於那次日食觀測的詳細描述，請參閱 Coles（2001）。

正確的數學，糟糕的物理

愛因斯坦最後以一針見血的注解，

來總結他對勒梅特研究的評價：

「雖然你的計算是正確的，

但是你的物理很糟糕。」

愛因斯坦場方程相當複雜，裡面有許多未知的函數糾纏在一起，但理論上任何一個有能力及決心的人，都可以嘗試去解它。在愛因斯坦發現廣義相對論後的幾十年間，傅里德曼（Alexander Friedmann, 1888-1925），一位不屬任何學派的俄國數學家與氣象學家，以及勒梅特（Abbé Georges Lemaître），一位非常聰明又有決心的比利時神父，就根據廣義相對論的方程式，建構出一個全新而且激進的宇宙觀，他們的觀點連愛因斯坦自己都有相當長的一段時間拒絕接受。透過這兩人的努力，廣義相對論開始發展出屬於它自己的生命，不再受愛因斯坦所控制。

1915年，愛因斯坦最早寫下他的場方程式時，本來是想自己把它們解出來。為這些場方程式找出一組能準確刻畫整個宇宙的解，似乎是不錯的第一步。1917年，愛因斯坦就著手這麼做。他先做了一些簡單的假設。根據廣義相對論，物質與能量的分布會指示時空如何改變。要建立整個宇宙的模型，愛因斯坦需要考慮宇宙中所有的物質與能量。最簡單而且最合邏輯、同時也是愛因斯坦第一次嘗試時所做的假設是：物質與能量均勻分布在整個時空中。

愛因斯坦這麼做，充其量只是在延續一條曾經在十六世紀扭轉天文學發展的思考路徑。當時，哥白尼（Nicolaus Copernicus, 1473-1543）已經做了那個大膽的假設，說地球不是宇宙的中心，而是繞著太陽在旋轉。幾世紀以來，這個所謂的「哥白尼革命」已經成功讓我們在宇宙中的位置變得更加不重要。到了十九世紀中期，情況已經變得更清楚，連太陽也不是那麼重要，它只不過是位在銀河系（我們的星系）某支旋轉臂上的某個不起眼之處。當愛因斯坦嘗試解他的方程式時，他只是將「宇宙中每個地方看

起來應該都差不多」的想法再做延伸，得到以下的結論：宇宙應該不會有某個最獨特的地點，或是所謂的中心。

宇宙終將崩陷？

　　宇宙充滿各種均勻分布的物質與能量，這樣的假設可以讓場方程式變得簡單許多，但也會導致一個非常奇怪的結果：根據愛因斯坦場方程的預測，這樣的宇宙會開始演化。到某個地步，所有這些均勻分布的能量與物質，會開始以組織性的方式，相對於彼此而運動。從最大的尺度來看，沒有任何東西會維持不動。到後來，每樣東西甚至會掉向自己，並且把時空也一起往內拉，導致整個宇宙因**崩陷**（collapse）而消失。

　　1916年，普遍而言，天文學家對於宇宙的看法仍然非常局部。雖然他們對銀河系的樣貌已經有很不錯的掌握，但是對銀河系外的狀況如何，卻幾乎一無所知。沒有人對整個宇宙到底是怎麼一回事，有清楚的概念。所有的觀測似乎都告訴我們，恆星有稍微移動的跡象，但並不是非常劇烈，而且肯定不是大規模在進行有組織、一致性的運動。

　　對愛因斯坦及大多數的人來說，天空似乎是靜止的，而且沒有證據顯示宇宙正在崩陷或擴張。為了順從自己的物理直覺與偏見，愛因斯坦提出一個修改他理論的方式，來把「演化的宇宙」從他的理論中根除。愛因斯坦在他的場方程式中加了一個新的常數。這個**宇宙常數**（cosmological constant）剛好可以抵消宇宙中所有物質與能量的效應，使宇宙保持恆定。所有這些東西，也就是被愛因斯坦均勻分配到宇宙各處的能量與物質，會嘗試將時空

本身往內拉，然而宇宙常數恰好會將時空往回推，讓宇宙免於崩陷。這樣的推與拉，使得宇宙處於一個微妙的平衡狀態：不變、靜態——正如愛因斯坦心目中宇宙該有的模樣。

為了避免得到宇宙正在演化的結論，愛因斯坦讓他自己的理論變得複雜許多。正如他後來自己承認的：「引進這樣的常數，就意味著在相當程度上，放棄了這個理論的邏輯簡單性。」[33] 他曾經告訴一位朋友，引進宇宙常數其實是「將某個不尋常的東西放進重力理論，而這讓我不安到幾乎可以被關進瘋人院。」[34] 但宇宙常數確實可以達成任務。

出現兩個靜態宇宙模型

在這趟高潮迭起的相對論發現之旅中，愛因斯坦經常寫信與在荷蘭萊登大學任教的天文學家德西特（見第53頁），討論自己的研究。第一次世界大戰期間住在中立國的德西特，就充當中繼站，將愛因斯坦理論的資訊傳到英國，使愛丁頓得以在英國仔細研讀愛因斯坦的研究。德西特可說是促成1919年那次日食觀測任務的幕後關鍵推手。

數學背景出身的德西特，擁有足夠的數學工具，來挑戰愛因斯坦場方程。當他收到愛因斯坦的一篇論文初稿，談論根據場方程式及宇宙常數所推導出的**靜態宇宙**（static universe）時，他馬上就知道愛因斯坦的這個解並非唯一的可能。事實上，德西特指出，我們有可能建構一個裡面沒有任何東西，徒有宇宙常數的宇宙。德西特提出一個比較實際的宇宙模型，這宇宙中可以包含一些恆星、星系及其他物質，但是數量少到不會對時空有任何影

響，也因此無法抵消宇宙常數的貢獻。結果，德西特宇宙的幾何
就會完全由愛因斯坦的修正項——宇宙常數來決定。

　　愛因斯坦與德西特的宇宙都是靜態而且不會演化的，正如愛
因斯坦先入為主所認為的那樣。然而，德西特宇宙有個奇怪的特
性，德西特自己也在論文中注意到這點。德西特建構他的宇宙模
型時，刻意讓時空維持不變，就和之前愛因斯坦所做的一樣。因
此，這個宇宙的幾何（比方說在時空中的任一點，空間的彎曲程
度為何），並不會隨時間而改變。但是如果你把一些恆星與星系
撒在德西特的宇宙中（這是很合理的想像實驗，因為我們自己所
處的宇宙似乎真的充滿許多這種物體），它們卻都會開始一致飄
離宇宙的中心。雖然德西特宇宙的幾何是完全靜態、不隨時間而
改變，但該宇宙中的物體卻不會停在原處。

　　收到愛因斯坦介紹自己的靜態宇宙的那篇論文之後幾星期，
德西特就已經寫出自己的解，並把它寄回給愛因斯坦。雖然愛因
斯坦知道德西特的模型在數學上完全正確，但他卻不覺得這模型
有什麼太大價值，而且他很討厭去想像一個宇宙，那宇宙中沒有
我們在夜空中看得見的那些行星與恆星。當然在愛因斯坦看來，
行星與恆星是必要的，正是因為有它們，我們才能感覺到我們是
在移動或在轉動。唯有相對於一個布滿恆星的穹蒼，我們才能說
地球是在加速、減速、或像陀螺一樣旋轉。恆星與行星成為一個
參考坐標系，讓我們可以應用所有的物理定律。沒有這些東西，
愛因斯坦的直覺就無法為他效力。

　　所以，愛因斯坦回信給德西特，表示他對這個缺乏許多天體
的宇宙不敢苟同。「去承認這種可能性，」愛因斯坦這麼寫道：
「似乎沒有意義。」[35] 雖然愛因斯坦對德西特的宇宙模型有一些微

詞，但是至少在廣義相對論問世後的幾年內，它就已經孕育出兩個在本質上截然不同的靜態宇宙模型。

傅里德曼打破靜態宇宙觀

愛因斯坦埋首研究廣義相對論之際，傅里德曼正在轟炸奧地利。做為俄國陸軍的飛行員，傅里德曼在1914年自願參戰，先是在北前線的一支偵察隊裡出任務，之後再轉到利維夫（烏克蘭西部）。剛開始，情況看起來幾乎是俄國占了上風。在飛往奧地利南部的例行夜間任務中，傅里德曼會和他的同袍一起逼迫遭俄國陸軍封鎖的城鎮投降。一座城鎮接著一座城鎮，俄軍逐步占領了該區域，並逐漸掌控了局面。

傅里德曼和其他飛行員很不一樣。當他的同袍只是用眼睛來判斷該如何投彈，粗略估計炸彈會落在什麼地方時，傅里德曼可謹慎得多。他推導出一個公式，那公式可以把他的飛行速度、炸彈的速度以及重量，一起列入考慮，並且預測出他該在哪個位置投彈，以便擊中目標。結果，傅里德曼的炸彈總是能擊中目標。他因為在戰場上的英勇表現，獲頒聖喬治十字勛章。

在1914年之前就已專攻純數學及應用數學的傅里德曼，對計算非常有一套。他經常投注心力，去研究一些在電腦問世之前非常難以精確解出的問題。傅里德曼毫無所懼，他會把方程式拆解到只剩最基礎的骨架，然後盡所能的簡化複雜狀況，除去額外的包袱。如果這樣還是解不出那些方程式，他就會畫一些近似於正確結果的圖形，來幫助自己得到想要的答案。帶著很想解決問題的胃口，傅里德曼樂於挑戰任何問題，從天氣預報、氣旋的行

為、流體的流動、到炸彈的軌跡，他完全不會因困難而退縮。

　　二十世紀初，俄國正歷經改變。沙皇政權正因一次又一次的危機而陷入困境，沙皇沒有能力處理極度貧窮的廣大民眾持續累積的不滿情緒，還要面對比以往更不穩定的歐洲的混亂與動盪。傅里德曼非常熱中參與發生在他周遭的社會改革運動。1905 年，當他還是高中生時，他就與同學在第一次俄國革命中並肩作戰，主導了幾次震撼整個國家的學校抗議活動。在聖彼得堡大學就讀時，他就因表現傑出而在同儕中脫穎而出。第一次大戰期間，傅里德曼則是在前線發揮影響力，他經常執行飛行、轟炸任務、講授航空學，並且擔任一間生產導航儀器的工廠的負責人。

　　大戰結束後，傅里德曼在彼得格勒（即後來的列寧格勒）擔任教授。「相對論馬戲團」——愛因斯坦的用詞，已經來到了俄國。受到古怪且奇妙的數學所吸引，傅里德曼決定嘗試運用他那高超的數學技巧，來解愛因斯坦場方程。就如愛因斯坦先前所做的，傅里德曼解開愛因斯坦場方程那複雜糾纏的結的方式是，假設宇宙從最大尺度來看是簡單的，裡面的物質均勻分布，而且空間的幾何可以由一個數來完全決定——空間的總體曲率。愛因斯坦主張，這個數全是由他的宇宙項（也就是宇宙常數）與物質密度（這裡的物質指的是散布在空間中的恆星與行星）之間的微妙平衡所決定。

　　傅里德曼沒去理會愛因斯坦的研究結果，反倒自己開始從頭研究起。藉由研究物質及宇宙常數如何影響宇宙的幾何，他得到一個驚人的事實：那個數，也就是空間的總體曲率，會隨時間而演變。宇宙中最常見的東西，亦即散布宇宙各處的恆星與星系，會導致空間收縮、並且開始掉向自己的內部。如果宇宙常數是一

個正數,那麼它會將空間往外推開,讓它擴張。愛因斯坦讓這兩個效應彼此對抗來達到平衡,一個往內拉,一個往外推,所以空間保持不變。但是,傅里德曼發現這個靜態解只是一個特殊解。通解(general solution)應該是,宇宙必須演化,至於它是收縮或擴張,就看該宇宙是由物質或宇宙常數來主導。

傅里德曼指出愛因斯坦的錯誤

1922年,傅里德曼發表他那篇重要的論文〈論空間曲率〉,他證明了,不僅愛因斯坦的宇宙是特例,連德西特的宇宙也只不過是宇宙的許多可能模型當中的一個特例。事實上,通解是宇宙隨時間而收縮或隨時間而擴張。某一類的宇宙模型甚至會先擴張、成長,接著再收縮,導致一個永不止息的擴張—收縮循環。傅里德曼的研究結果,也讓宇宙常數不再需要擔負讓宇宙維持靜態的職責。和愛因斯坦原本的宇宙模型不同的是,沒有任何東西來告訴我們,該將宇宙常數定為哪個特定的數值。在論文的結論部分,傅里德曼略帶不屑的這麼寫道:「宇宙常數……無法被決定……因為它是任意的常數。」[36]

藉由放棄愛因斯坦對於宇宙為靜態的要求,傅里德曼證明了愛因斯坦的宇宙常數根本就與宇宙的本質毫不相干。如果宇宙會演化,那麼我們就不需要像愛因斯坦那樣,引進一個任意的修正項,把原本簡潔的理論弄複雜。

這就像是一篇天外飛來的論文。傅里德曼從來沒有跟愛因斯坦討論過相對論,也沒有去聽過愛因斯坦在普魯士科學院給的那一系列演講。他只是個圈外人,愛丁頓的日食觀測任務所引起的

相對論熱潮，深深吸引了他，才使他開始熱中相對論研究。傅里德曼是第一流的物理數學家，他所做的事就只是運用他先前分析炸彈與天氣的技巧，來分析廣義相對論，而他發現了一個完全違背愛因斯坦直覺的結果。

對愛因斯坦來說，宇宙會演化的這種想法非常荒謬。當愛因斯坦第一次讀到傅里德曼的論文時，他拒絕承認自己的理論會帶出這種可能性。傅里德曼必定搞錯了，愛因斯坦開始嘗試去證明這點。他相當仔細的研讀傅里德曼的論文，並且發現一個他認為是非常基本的錯誤。一旦那個錯誤被修正，傅里德曼的計算就會得出一個靜態的宇宙，正如愛因斯坦之前預測的那樣。愛因斯坦很快就發表了一篇短文，在其中他主張傅里德曼研究的「重要性」[37]在於證明了宇宙的行為是恆常、不可改變的。

傅里德曼因愛因斯坦的短文而感到受羞辱。他確信自己沒有犯錯，是愛因斯坦自己計算錯了。傅里德曼寫了一封信給愛因斯坦，指出愛因斯坦計算錯誤的地方，並且在最後加了一句：「若您發現本人信中所寫之計算正確無誤，可否煩請您告知《德國物理學刊》之編輯。」[38]傅里德曼把信寄到柏林，期望愛因斯坦會很快做出回應。

但愛因斯坦根本就沒有收到這封信。他的聲望已經讓他必須趕赴一場接一場的研討會，旅行到世界各地發表演講，從荷蘭到瑞士、到巴勒斯坦、到日本，也因而一直不在柏林。傅里德曼的信寄達柏林後，只能躺在那裡累積灰塵。後來是因為在途經萊登天文臺時，碰巧遇到傅里德曼的一位同事，愛因斯坦才得知傅里德曼的反應。結果，在將近六個月後，愛因斯坦終於針對他自己對傅里德曼的修正，再刊登一則更正，正式接納傅里德曼的主要

結果,並且承認宇宙的確會有「隨時間而變的解」[39]。在他的廣義相對論中,宇宙真的有可能演化。

不過,傅里德曼仍然只證明了愛因斯坦的理論存在某些解,在那些解中,宇宙是會演化的。但照愛因斯坦的說法,那只是數學,而不是真實的狀況。愛因斯坦的偏見仍然導引著他相信,宇宙必須是靜態的。

傅里德曼因為指出這位偉大人物的錯誤而惡名昭彰。但是,雖然傅里德曼要他的幾位博士生進一步去發展他的想法,自己也繼續在已成為蘇聯的俄國境內各地推廣愛因斯坦的理論,他卻把自己的研究重新轉回氣象學上。1925年,傅里德曼在克里米亞度假時,因感染傷寒而過世,當時他才三十七歲;他關於演化宇宙的數學模型,就自此蟄伏了好幾年。

勒梅特轉攻宇宙學

勒梅特年紀輕輕,就開始接觸數學與宗教。他對方程式相當有一套,經常能為學校老師出的難題,找到一些簡潔的新解法。勒梅特在布魯塞爾的一間耶穌會學校完成中學教育後,繼續專攻採礦工程,而且直到1914年被徵召入伍前,他都一直在研讀此學科。

愛因斯坦與愛丁頓挺身呼籲和平之時,勒梅特正因為德軍入侵比利時,而在壕溝中奮勇抵抗。德軍摧毀了魯汶市,使國際社會義憤填膺,也導致九十三位德國科學家簽署了那份聲名狼藉的九十三人宣言,嚴重撕裂英國與德國科學界之間的關係。勒梅特是個模範軍人,他成為一位砲手,後來還被擢升成砲兵軍官。就

和傅里德曼一樣，勒梅特把他解難題的技巧運用到彈道學上。戰爭結束時，他因英勇表現而獲頒比利時陸軍勛章。

經歷過戰場上的大殺戮、壕溝中氯氣的可怕傷害力，以及前線的冷酷殘忍，讓勒梅特的心境受到很深的影響。退役之後，他不僅研究物理與數學，還於1920年進入聖隆伯特修道院，修習神學，並在1923年受封為耶穌會神父。接下來的人生，勒梅特一方面獻身於神職，一方面也持續追求最令他著迷的數學。他在天主教會中的職位漸升，最終成為梵蒂岡宗座科學院的院長。

勒梅特是一位將目光定睛在解開宇宙方程式的科學家神父。早在讀大學時，就對愛因斯坦的廣義相對論很感興趣，他在魯汶大學帶領相對論研討會，並寫了一些關於這個主題的短篇評論。1923年，勒梅特到英格蘭的劍橋待了一段時間，那時他住在為天主教神職人員準備的房子，並且與愛丁頓一起研究相對論。愛丁頓幫助勒梅特將目光轉移到相對論的根基上——在追尋宇宙終極理論的奇妙之旅正在開展時，愛丁頓等於為勒梅特保留了一個可以看得最清楚的前排座位。愛丁頓對勒梅特印象深刻，認為他是「一個非常聰明的學生，反應超快、視野清晰，而且數學能力絕佳。」[40]當勒梅特於1924年搬到美國麻州劍橋市時，「如何為宇宙建立準確的模型」這個尚未解決的難題，就成為他最關切的主題。在麻省理工學院攻讀博士期間，勒梅特非常深入的探究了這個問題。

勒梅特在1923年把興趣轉向宇宙學時，愛因斯坦與德西特的宇宙模型都還受到相當的重視。它們依然是由愛因斯坦場方程所得到的唯二數學模型，然而卻沒有任何觀測結果支持這兩個數學模型中的任一個。傅里德曼的演化宇宙並沒有帶來任何衝擊，

而愛因斯坦對於演化宇宙的偏見，仍然有非常大的影響力，讓人不會去考慮演化宇宙的可能性。根據當時的主流想法，宇宙仍然非常靜態。但是，愛丁頓對德西特的宇宙很感興趣，在這個宇宙裡，恆星與星系會飄離宇宙的中心。德西特主張：他的宇宙模型具有相當獨特的觀測上的特徵；在這個宇宙中，遠處的物體看起來會非常奇怪，它們的光會發生**紅移**（redshift）。

德西特效應：紅移現象

我們可以將光想成是一些不同波長的波，而不同的波長就對應於不同的**能態**（energy state）。與位在光譜另一端的藍光比起來，紅光的波長較長而能量較低。當我們看著一顆恆星、一個星系或任何一個明亮的物體時，它所發出的光就是這些不同波長的波的混合，波的能量高低各不相同。德西特的模型若正確，則在遠處的恆星所發出的光會有偏紅的趨勢。與近處的恆星所發出的光比較起來，那些光看起來波長會較長，而能量較低。換言之，恆星離我們愈遠，它就會愈偏紅。檢驗德西特模型的一個可靠方法就是：在真實的宇宙中，去觀測是否真的有紅移現象。

這種紅移效應（亦即遠處的星系似乎會比近處星系更偏紅）暗示著，關於德西特模型還有某些事情，我們並沒有完全理解。於是愛丁頓就和外勒（希爾伯特在哥丁根大學的門生）合作，進一步去審視德西特的解。[41] 他們發現，如果我們將恆星與星系遍撒在時空中的各個地方，那麼每顆恆星（或星系）到地球的距離和它的紅移之間，就會有一個非常密切的線性關係。一顆恆星到地球的距離如果是另一顆恆星的兩倍，那麼相對的，它的紅移也

會剛好是後者的兩倍。這樣的紅移模式，後來就稱為**德西特效應**（de Sitter effect）。

1924年，當勒梅特進一步的審視德西特的模型、以及愛丁頓與外勒的發現時，他發現德西特論文裡的方程式是以一種很古怪的方式寫成。德西特是使用靜態宇宙模型來建構他的理論，而這模型有一個很奇怪的性質：他的宇宙有個中心，對於位在宇宙中心的一位觀測者來說，會存在某個**視界**（horizon），在那個視界之外的任何東西，他都無法看到。這和愛因斯坦關於宇宙的一個基本假設相衝突，那個假設是：宇宙各處的地位都相同。

所以，當勒梅特重新表述德西特的宇宙模型，使那個視界不復存在，也使空間中的每一點地位都相同時，他發現德西特宇宙的行為就和之前完全不一樣了。此時，根據勒梅特這種較簡單的看待宇宙的方式，空間的曲率會隨著時間而演變，而它的幾何也會演變，就彷彿空間中的各點會快速逃離彼此一般。這個演變就可以解釋德西特效應。

和幾年前的傅里德曼一樣，勒梅特在偶然間發現了演化的宇宙。但是勒梅特所發現的「紅移與宇宙的擴張有關」，和傅里德曼先前的發現，有一個相當不同的地方：勒梅特的發現可以用真實世界的觀測來做檢驗。

勒梅特將他的分析再往前推一步，去尋找更多的解。出乎他意料的，他發現愛因斯坦與德西特提倡的靜態宇宙模型，都是非常特殊的情形，幾乎算是愛因斯坦時空理論的偏差特例。德西特的模型可以重新解讀成一個演化中的宇宙，愛因斯坦的模型卻會出現不穩定的情形，而且這種不穩定可以很快就讓這模型失去平衡。在愛因斯坦的宇宙中，只要物質與宇宙常數有一點點的不平

衡，宇宙就會很快開始擴張或收縮，離愛因斯坦非常想要的平靜
狀態愈來愈遠。事實上，勒梅特發現：愛因斯坦和德西特的模型
只不過是一大批宇宙模型當中的兩個，而這些宇宙全都會隨著時
間而擴張。

勒梅特的物理「很糟糕」

天文學家之中並非從來沒有人注意到德西特效應。事實上，
1915年，早在德西特第一次提出他的宇宙模型及標準特徵之前，
一位美國天文學家斯里弗（Vesto Slipher, 1875-1969）[42] 就已經測
量到一些散布在天空中、看起來有點模糊的光的紅移——這些模
糊的光，如今稱為星雲（nebula）。一個發光體，不論它是燈泡、
高熱的木炭、恆星或星雲，裡面所含的個別元素，都會發出模式
相當獨特、由特定波長所構成的光。當你用光譜儀來測量這些光
時，這些波長就會呈現出像商品條碼那樣一系列粗細不等的線。
這條碼就是該物體的光譜。

斯里弗使用亞利桑納州旗桿市羅爾天文臺（Lowell Observatory）
的儀器設備，去測量分散在天空中各處的星雲的光譜。接著他就
拿他所測量到的這些光譜，與另外一種光譜——擺在他辦公桌
上、由同樣的那些元素所構成的物體所發出的光譜，來做比較。
（構成星雲的那些元素的光譜，物理學家早已非常熟悉，所以，
斯里弗並不需要真的在辦公桌上再做一次實驗。）斯里弗發現他
所測量到的星雲光譜，全都偏離了原本的預期值。條碼不是向左
移，就是向右移。

光譜的偏移意味著被測量的物體是在移動中。當光源遠離觀

測者時，光譜中的各波長看起來都會變長。所帶來的淨效果是：光看起來會變得比較紅。反過來說，如果光源是朝觀測者而來，光譜會往短波長來偏移，因而看起來較藍。

這種稱為都卜勒效應（Doppler effect）的現象，你很可能早已在牽涉到聲波的場合中體驗過。想像一輛高速行駛的救護車，沿著街道朝你駛來，它的警報聲的音高是愈來愈高；當救護車從你身旁掠過、再遠離你而去時，警報聲的音高會突然變得較低。發生在光的同樣效應，就讓斯里弗得以計算出宇宙中的物體是在做什麼樣的運動。

斯里弗的結果其實並不怎麼令人意外。他原本就預期宇宙中的物體會受到它附近的物體的重力吸引，而往各個方向移動。事實上，斯里弗最早所做的一些測量，似乎就暗示仙女座（它算是比較明亮的星雲當中的一個）正朝著我們而來，因為仙女座的光有藍移的現象。但是斯里弗的研究很有系統，他記錄了更多星雲的光譜，並發現一個相當令人困擾的現象：幾乎所有的星雲都正在遠離我們。這裡顯然存在著一種趨勢。

到了1924年，瑞典天文學家朗馬克（Knut Lundmark, 1889-1958）取得斯里弗的數據，並且粗略估計了不同的星雲距離我們各有多遠。朗馬克當時還無法準確說出每個星雲有多遠，對自己所得到的估算結果也不是很有把握。但是，擺在他面前的是一個明顯的趨勢：星雲離我們愈遠，它們移動的速度似乎就愈快。[43]

1927年，勒梅特已經重新推導出德西特模型裡所出現的那種趨勢，那也正是斯里弗在他的數據中看到的趨勢。根據勒梅特的計算，若我們去測量遠方星系的紅移與距離，那我們應該會看到兩者之間有一種線性關係——以距離為水平軸，紅移為縱軸，作

圖來表示，那麼星系應該全都大致落在一條直線上。在不知道傅里德曼的研究的情況下，勒梅特把自己的研究結果寫成博士論文，並在一本沒沒無聞的比利時期刊上發表。[44] 勒梅特把他的計算附在論文裡，並花了一小節討論觀測上的證據，然後求出愛丁頓、外勒及他本人所發現的那個線性關係的斜率。勒梅特論文中關於宇宙在擴張的觀測證據尚待確認，而且其中包含許多錯誤，但令人振奮的是，每樣事情似乎都配合得相當好。

令勒梅特大失所望的是，他的研究完全沒有受到相對論學界重量級人物的注意，包括他之前的指導教授愛丁頓在內。勒梅特當年稍晚在一場研討會中碰到愛因斯坦時，愛因斯坦並不覺得勒梅特的研究有什麼特別之處。愛因斯坦很客氣的告訴勒梅特，他的研究只是複製了傅里德曼的發現。雖然愛因斯坦已經承認傅里德曼的計算是正確的，但他仍然堅信，這些奇怪的宇宙擴張之解只是數學上的奇特結果，不能代表真實宇宙的情況，因為他很清楚宇宙是靜態的。愛因斯坦最後以一針見血的注解，來總結他對勒梅特研究的評價：「雖然你的計算是正確的，但是你的物理很糟糕。」[45] 就這樣，至少在短期內，勒梅特的宇宙就此消失在荒野中。

哈伯讓宇宙變大了

哈伯（Edwin Hubble, 1889-1953）有相當優雅迷人的人格特質，但他解決問題的卓越能力與技巧，更受學界人士尊敬。他曾在芝加哥大學求學，在那裡他成為拳擊比賽的常勝軍（至少他自己是這麼說的）。接下來他花了幾年時間，在牛津大學擔任羅德

學者，在那裡學起一口矯揉造作的英國腔，這腔調之後就跟隨他一生之久。他還像英國鄉紳一樣，喜歡穿毛料西裝及抽菸斗，擺出一副十足英格蘭紳士的架子。和傅里德曼及勒梅特一樣，哈伯在牛津階段結束後，也參與了第一次世界大戰，只不過他抵達戰場時，戰爭剛好結束。

　　1920年代末期，人們開始注意到哈伯的研究，因為他在幾年前曾經碰巧挖到寶。在二十世紀初，天文學家已經知道，我們是住在一個由許多恆星構成的巨大漩渦中，而這個漩渦就是我們所屬的星系——銀河系。在當時，有一個未解的問題困擾著天文學界：銀河系是唯一的星系，是整個空蕩蕩的宇宙中的一座孤島，或者，它只是宇宙中許多星系當中的一個？如果你望向夜空，在許許多多的恆星與行星之間，你會看到一些昏暗、神祕、模糊的光，它們就是斯里弗看到並測量的星雲。那些星雲只是銀河系內正在成形的一些恆星嗎？還是，它們是在極遙遠處正在成形的其他星系？如果那些星雲真的是其他星系，那就表示銀河系只不過是許多星系當中的一個而已。

　　哈伯藉由測量出某個特定的星雲（仙女座）的距離，而回答了這個問題。[46] 哈伯知道，他可以利用非常明亮、稱為造父變星（Cepheid variable）的恆星來當作指標。哈伯測量出仙女座中的造父變星會比那些較靠近地球的造父變星昏暗多少，然後根據這些數據計算出仙女座到地球的距離。造父變星看起來愈昏暗，它就離我們愈遠。根據哈伯的計算，仙女座與地球的距離非常遙遠：幾乎達到一百萬光年，也就是當時所估計的銀河系大小的五到十倍。因此，仙女座不可能是銀河系的一部分，因為它離我們太遠了。

一個很自然的解釋就是：仙女座只不過是另一個星系，就和銀河系一樣。如果仙女座的情形真的是這樣，那麼許多其他星雲何嘗不是如此？就靠著1925年的那一次測量，哈伯讓宇宙成為一個比以前大得多的地方。

哈伯搶得大功名

1927年，哈伯參加了在荷蘭舉辦的國際天文聯合會（IAU）的會議。他聽到大家一窩蜂在討論德西特、愛丁頓及外勒所預測的星雲紅移現象，也得知斯里弗的測量結果很有可能是這現象已獲得數據支持的最早跡象。朗馬克藉由作圖來比較速度與距離之間線性關係的嘗試，已經於1924年以論文形式發表，剛好就在哈伯測量出仙女座距離的前一年，只可惜當時的天文學界是以懷疑的眼光，來看待朗馬克的研究結果。勒梅特神父在他1927年的論文中，已經採用哈伯的距離測量值，但是那篇論文是發表在一本沒沒無聞的比利時期刊上，以法文寫成，還沒引起注意。哈伯看到了一個大好的機會：他也可以踏入這個研究領域，親自來偵測德西特效應[47]，取代之前其他人的所有嘗試，讓自己成為這個現象的發現者。

哈伯在威爾遜山天文臺的技術團隊，聘用了一位技術員赫馬森（Milton Humason, 1891-1972）。[48] 哈伯要求赫馬森每天夜裡都在加州帕薩迪納市附近山區的威爾遜山上，架設望遠鏡及稜鏡來測量光譜。這是個苦差事。天文臺的大圓球裡又冷又暗，金屬製的地板讓赫馬森的腳有時麻木、有時刺痛。由於要長時間以彆扭的姿勢，透過接目鏡去窺視並找出特定星雲的光譜線，他的背部

也不時感到疼痛。星雲看起來愈昏暗，它們就離我們愈遠。不只如此，赫馬森還必須使用一組原本不是設計來從事這種任務的儀器，克難進行測量。他通常要花二到三天才能得到一組光譜，相較之下，其他望遠鏡已經可以在幾小時內就完成任務。

　　赫馬森在尋找紅移現象的同時，哈伯則把工作重點擺在距離的決定上。哈伯著手測量每個星雲所發出的光量，並比較這些結果。根據這些數據，他就可以大略估計出這些天體距離我們有多遠（相較於他先前所測出的仙女座距離）。接著，哈伯將自己測量的星雲距離，與斯里弗及赫馬森所測量的紅移結合在一起，再去看看兩者之間是不是真的有一種線性關係——這是德西特效應的關鍵跡象。

　　到了1929年1月，哈伯和赫馬森已經測量了四十六個星雲的紅移。在這些星雲中，哈伯估算出二十四個星雲的距離，它們是斯里弗曾經測量過紅移的星雲中，距離我們比較近的那些。哈伯把它們畫在圖上：x軸標示的是距離，y軸標示的是由觀測到的紅移所換算出來的速度。這張圖上的數據看起來還是有點分散，但是成果比朗馬克或勒梅特的嘗試來得好。它呈現一個很明顯的趨勢：星雲距離我們愈遠，光譜的紅移就愈大。

　　哈伯將他的數據作成圖，在沒有把赫馬森列為共同作者的情況下，寫了一篇短論文〈銀河外星雲的距離與徑向速度之間的關係〉投稿期刊。朗馬克早在哈伯之前，就已經得到這個結果，雖然哈伯在論文裡也提到朗馬克的研究，但是哈伯卻是一直強調自己這研究的重要性。[49] 在論文的最後一段，哈伯這麼寫道：「然而，此一顯著的特徵告訴我們，星雲的速度及距離之間的關係有可能正是德西特效應的具體呈現，也因此，這些數據可用來討論

空間的宏觀曲率。」在同一天投稿的另一篇較低調的短論文中，赫馬森也發表了他自己針對某個星雲的紅移與距離所做的測量結果。這個星雲的距離，是哈伯在他的論文所考慮的所有星雲的距離的兩倍以上，而它似乎也會落在哈伯所發現的那條紅移—距離關係的直線上。事實擺在眼前了，德西特效應真的存在。

雖然朗馬克和勒梅特之前就已經得過這個結果，但是哈伯所發現的紅移與距離之間的線性關係，卻是將宇宙學凝聚起來的觸媒。在哈伯1929年發表那篇重要論文之後的幾年內，愛因斯坦、德西特、傅里德曼及勒梅特等人那已經發酵了十年左右的想法，終於能夠和解，融合成一幅簡單的圖像。雖然星系往後退離的證據，早就在斯里弗的數據、以及朗馬克與勒梅特的初步分析中出現過，但是一直到哈伯與赫馬森發表了他們的論文，天文學家才真的被說服，認為德西特效應有可能是真的。

愛因斯坦丟棄宇宙常數

哈伯那篇論文投稿後一年，愛丁頓在《天文臺》期刊（也就是在第一次大戰的黑暗期中，刊載他的和平宣言的那本期刊），寫了一篇文章，討論德西特效應與哈伯的觀測結果。已經在魯汶大學定居下來的勒梅特，讀到愛丁頓的文章，感到不知所措。愛丁頓在文章中完全沒有提到他的研究——他那個簡單得多的擴張宇宙模型，已經全遭遺忘。

勒梅特立刻寄了一封信給愛丁頓，描述他1927年那篇論文的研究結果，在該論文中他已經證明了愛因斯坦場方程還有一些其他的解，而在這些解中，宇宙是會擴張的。在信的最後，勒梅

特加了一句：「我寄了幾份論文抽印本給您。或許您有機會可以將它寄給德西特。我當時也寄了抽印本給他，但也許他還沒有閱讀。」[50] 愛丁頓感到很羞愧。他這位「非常聰明、視野清晰」的學生，一直透過不斷對廣義相對論發動攻擊，來讓他可以隨時掌握廣義相對論後續研究的現況，但他卻一點也不看重，甚至完全忘了勒梅特的研究。愛丁頓很快就著手推廣勒梅特的宇宙觀，並且說服德西特放棄他自己的模型，改採用勒梅特的模型。接下來，就只剩下愛因斯坦需要被說服接受擴張的宇宙。

愛因斯坦成為聚光燈焦點的那幾年，讓他分神了，而沒有去注意傅里德曼與勒梅特根據廣義相對論所得到的各種進展，也沒注意到天文學家已經觀測到星系往後退離的現象。但是到了1930年夏天，愛因斯坦終於也不得不承認，真的有些事需要我們去正視。在到劍橋的一次訪問中，他住在愛丁頓及他的姊姊家，感受到愛丁頓對於哈伯的觀測結果及勒梅特宇宙觀的熱情，並且受到感染。

愛因斯坦多次的國外旅行中，有一次他就在加州停留，並且到威爾遜山天文臺與哈伯會面。他們討論了最新的宇宙觀，過程有點彆扭，因為愛因斯坦那時候英語還不是很流利，而哈伯也不會講德語。但是兩人都已經感覺到，擴張的宇宙正逐漸受到物理學家及天文學家的採納。於是，在另一次的參訪行程，這次是到萊登，愛因斯坦和德西特坐下來深談，開始擁抱這個從他的廣義相對論發展出來的新宇宙論，並且提出他自己的擴張宇宙模型。他們兩個人都同意，應該將愛因斯坦之前為了得到靜態宇宙、而不得不引進的那個修正項拋棄。愛因斯坦在1917年才加進廣義相對論的那個宇宙常數，就這麼被丟掉了。

勒梅特率先解釋宇宙創生

在發現愛因斯坦場方程其實容許擴張宇宙的存在之後，勒梅特還想要進一步，了解愛因斯坦廣義相對論的可能應用。他發現愛因斯坦的理論可告訴我們一些關於時間起源的事。

的確，如果你接受宇宙是在擴張，那麼你自然而然會想到的下一個問題就是：宇宙是如何開始擴張的，為什麼？如果你跟隨時間往後回溯，你會走到一個點，在那裡，整個時間都給擠壓成一個點。這是個非常怪異的狀態，完全不像我們在周遭的自然世界中會看到的現象。然而，那似乎就是傅里德曼與勒梅特的模型告訴我們的狀況：時空開始成形的最初時刻。

於是勒梅特提出一個非常激進的想法，來解釋宇宙一開始可能是怎麼出現的。這個想法主張萬事萬物皆有個真正的起源。在他看來，宇宙是由單一的東西產生的：一個**太初原子**（primeval atom），或是他所謂的太初蛋（primordial egg）。從這個原子就孵育出今天分布在宇宙各處的物質。根據當時才開始有人了解的量子物理定律，這個原子會衰變，就像我們在實驗室觀測到的粒子放射衰變一樣。這個原子的子孫，也會衰變而產生更多粒子，以此類推。

這是個簡單的、推測性的、幾乎符合《聖經》記載的模型，但勒梅特必須耗費許多力氣，才能把宗教的影響從他的提議中排除。做為一位神父，他比其他人都還容易被人指控，說他將個人的信仰帶進這個全然屬於科學領域的假說中。他在《科學》期刊發表了一篇短論文，題目是〈量子論觀點下的世界起源〉。這個題目將他的立場說得很清楚。這不是在講上帝的介入，也不是純

屬神學上的建構。這是冰冷、客觀的物理定律會帶出來的實際後果，是大自然讓事情成為如此的。勒梅特把他的觀點總結成以下的陳述：「如果世界始於一個單一的量子，那麼空間與時間的概念在宇宙形成之初，就不會有任何意義；只有當那個原始的量子分裂出足夠數目的量子後，空間與時間才會開始有意義。如果這樣的想法沒錯，那麼世界的起點，就會發生在比空間與時間的起點稍早一點的地方。」[51]

　　1931年1月，愛丁頓在英國數學學會發表他的主席演說時，告訴聽眾他是怎麼看待勒梅特的最新想法，他是這麼說的：「目前自然界的秩序是有個起點，這樣的想法讓我很反感。」[52] 愛丁頓先前不只曾經幫忙推銷勒梅特的擴張宇宙研究，還說服愛因斯坦放棄靜態宇宙觀。勒梅特之所以受到國際學界的注意，愛丁頓居功厥偉。但是勒梅特這個最新的想法，已經過火到令愛丁頓無法消化。這是將愛因斯坦的時空理論，推廣到超過它的有效限度了——至少愛丁頓是這麼認為，而且他要讓每個人知道這件事。

　　正如愛因斯坦先前曾經把傅里德曼與勒梅特所提出的擴張宇宙模型斥為無稽，愛丁頓此時也拒絕接受數學告訴他的事。相反的，他提出了另一個解。因為有哈伯與赫馬森關於星系正在退離的證據，愛因斯坦的靜態宇宙已被丟棄，但一切僅止於此。在嘗試探索宇宙模型的所有可能的解時，勒梅特已經證明了愛因斯坦的宇宙會有一個災難性的後果——它是不穩定的，而這結果剛好對愛丁頓有利。只要你加一點點東西（一個額外的星系，一顆恆星，甚至只是一個原子）到愛因斯坦的靜態宇宙中，它就會開始收縮，直到成為一點。相反的，如果你拿走一點質量，宇宙就會開始擴張，最後就成為一個像傅里德曼與勒梅特先前所主張的那

種宇宙。愛丁頓就利用這個不穩定性,來重新解釋宇宙的擴張。

愛丁頓關於宇宙一開始為什麼會擴張的提議,是拼湊的、未完成的,但它聽起來滿可信的,而且很簡單。宇宙就像愛因斯坦一開始所提議的:是靜態而且死氣沉沉的。事實上,說宇宙是從那時候開始,其實是有點名不符實:宇宙有可能已經在這個狀態待了無限久的時間,直到,如愛丁頓提議的,物質因著某種原因而開始以某種我們尚不確定的方式聚成塊狀。這些塊狀物體形成恆星與星系,而在這些成塊的物體之間的空間,就促成了愛因斯坦模型的不穩定性,並且開始擴張。一個無時間的宇宙,就此很美妙的轉換成一個擴張的宇宙。

成為現代宇宙學大老

勒梅特關於宇宙起源的激進想法,雖然仍無法說服愛丁頓,但是愛因斯坦卻已經有了不一樣的看法。

1933年冬天,愛因斯坦和勒梅特都在美國參訪,兩人剛好都來到了位在帕薩迪納的加州理工學院優美校園裡,在那裡,勒梅特神父受邀發表兩場演講。1927年他們在比利時索爾維的那次會面,感覺並不是很好,那時愛因斯坦並不把勒梅特的研究當一回事,只把它看成是一大堆計算正確、但充其量不過是廣義相對論的無意義推廣。但是這一次的情況不同了,此時的勒梅特已經受尊崇為新宇宙學的領航者之一。在加州理工學院短暫停留期間,他們兩人經常在教職員交誼中心——雅典娜庭院,進行熱烈的討論。《洛杉磯時報》將這兩人描述成「臉上的表情嚴肅,看得出他們正在爭辯的是宇宙學的最新研究狀況。」

在加州理工學院，也就是星系往後退離現象最早被發現的地點，愛因斯坦坐在聽眾席全程聆聽勒梅特的演講，這意義非凡。在勒梅特主講的一場研討會結束時，愛因斯坦站起來說：「關於宇宙的起源，這是我所聽過，最美麗、最令人滿意的解釋。」[53]

在被自己不正確的直覺誤導了超過十年之後，愛因期坦終於看到了亮光。這樣的轉折，的確相當有趣。廣義相對論的創造者沒有足夠的勇氣，接受自己的理論對於宇宙的預測，因而嘗試透過引進一個修正項，來讓他的解答蒙混過關。後來是透過擁抱廣義相對論的完整數學意涵，傅里德曼與勒梅特才提出「宇宙是在演化、擴張」的主張，而且觀測上的數據已經證明他們的主張是正確的。

愛因斯坦對勒梅特的讚譽，就像是在大眾媒體面前，為勒梅特戴上皇冠。就如愛因斯坦自己也曾經是聚光燈照射的焦點，勒梅特此時已獲譽為「世界頂尖的宇宙學家」[54]。勒梅特後來也果真成為現代宇宙學的大老。他與傅里德曼的想法，為近三十年後將會發生的宇宙學革命奠定了根基。

第3章〈正確的數學，糟糕的物理〉附記

關於宇宙擴張被發現的過程，文獻資料相當豐富。最主要的幾篇論文，都可以在宇宙學的經典論文選輯中找到，Bernstein and Feinberg（1986）就是一本有名的論文集。我刻意避免在本書中談到馬赫原理（Mach's principle），但是促使愛因斯坦去建構一個靜態宇宙模型的，正是這個原理。你可以在 Janssen（2006）一書中，找到關於愛因斯坦與德西特爭辯的討論。Kragh（1996）對於擴張宇宙的發展，有詳盡的記載，Nussbaumer and Bieri（2009）則是較近期的一本著作。

關於本章所提到的幾位主角，更詳細的個別描述，請參看以下文獻。傅里德曼：Tropp, Frenkel, and Chernin（1993）；勒梅特：Lambert（1999），以及 A. Deprit 所寫的一篇收錄於 Berger（1984）的文章。讀者可以在 Gribbin（2004）看到關於哈伯及赫馬森相當有意思的描述。收錄在 Shapiro（1965）的赫馬森 AIP（美國物理學會）專訪內容，相當有參考價值。在宇宙擴張被發現的過程中，每個人到底各有何等的貢獻（斯里弗所扮演的角色真的被低估了），說法不一，我建議讀者參考 Nussbaumer and Bieri（2011）以及皮考克（John Peacock）教授在以下網頁對斯里弗所致上的敬意：http://www.roe.ac.uk/~jap/slipher。

恆星的崩陷

要從施瓦氏的神奇球面裡逃出，

你需要以比光速還快的速度運動。

但根據愛因斯坦的理論，這是不可能的。

施瓦氏已發現半世紀後稱為黑洞的東西。

歐本海默（Robert Oppenheimer, 1904-1967）對廣義相對論並不特別感興趣。就和任何明理的物理學家一樣，他相信廣義相對論是對的，但是他不覺得這理論與當時的物理特別有關。諷刺的是，歐本海默後來竟然發現了愛因斯坦理論所預測的最古怪現象之一：自然界中黑洞的形成。

歐本海默的興趣，是在另一個也是在近十年內才發展出來的新理論上。他對量子物理已頗有涉獵，並且成為知名的量子物理學家，他與歐洲現代物理學界的重要人物有很好的夥伴關係，後來還建立了美國境內最頂尖的量子物理研究團隊，基地就位於加州大學柏克萊分校。在相當程度上，是量子物理以及像歐本海默這樣的人物的竄起，導致愛因斯坦的理論邊緣化，而進入一段停滯期與孤立期。

然而在1939年，歐本海默與他的學生史耐德（Hartland Snyder, 1913-1962）嘗試去了解大質量恆星生命期的終點會發生什麼事，結果他發現了廣義相對論的一個奇特、無法理解的解，這個解已經在廣義相對論的背景中，藏匿了將近二十五年。歐本海默證明了：如果一顆恆星夠巨大、夠密實，它就會崩陷，而且不再被看見。根據歐本海默的說法，過了一陣子後，「恆星會將自己封閉起來，不再與遠處的觀測者有任何的溝通，只剩它的重力場在持續運作。」[55] 這感覺上就像是有一條裹屍布，將一顆由光與能量構成的崩陷的球包裹起來，讓它不再被外面的世界看到，而時空也會將自己纏裹成一個打得非常緊的結。沒有任何東西能夠從這裹屍布（或說包覆面）裡逃脫出來，連光也一樣。這個結果是愛因斯坦場方程可導出的另一個奇特數學現象，但許多人覺得這結果令人難以接受。

施瓦氏率先算出所謂的「黑洞」

在歐本海默與史耐德發現這結果的二十五年前左右，德國天文學家施瓦氏（Karl Schwarzschild, 1873-1916）寄了一封信給愛因斯坦，在結尾時他這麼寫著：「您可以看到，這場戰爭是眷顧我的，因為它讓我有機會進入您的思想之境，盡情參訪，即使我可以聽見不遠處的清楚砲火聲。」[56] 時值 1915 年 12 月，當時施瓦氏是在東側前線的壕溝裡（俄羅斯境內）寫這封信。

其實 1914 年第一次世界大戰爆發時，雖然施瓦氏身為波茨坦天文臺的臺長，未被徵召，但他志願從軍。然而，正如愛丁頓後來談到施瓦氏時所說的：「施瓦氏所走的路線比較實際。」[57] 就和傅里德曼一樣，施瓦氏把他的物理專業應用在軍事任務上，甚至寫了一篇論文投稿到柏林科學院，探討「風及空氣密度對拋物體路徑的影響」。

在俄羅斯時，施瓦氏收到最新一期的《普魯士科學院研究彙刊》。在那期，他看到愛因斯坦介紹新廣義相對論的那篇簡短、令人屏息的論文。施瓦氏先前已著手拆解愛因斯坦所提出的場方程式，施瓦氏探討的是他所能想到的最簡單、最具物理重要性的情況。和幾年後直接探討整個宇宙狀況的傅里德曼與勒梅特兩人不同的是，施瓦氏決定把他的焦點擺在格局比較不那麼宏大的東西：行星或恆星之類的球狀物體周遭的時空。

欲挑戰像愛因斯坦場方程這麼繁複糾結的方程式時，先將它簡化是個好策略。由於只把注意力放在恆星周圍的時空，施瓦氏可以專心尋找靜態、不隨時間演變的解。而且他想找的是在南北極與在赤道的表現都相同的解，所以他唯一需要考慮的變數，就

是空間中任一點到恆星中心的距離。

施瓦氏解（Schwarzschild's solution）非常簡單，那是一個幾乎馬上就可以寫下的精簡公式。從某個角度來說，那是顯而易見的解。舉個例子，如果你位在遠離恆星中心的某處，恆星的重力場就會表現得像牛頓在幾世紀前就預測的那樣：恆星的重力吸引會正比於它的質量，並與距離平方成反比。

施瓦氏的公式和牛頓的確實不同，沒錯，但兩者的差異非常小——其差異只恰好足以解釋水星軌道的偏移，而那偏移正是愛因斯坦整個研究工作一直想要解釋的現象。

但是當你更靠近那顆恆星時，非常奇特的事情就發生了。如果恆星很小但質量夠大，那麼它會被一個球形的曲面包裹起來，將那個曲面背後的任何東西都藏起來，讓人無法看見——這正是歐本海默與史耐德在多年後發現的那個曲面。這曲面會對任何嘗試通過它的東西，產生毀滅性的影響。若任何東西飛得太靠近那顆恆星，掉進那個球形邊界內，就沒有辦法再逃出來。那是個不歸點。要從施瓦氏的神奇球面裡逃出，你需要以比光速還快的速度運動。但根據愛因斯坦的理論，這是不可能的。施瓦氏已經發現了半世紀後將被稱為「黑洞」的東西。

施瓦氏很快就把研究成果寫好，並隨信寄給愛因斯坦，請他在普魯士科學院報告這個成果。愛因斯坦認同施瓦氏的成果，並且這麼回應：「我沒預期到會有人用這麼簡單的方式，寫下這問題的準確解。」[58] 在1916年1月下旬，愛因斯坦向世界介紹施瓦氏解。

施瓦氏後來並沒有機會再進一步探究他的解，更別說是得知歐本海默與史耐德的計算結果。因為幾個月之後，當施瓦氏還在

俄羅斯時，他得了天疱瘡，一種猛烈的自體免疫疾病。他自己的免疫系統與自己的身體對抗，不幸於1916年5月過世。

施瓦氏解很快就獲得愛因斯坦及他的跟隨者採納。這個解很簡單，很容易研究，並且非常適合做預測。舉例來說，它可以用來模擬太陽的重力場，計算行星的運動，並且準確預測出水星軌道的進動。它也可以準確預測出愛丁頓專程到普林西比島，去觀測的光線偏折現象。施瓦氏解成為這些新相對論學者的好幫手，唯一美中不足的是，它預測了某個讓人無法了解的性質：某些緊實、小顆的恆星，會由一個奇特的曲面將它包裹起來，讓一切東西都無法從那曲面裡逃出來。

無可否認，愛因斯坦場方程以及它的解告訴我們：會有一個這樣的曲面。這是愛因斯坦廣義相對論的一個正確解。但是它在自然界中真的存在嗎？

愛丁頓解開恆星發光之祕

在1920年代，愛丁頓的研究興趣轉向恆星的形成及演化。他想要使用以正確數學方程式表達的基本物理定律，來完整勾勒出恆星的結構。愛丁頓曾經這麼寫道：「當我們透過數學分析而了解某樣結果時……我們就得到了能隨實際物理問題的變動前提而調整的知識。」[59] 換言之，當你手邊有足夠的數學工具，一切就剩下解方程式的問題了，就跟之前廣義相對論的情形一樣。

1926年，愛丁頓出版《恆星的內部組成》，這本書很快就成為恆星天文學的聖經。愛丁頓不僅是廣義相對論的世界級權威，他也是恆星研究的領航者。

在那之前，恆星的組成一直是沒人了解的奧祕。首先，沒有人清楚知道它們怎麼能發射出那麼多能量，愛丁頓是最早想出一個可能機制，來解釋恆星燃料來源的人。要了解愛丁頓的想法，我們需要更仔細審視結構最簡單的原子。一個氫原子是由兩個粒子所構成，一個質子（帶正電）及一個電子（帶負電）。質子與電子是藉由電磁力（它讓異性電荷彼此吸引）而維繫在一起。質子的質量大約是電子的二千倍，所以氫原子的所有質量幾乎都來自質子。

一個氦原子裡面有兩個電子與兩個質子，但是它的核心還包含了兩個中性的粒子：中子。中子的質量幾乎和質子完全相同。一個簡單的氦原子模型是：兩個電子在一個由兩個質子與兩個中子構成的原子核外圍繞行。氦原子的所有重量幾乎都來自原子核裡面的那四個粒子，而且我們會預期氦原子的質量是氫原子的四倍。但是氦原子卻比氫原子質量的四倍稍微輕一些，輕了約百分之零點七。它的某些質量似乎不見了。根據愛因斯坦的狹義相對論，當有質量消失時，就表示有些能量不見了。這就成為了愛丁頓的線索。

愛丁頓主張，氫轉換成氦的過程，很可能就是恆星能量的來源。在恆星那煉獄般高壓、高熱的星核裡，氫原子的原子核猛烈撞在一起。某些質子會透過放射衰變的過程而轉變成中子，而大批的質子與中子就一起形成氦原子核。在這個過程中，每個氦原子都會釋放出少量的能量。這些氦原子所釋出的能量合起來，就足夠成為恆星的燃料，然後發射出光。如果構成太陽的物質剛開始大多是以氫的形式存在，那麼在這些氫原子完全轉換成氦原子之前，太陽應該可以燃燒將近九十億年。現在地球的年齡大約是

四十五億歲，所以這些數字似乎還滿合理的。

　　愛丁頓在《恆星的內部組成》書中，建構了一個巨大框架，來解釋恆星天文物理學。在提出恆星的能量來源後，愛丁頓也解釋了為什麼恆星不會崩陷：恆星可以藉由將燃燒產生的能量全部輻射出去，來抵擋重力的拉力。恆星是能夠用愛丁頓的方程式來描述的完美物理系統。

恆星如何死亡？

　　然而，《恆星的內部組成》所描述的圖像還是不完整。愛丁頓可以用他絢爛的數學技巧來描述恆星的誕生，但是他卻無法解釋它們的死亡。愛丁頓的基本想法讓他想當然耳的，得到以下的結論：到了某個階段，一顆恆星的燃料會燒盡，如此一來，防止恆星因受到自己的重力吸引而崩陷的那種輻射效應，就不見了。愛丁頓在書中說：「當恆星的次原子能量最終消耗殆盡時，恆星似乎就會陷入一個難堪的困境……這是個值得玩味的問題，而對於此時到底會發生什麼事，我們可能可以提出許多富有想像力的建議。」[60]

　　當然，一個可能的建議就是去擁抱愛因斯坦的理論及施瓦氏解，正如愛丁頓寫的：「重力會大到讓光無法從恆星逃脫，光線會掉回恆星，就像石頭會落回地球上一樣。」[61] 但對愛丁頓而言，這太牽強了，只能當成數學推算的結果來看待，而不具實質的物理意義。因為就如他所宣稱的：「當我們證明了一個結果，當它突然從數學公式的迷宮中掉出來，卻無法理解它的意義時，我們沒理由期望這結果真的會發生。」[62]

　　如果不要過度發揮想像力，那麼當燃料燃燒殆盡時，恆星會發生什麼事？

　　在1914年的天文觀測中，我們似乎看到了恆星崩陷後的墳場的大致模樣。天文學家一直在觀測天空中最明亮的星——天狼星，它幾乎比太陽明亮三十倍；天文學家並且發現有一顆奇特、黯淡的伴星，繞著天狼星轉。這顆伴星被命名為天狼B星，雖然它很黯淡，但溫度極高，而且有一些非常特別的性質：天狼B星的質量和太陽一樣，但是半徑卻比地球還小很多。這表示那顆伴星非常、非常密實。

　　到了1920年代初期，這種恆星就被歸類為**白矮星**（white dwarf）。它是恆星大觀園裡的一個未解之謎，也是恆星生命期的可能終點之一。要解釋白矮星及其命運，新近發展出來的量子物理，就扮演關鍵的角色。

量子物理登場

　　量子物理將大自然切分成它最小的組成元件，再以超乎尋常的方式重新組合起來。十九世紀的物理學家發現，化合物及化學元素會以某種特殊的方式來發射或吸收光，他們所觀測到的這種奇特現象，促成量子物理的誕生。物質並不是發射及吸收一整段連續波長的光，而是只發射及吸收特定的、不連續的幾個波長的光，並因而產生條碼般的光譜。後來，斯里弗及赫馬森等人就是透過這樣的光譜，發現了紅移。但是，當時統治著物理學界的牛頓力學，與馬克士威的電與光理論聯手起來，仍無法解釋這個奇特的現象。

在1905那個奇蹟之年，愛因斯坦還探討了另一個實驗上發現的奇特現象：**光電效應**（photoelectric effect）。如果你讓光打在金屬上，金屬上的某些原子會吸收光，偶爾釋放出一個電子。這個現象的發現者雷納（Philipp Lenard, 1862-1947）這麼描述它：「單單是讓金屬板暴露在紫外光的照射下，它就會釋放出帶負電的電子到空氣中。」[63] 你可能會認為，只要用足夠多的光來猛照金屬，這樣的現象就會發生，但事實上不是這樣。只有當那道光線的能量與頻率剛好正確，電子才會從金屬表面被釋放出來。

愛因斯坦審視這樣的效應，進而猜測光是一團一團的能量，就和物質可以被拆解成基本粒子一樣，是**量子化**（quantization）的。只有當這些光粒子的頻率剛好正確，光電效應才會發生。愛因斯坦把這些粒子稱為**光量子**（light quantum），後來則稱為**光子**（photon）。

進入二十世紀以後，實驗技術更加進步，物理學家開始發現大自然看起來是由成塊且離散，而非平順且連續的物件所構成。換句話說，大自然似乎是量子化的。二十世紀初，一個關於大自然最小尺度結構的暫時性模型開始出現，這個模型提出一組新法則，來解釋原子的行為以及原子與光的交互作用。雖然愛因斯坦偶爾也會對這個新科學有一點貢獻，但大致來講，他是抱持懷疑的態度，靜觀這個新科學的發展。愛因斯坦認為，為了解釋量子化的世界而提出的這些新法則，看起來相當笨拙，而且這些法則與相對論原理發展出來的簡潔數學圖像，無法融合在一起。

1927年，量子物理的定則終於到位。兩位物理學家海森堡（Werner Heisenberg, 1901-1976）與薛丁格（見第14頁），各自發展出一套足以全面解釋原子的量子本質的新理論。和愛因斯坦在建

構廣義相對論時碰到的情形一樣，這兩個人也必須使用新數學來表達各自版本的量子論。

海森堡使用矩陣，也就是由數字構成、必須很小心處理的一些陣列。和一般的數字不同，如果你將矩陣A與矩陣B相乘，所得到的結果通常會和你把矩陣B與矩陣A相乘的結果不同，而這可能就會帶出驚人的後果。

薛丁格則是選擇將構成物質的粒子（諸如原子、原子核及電子等）描述為物質波。和海森堡理論裡的情形一樣，物質波也會導出一些奇異的物理現象。

這個新量子物理所帶來最惡名昭彰的結果，就是**測不準原理**（uncertainty principle）。在古典牛頓物理中，物體在受到外力作用時，會以可預測的方式運動。一旦你知道某個系統各個組成物件的準確位置與速度，也知道任何作用在該系統上的力，那麼你就可以預測這系統未來的所有狀態。如此一來，預測變得特別容易；你唯一需要知道的，就是每個粒子在空間中的位置，以及它速度的大小與方向。但是在這個新量子論中，你是不可能完全準確知道這個粒子的位置與速度的。一位特別有毅力、堅持要精準測出粒子位置的實驗者，將會完全不知道粒子的速度。

你可以想像，這就像在面對一隻凶猛、受困獸籠中的野獸，你愈是想把牠限制在一個地方，牠就變得愈憤怒，愈猛力撞擊獸籠。如果你把牠關在一個過小的獸籠裡，那麼牠的劇烈動作對獸籠所施加的壓力，就會變得無比巨大。量子物理把不確定性（或不準量）及隨機性，帶進物理的核心來了。正是這個隨機性，讓我們得以用來解決白矮星問題。

錢卓塞卡邁向世界舞台

錢卓塞卡（Subrahmanyan Chandrasekhar, 1910-1995）一心想做偉大的事，而且幾乎是不惜任何代價。錢卓（Chandra，後來大家都這麼稱呼他）出生於印度一個富裕的婆羅門家庭，是一位好學不倦的學生。他在數學方面的表現很好，在計算上要求絕對準確，而且不會因計算過程繁複而卻步。

在馬德拉斯大學就讀時，錢卓接觸到來自歐洲的新想法，並且把那些建構了二十世紀新物理學的偉大人物，當成明星一樣的崇拜。從年輕時開始，錢卓就帶著熱情，嘗試加入現代物理學的論辯。在他稍後的人生中，他說：「當然，我研究物理最早的動機之一，就是要讓世人看到印度人可以有什麼樣的能耐。」[64]

錢卓非常著迷於新量子物理。他讀了所能取得的每一本新教科書，其中一本就是愛丁頓新近出版的《恆星的內部組成》。但是真正讓他折服的，是一本討論物質的量子效應的書，作者是德國物理學家索末菲（Arnold Sommerfeld, 1868-1951）。[65] 受到索末菲著作的啟發，錢卓開始動手撰寫關於量子系統的統計性質及其交互作用的論文，希望為自己打出名號。錢卓最早的論文當中有一篇是發表在《皇家學會研究彙刊》上，當時錢卓還不到十八歲。很明顯的，他有能力參與歐洲新量子物理的偉大發現。錢卓選擇到英格蘭實現他的使命，於是他動身遠赴劍橋，攻讀博士。

在搭乘義大利國營輪船公司的輪船赴歐留學的漫長旅途中，錢卓得到一個驚人的發現，這個發現轉變了他的人生。著迷於研究的錢卓，決定將這趟旅程花在研究佛勒（見第47頁）的一篇論文上。佛勒是愛丁頓在劍橋的同事，他那篇論文似乎解決了白

矮星的問題。佛勒採用量子物理的兩個概念,運用到天文學上。第一個概念是海森堡的測不準原理,也就是下面這個事實:你無法準確知道一個粒子的位置,同時又完全掌握它的運動狀態或速度。第二個概念是包立(見第14頁)的**不相容原理**(exclusion principle),這原理說的是:在原子裡,兩個電子(或質子)無法同時處在完全相同的物理態(state)——這是薛丁格提議用來做為粒子的基本量子描述的奇異物質波。

佛勒引用測不準原理與不相容原理,應用到天狼B星的分析上。他認為,在像天狼B星這樣的白矮星裡,物質已經密實到可以將它想成是一團由電子與質子被壓擠在一起而形成的氣體。電子比質子輕得多,所以電子可以更自由的漫遊或更劇烈的晃動。不相容原理告訴我們:電子必須小心,不要侵占到其他電子的空間,而當物質的密度愈來愈大,每個電子所能遊走的空間就愈來愈少。

隨著每個電子的活動範圍被限制得愈來愈小,測不準原理就上場了,它告訴我們電子的速度與動作就會變得愈來愈大,迫使這些電子彼此對抗。這些快速移動、不斷晃動的電子會產生一種向外的推力,這就是白矮星內部的量子壓力,它可以抵抗重力的拉力。到了某個狀態,重力剛好與量子壓力達成平衡,這顆白矮星就可以平靜的維持原狀,它幾乎不再發光,但卻可以避免災難般的命運。

佛勒的解釋化解了愛丁頓的問題。看起來恆星的下場可能就是白矮星。佛勒為恆星演化的故事寫下了結局,解決了《恆星的內部組成》一書所留下的懸念。至少看起來是如此。

錢卓極限

　　錢卓仔細看了佛勒的論文，做了一件非常簡單的事。他把自己所估計的白矮星內電子氣的密度，代入佛勒的想法中。他得到一個非常大的數，但不令人意外的，那個數剛好就和佛勒在論文所宣稱的值一樣。佛勒沒有做的是，算出此時電子的速度到底會是多少。當錢卓做這個簡單計算時，他大吃一驚：電子必須以接近光速的速度飛行。佛勒的論證就在這個地方瓦解了，因為他完全忽略了狹義相對論的定則。當事物開始以光速運動時，這些定則就變得非常重要。佛勒做了一個錯誤假設，他假設白矮星內電子的速度可以要多快有多快，即使那意味著它們將以比光速還快的速度飛行。

　　錢卓著手修正佛勒的錯誤。他依循佛勒的思考模式，一路推導到電子以近光速運動時的狀況。如果白矮星太密實，電子真的是以接近光速在運動，那麼他就採用愛因斯坦的狹義相對論來處理，而根據狹義相對論，這些電子就不可能再以更快的速度運動了。錢卓得到的結果非常有趣。他發現如果白矮星變得太重，它就會變得過於密實，而此時這些電子將無法再抵擋重力的拉力。換句話說，白矮星的質量會有個上限。在他的計算中，錢卓發現白矮星的質量不能高於太陽質量的百分之九十。（幾年之後，物理學家證明了：正確的值應該是太陽質量的百分之一百四十。）如果某顆恆星的生命終點，是一顆質量高於前述質量上限的白矮星，它將無法繼續支撐自己的重量。重力將會戰勝抵抗力，而無情的崩陷緊接著就會發生。

　　當錢卓到達劍橋時，他將自己的計算草稿拿給愛丁頓與佛勒

看，但是他們並沒有把它當一回事。錢卓所預測的這種不穩定性
令人相當不安，它會將愛丁頓先前勾勒出的宏偉架構，以及佛勒
對它的補充，都一併摧毀，所以這兩位劍橋學者不想碰觸這個想
法。在接下來的四年，錢卓已把他的論證發展得無懈可擊，他對
自己的理論也愈來愈有信心。1933年錢卓完成博士學位，並獲聘
為三一學院的研究員，時年二十二歲。到了1935年，錢卓的計算
技巧已經更加成熟而巧妙，他準備到皇家天文學會的月會上，發
表他的研究成果。

1935年1月11日，錢卓到了位於倫敦伯靈頓館的皇家天文學
會，站在一群傑出的天文學家面前發表演說。錢卓小心翼翼、精
準的推導他的結果，把他那篇即將在《皇家天文學會月刊》上刊
載、長達十九頁的論文的細節，呈現在聽眾面前。錢卓是這麼結
束他的演說：「質量較大的恆星無法進到白矮星的階段，我們只
能繼續揣測還有什麼其他的可能性。」[66] 這個奇怪的結果是這些
學者共同接受的數學與物理學，所會帶來的必然結果，他們不得
不認真看待。當錢卓結束演講時，聽眾禮貌性的鼓掌，並問了幾
個皮毛的問題。

接著，皇家天文學會會長轉身面向愛丁頓，邀請他上臺發表
他自己的論文〈相對論性簡併〉（Relativistic Degeneracy）。愛丁頓
起身做了簡短、約十五分鐘的論文發表。針對錢卓剛才宣稱自己
的計算結果會讓佛勒的白矮星問題之解破功，愛丁頓很小心的作
出回應。接著愛丁頓總結了自己的立場，將錢卓那個毫無破綻的
論證斥為無稽。在愛丁頓看來，錢卓的結果是「相對論性簡併公
式的歸謬論證」。事實上，愛丁頓堅信「各種你料想不到的事件
會介入，以拯救這顆恆星」，更甚者，「我認為會有一條自然律

來避免恆星做出這麼荒謬的事！」[67]

愛丁頓是如此的權威，以致大多數的聽眾馬上就不將錢卓塞卡的演說當一回事。如果愛丁頓認為它是錯的，那麼它就必定是錯的。

錢卓站出來對抗極有影響力的愛丁頓，卻敗下陣來。他試著去破壞愛丁頓關於恆星是如何誕生及如何死亡的優美故事，但愛丁頓可不喜歡這樣的事。如果重力的崩陷能戰勝任何事，那麼我們就必須正視施瓦氏所發現的那個奇特的解，以及它將帶來的所有古怪後果。多年後，錢卓自己這麼說：「這明顯表示……愛丁頓知道，白矮星的質量有個上限就表示，自然界中必定會出現黑洞。但他卻不願接受這個結論……如果他當時接受了這項結論，他就會比其他任何人早四十年獲致這個結果。從某個角度來看，這實在太可惜了。」[68]

錢卓飽受挫折，頹喪回到劍橋。錢卓與愛丁頓的爭論，成為他後來的人生中的標記。幾年後，他受邀到芝加哥的葉凱士天文臺（Yerkes Observatory）任職。他不再研究白矮星，也避免再去思考若它們的質量真的過大，那會發生什麼事。它們會導致無情的施瓦氏解的形成？還是會有某樣事物介入，以避免這樣的事發生？這些問題後來是等到歐本海默出現，才得到解答。

「嗯姆嗯哼男孩」

歐本海默是量子世代的小孩。他生長於一個富裕的紐約家庭，家裡牆上掛的是梵谷的畫作，受的是金字招牌的教育，先是在哈佛就讀，接著在1925年轉到劍橋。歐本海默在哈佛大學的導

師，在為他寫推薦信到劍橋時說，歐本海默「很顯然因為對物理學的尋常操作手法不甚熟悉，所以笨手笨腳的」，然而他又補上一句，「你很少會有機會發現比這更有意思的賭注。」[69]

歐本海默在劍橋停留的那段時間，對他而言就像一場大災難，而且沒有多久就劃下了句點。在某次的精神崩潰中，歐本海默攻擊了一位同事，並且坦承自己還嘗試要毒害另一位同事，於是在事情過後，歐本海默就決定離開劍橋，到哥丁根去看看情況會不會好一些。

哥丁根，希爾伯特的地盤，向來就是量子物理的重鎮，歐本海默不可能找到一個比這裡更適合投入這場量子新革命的地方。在接下來的兩年間，他和指導教授玻恩（Max Born, 1882-1970）合寫了一系列的論文，這些論文讓他的名字鐫刻在量子物理的發展史上，永遠不會磨滅。的確，**玻恩—歐本海默近似法**到今天仍然在大學的課堂上講授，而且是用來計算分子的量子行為的工具之一。歐本海默在1927年完成博士學位，幾年後回到美國，在加州大學柏克萊分校從事研究工作。

在柏克萊，歐本海默為1930年代的美國，建立了理論物理學的一座燈塔。奧皮（朋友對他的暱稱）似乎總是有辦法滔滔不絕，談論任何主題，從藝術與詩、一直到物理與帆船。他能準確而非常快速的掌握困難的概念，從一個研究計畫跳到另一個研究計畫，在知性上不斷突擊新領域，並且很快就做出貢獻，這些貢獻雖然不見得非常深刻，但毫無疑問是即時而且巧妙的。

當歐本海默不同意或不了解某個論點時，他顯得沒有耐性，有時候甚至表現得冷酷，但是歐本海默的個人魅力與精力讓他成為天生的領袖型人物，而且他非常善於支持及激勵他的團隊。他

緩慢而堅定的招募了一小群優秀、有熱情的學生及研究者，組成一支堅強的研究團隊，歐本海默就和他們一起嘗試解決歐洲學者正在討論的許多新問題。包立曾經提到，歐本海默在完全投入一個問題時，會習慣性發出低沉的「嗯唔」、「嗯唔」聲，所以他把歐本海默的團隊稱為「嗯姆嗯唔男孩」（nim nim boys）[70] 柏克萊可說是歐本海默的哥丁根，他的哥本哈根。

蘭道的中子星核燃燒說

有將近十年的時間，歐本海默幾乎把所有的精力都投注在量子物理的研究上，然後在1938年，他開始對愛因斯坦的廣義相對論感興趣。就和錢卓塞卡一樣，他是從量子物理這一端來研究愛因斯坦的理論，探討物質的量子效應如何能夠抵消時間與空間的重力內爆（implosion）。

每年夏天，歐本海默都會帶著他那一群「嗯姆嗯唔男孩」到南加州，在加州理工學院住一陣子，享受帕薩迪納的溫暖陽光。在那裡，他不僅可以和其他物理學家討論物理，也可以和那些追隨過哈伯的成功腳步、並曾親耳聆聽勒梅特關於太初原子的系列演講的天文學家，一起談論天文學。在那裡，研究人員對廣義相對論的熱情仍然燃燒得很旺。正是在帕薩迪納，歐本海默第一次讀到俄國物理學家蘭道（Lev Davidovich Landau, 1908-1968）的一篇論文，在其中蘭道探討的問題是：若恆星的星核全然是由一團緊實的中子所構成，那將會發生什麼事？

蘭道是蘇聯物理學界的重量級人物之一。他成長於俄國革命期間，是個無比優秀的物理學家，當時橫掃新俄國的現代化風潮

讓他有機會在物理學上嶄露頭角。就和歐本海默一樣，蘭道也曾
到國外留學，在歐洲的大實驗室從事過研究，並且見證了量子物
理的誕生。十九歲時他已經寫了一篇論文，應用這個新物理學來
研究原子與分子的行為。當蘭道二十三歲回到列寧格勒時，他已
經贏得前輩們的讚許，而且很快就受到蘇維埃體系的擁抱。

蘭道非常擅長用量子物理，解決困難及複雜的物理系統，他
決心探討恆星的另一種新奇的能量來源：中子，也就是原子核裡
那些中性的粒子。在那之前的十年內，事情已經很清楚，在原子
核內加入中子或質子，或將它們移除，都可以產生大量的核能。
因此蘭道推測，如果恆星的星核裡塞滿中子，它就有可能釋放出
足夠的核能來產生光。如果中子被壓擠在星核裡的密度，就和原
子核的密度相當，那麼中子很有可能足以提供恆星所需的燃料。
這種原子核密度般的材料將會無比沉重，一湯匙的這種材料就可
以有好幾噸重。如果恆星裡的一個原子掉進星核，它就會撞得粉
碎，一部分被吸收，一部分以輻射的形式釋放。

根據蘭道的說法，由中子構成的星核，提供了恆星發光所需
要的燃料——這就是太陽會發亮的原因。蘭道更進一步計算出這
樣的星核必須有多大，也計算出要讓這樣的星核維持穩定，它的
質量只需比太陽質量的千分之一大。這樣的星核可能就藏在恆星
中心的深處，持續燃燒，讓恆星發出星光。

但是在蘭道把他的想法寫成論文之際，他也受到當時橫掃整
個蘇聯的政治壓迫的波及。蘭道於《自然》期刊發表他那篇討論
中子星核問題的短論文〈恆星能量的起源〉之後兩個月，他被蘇
聯特務機關NKVD逮捕。蘭道是因為編輯了一份反史達林手冊，
並在1938年於莫斯科的「五一大遊行」中發送而被捕。在那本手

冊中，史達林被指控成是一位「瘋狂憎惡純正的社會主義」且已
經「變得和希特勒與墨索里尼一樣」[71] 的法西斯主義者。就在蘭
道於《自然》發表的那篇論文被蘇聯的主要報紙《消息報》大幅
報導，視為蘇聯物理界的榮耀後，他被禁閉在盧比揚卡監獄長達
一年之久。

歐本海默大突破

歐本海默對於蘭道那篇短而有力的論文、以及所提出的簡單
概念，印象非常深刻，所以決定親自重新推導蘭道的計算。他分
別和三位非常優秀的學生合作嘗試了三次，才終於得到他想得到
的結果。歐本海默最先是和瑟伯（Robert Serber）合作。他們兩人
一起拆解蘭道認為「中子星核可以輕易潛藏在太陽深處，被那些
讓恆星鼓脹的高熱氣體包覆住」的想法，並且證明這樣的想法根
本是錯誤的。

1938年，歐本海默和瑟伯在《物理評論》期刊發表了他們的
論文，那篇論文幾乎就和蘭道的論文一樣短，當時蘭道還憔悴不
堪的窩在盧比揚卡監獄裡服刑。接著，歐本海默和他的另一位學
生沃科夫（George Volkoff, 1914-2000）進行了下一步驟：兩人著
手研究由中子構成之星核的穩定性。他們的計算融合了數學（兩
人將愛因斯坦理論做了巧妙的簡化）、以及極具洞見的物理直覺
與嚴謹計算，成果發表於1939年1月。歐本海默與沃科夫證明了
中子所構成的星核是非常不穩定的組態，因此不可能成為巨大恆
星的能量來源。這又是對蘭道想法的另一個巨大打擊。

在論文結尾，歐本海默與沃科夫指出，要了解中子星核長期

的命運,「考慮非靜態的解是絕對必要的。」[72] 接下來,歐本海默就和另一個學生史耐德,著手進行最後一個步驟,這一次他們將廣義相對論推展到遠超過任何人曾經嘗試的地步。歐本海默和史耐德計算了當中子星變得不穩定時,空間與時間(以及中子星核)會如何演化。

為了做這件事,他們採用一個非常聰明的想法,來嘗試了解他們所獲得的結果:他們想像有一個觀測者,位在距離星核的內爆非常遙遠的地方,另一個想像中的觀測者,則位在中子星核的表面,然後比較這兩個觀測者所見的異同。他們發現,兩位觀測者會看到非常不同的現象。

遠處的觀測者會看到中子星核內爆。但是當中子星核的表面變得愈來愈接近施瓦氏發現的那個奇特的包覆面時,那崩陷看起來就會變得愈來愈慢。到了某個地步,內爆就會慢到幾乎像是停了下來。任何嘗試從中子星核逃出的光線波長,都會被拉長,隨著星核的表面收縮得愈接近那個臨界面,光線的紅移現象就愈嚴重。這就好像空間與時間已經停止演化,而那顆恆星也停止了與外在世界的溝通。這非常類似於愛丁頓自己十年前在《恆星的內部組成》一書中所描述的現象:「質量會帶來很大的曲率……以致空間會在恆星周圍封閉起來,將我們留在外面(也就是,無處可去)。」[73]

當恆星內爆時,待在恆星表面的人卻會看到完全不一樣的景象。他將見證中子星核的無情崩陷,看到中子星核的表面實際跨越過那個臨界半徑,掉進施瓦氏那神奇表面的內部。而且不只如此,這個可憐、歹命的觀測者,會看到施瓦氏所發現的那個可怕曲面(過了那裡就是不歸路,沒有任何東西可以再走出來)真的

形成了。換句話說，如果你可以坐在正確的地方（或者應該說是
「錯誤」的地方），那麼你就能看到施瓦氏解的實際形成。

歐本海默和史耐德完成了愛丁頓的恆星生命史。他們證明了
以下事實：如果恆星的質量夠大，它們將崩陷，而形成施瓦氏之
奇特解。這意味著，施瓦氏解可能不只是廣義相對論的一種有趣
而古怪的解。這些奇怪的物體是真的有可能存在於大自然中，因
此它們必須像恆星、行星及彗星一樣，納入天文物理的範疇。再
一次，廣義相對論讓我們看到宇宙中可能存在的一種神奇、沒人
料想到的現象。

核分裂當道

歐本海默和史耐德的論文刊載在1939年9月1日的《物理評
論》中，那正好也是納粹軍隊越過波蘭邊界的一天。

在同一期《物理評論》，還刊了另一篇由丹麥物理學家波耳
（Niels Bohr, 1885-1962）與一位年輕的美國研究夥伴惠勒（John
Archibald Wheeler, 1911-2008）合寫的論文。[74] 雖然這兩人對於中
子以及它們在極端狀況下會如何互動，也很感興趣，但他們的論
文〈核分裂的機制〉討論的卻是完全不同的主題。波耳與惠勒對
非常重的原子核（例如鈾及其同位素）的結構感興趣，希望能建
立模型來探討。如果他們能正確掌握這種結構，他們就有可能了
解：如何將封鎖在原子核內的大量能量釋放出來。

整個1930年代，物理學家開始對原子核裡的粒子大觀園，
了解得更加詳細。愛丁頓先前就已經指出，氫原子核可以在恆星
的星核內融合成氦，讓恆星透過這樣的過程，發出星光。這稱為

核融合。在另一個極端，物理學家相信，非常重的原子核可以分裂成較小的原子核，而同樣會釋放出巨大的能量，這樣的過程就稱為**核分裂**。每個人心中的疑問都是：如何讓核分裂的過程更加有效率。我們有沒有可能利用少量的能量，來觸發一團重原子的分裂，而當個別的原子進行分裂時，它還可以再觸發另一次的分裂？換句話說，我們有沒有可能觸發出連鎖反應？

波耳和惠勒的論文點出了核分裂的機制，並且幫助其他物理學家了解，為什麼鈾235及鈽239可能是我們該選擇的元素——它們位在週期表的甜蜜點上，而這附近的元素可能比其他元素更容易發生核分裂。核分裂在接下來的幾年間，成為物理學的主角，幾乎使其他領域相形之下都黯然失色。成批的優秀科學家轉而將他們的研究精力，投注在嘗試了解如何成功掌控核分裂。歐本海默也是其中一位。

歐本海默在柏克萊期間，招募了一支由年輕研究員及學生組成的優秀團隊，這些成員願意挑戰任何艱難的問題。歐本海默卓越的組織力與領導力幾乎無人能企及，他總是能運用領導技巧，調度他的團隊來解決他有興趣的問題。歐本海默在柏克萊的那些同事，當時就開始利用柏克萊山丘上的迴旋加速器，來合成質量較大的不穩定元素。

1941年，同事喜博格（Glenn Seaborg, 1912-1999）發現鈽，開啟了核分裂的一條可能路徑。歐本海默當時就彷彿置身於由許多新事件與新發現所構成的旋風中，這些事件與發現共同刻畫了二次大戰期間核物理的發展。

但是，歐本海默也被一些事件激怒了。得知德國殘忍對待猶太人，逃離納粹壓迫而湧上美國本土的優秀科學家也離散各地，

歐本海默感到相當震驚。當他在柏克萊發展自己的研究團隊時，也開始留意周遭那些由歐洲避難至美國的學者，並試著參與他們的各種學術活動。雖然歐本海默避免在政治上表現得太活躍，但他已經開始注意這些人。第二次世界大戰爆發後，核分裂研究就成為歐本海默最關注的主題之一。

1942年，歐本海默受邀到新墨西哥州的羅沙拉摩斯國家實驗室，負責帶領一個由物理學家組成的專案小組，這個專案小組的唯一目標，就是製造並控制核分裂的連鎖反應。這個專案小組包含一些年輕及不那麼年輕的傑出人物，從馮諾伊曼、貝特（Hans Bethe, 1906-2005）、泰勒（Edward Teller, 1908-2003），一直到年輕的費曼（Richard Feynman, 1918-1988）。

這就是曼哈坦計畫，集中一切資源來製造全世界第一枚原子彈，而在僅僅三年內，他們就達成了目標。當1945年8月兩枚原子彈「小男孩」與「胖子」，被投在廣島與長崎時，大約二十萬人喪生。這些毀滅性的後果，淒切的見證了歐本海默的傑出能力——他能在這麼短的時間內，就掌控了核力！原子彈的成功，讓量子物理學穩固占據了物理世界的中央舞臺。

量子物理躍居主流

當所有人的注意力都聚焦在二次大戰以及原子彈計畫時，歐本海默與史耐德那篇探討黑洞的重要論文，就給踢進了長草堆之中，接下來的幾年內持續遭到忽視及遺忘。原本廣義相對論最偉大的概念之一，就快要光榮誕生了，但這個時刻卻又被遙遙無期的往後延。廣義相對論的兩位大老，愛因斯坦與愛丁頓，也沒有

做任何事，來避免歐本海默與史耐德的發現就此隱沒。

愛丁頓持續堅持錢卓塞卡的計算有誤、而且走錯方向，他還是認為白矮星就是恆星演化的終點，不論恆星的質量有多大。對他而言，恆星持續進行不受拘束的崩陷、直到「重力變得強大到足以將輻射捉住」[75]，這樣的想法實在太荒唐。在幾乎半個世紀之後，錢卓這麼回憶：「對我而言，我只能這麼說，我很難理解為什麼愛丁頓，一位廣義相對論最早而且最堅決的支持者，會覺得如此難以接受這個結論：黑洞有可能在恆星演化的過程中，自然形成。」[76]

愛因斯坦一直不願意相信施瓦氏解的極端形式——黑洞，在自然界裡可以有一席之地。他對黑洞的反應，就和他對傅里德曼與勒梅特所提出的擴張宇宙的反應一樣：再一次，這是很美妙的數學，卻是很糟糕的物理。二十多年來，愛因斯坦一直將施瓦氏解的一些稀奇古怪的特徵，斥為無稽，[77] 但他這時終於坐下來嘗試找出一個有根據的論點，來說明施瓦氏解為什麼在自然界中不會有任何物理上的重要性。

1939年，也就是歐本海默與史耐德一心一意探究重力崩陷的可能後果的那一年，愛因斯坦發表了一篇論文，在該論文中他計算出，當一群粒子受到重力而崩陷時，它們會有什麼樣的行為。根據他的推論，粒子永遠不會往內掉落到太接近臨界半徑。愛因斯坦實在太頑固了，以致將問題設計成可以讓他順利得到自己想要的結論：沒有黑洞。

再一次，愛因斯坦錯了。而且就和愛丁頓一樣，他錯過探索廣義相對論的所有光輝的機會。

這時候，幾乎所有人的注意力都在另一個地方，大家都因量

子物理的成功而如痴如醉。大多數有天分的年輕物理學家,都把研究精力擺在量子論上,嘗試將它更往前推,尋找更可觀的發現與應用。廣義相對論以及它那些古怪的預測與奇特結果,已經被推離物理學的主要道路,被迫到荒野裡去走艱苦的小路。

第4章〈恆星的崩陷〉附記

關於量子物理發展史的書不少。如果你想要找一本描述量子物理的特色與觀念很清楚、而且符合現況的書,我會推薦Kumar(2009)。愛丁頓與錢卓塞卡的爭吵及餘波,在Miller(2007)書裡有生動的描述,在Chandrasekhar(1983)書裡,則還可以讀到當事人(錢卓塞卡)自己的觀點。讀者可以在Thorne(1994)看出他們兩人的爭論,在整個事件中扮演怎麼樣的角色。我沒有提到史東爾(E. Stoner)與蘭道也幾乎同時發現錢卓質量極限的事,不過,Stoner(1929)and Landau(1932)值得有興趣進一步了解此事的讀者一讀。

歐本海默真是一位非常精采的人物,坊間有一些關於他的傳記。我最喜歡的一本是Bernstein(2004),它很薄,內容幾乎都是身為歐本海默同事的作者的第一手描述,但是我也採用了權威的Bird and Sherwin(2009)書裡的資料。我快寫完本書時,Monk(2012)剛好出版,它裡面也有一些很不錯的資料。

十足的瘋子

他的這位朋友就是哥德爾——

將現代數學的基礎整個拆掉的人。

令愛因斯坦無法置信的,哥德爾日後

也在他的廣義相對論裡,戳了一個大洞。

在人生的最後幾年，愛因斯坦過著很簡單的生活。他和妹妹瑪雅（Maja）住在普林斯頓市中心，梅瑟街上的一間貼著白色護牆板的房子裡（1936年，妻子愛爾莎在愛因斯坦抵達美國後不久就過世了）。愛因斯坦每天早上都很晚起床。週間他會散步走到普林斯頓高等研究院的法爾德館，自從1933年起，他就受聘於高等研究院。這些年來他已經成為普林斯頓校園裡的一個常見身影。然而，雖然他現在比以前更加有名，卻仍然是形單影隻。

愛因斯坦已經獲聘為高等研究院首批終身職研究員。普林斯頓高等研究院是班貝格（Bamberger）家族捐錢，為世上最優秀的心靈設立的避風港。愛因斯坦周遭都是一些非常有名的同事，包括數學家馮諾伊曼，他曾經參與原子彈的研究，也是現代電腦的發明者之一；數學家外勒也一度在這裡工作過，他是希爾伯特的門生，也是最早接受並為愛因斯坦時空理論辯護的人之一。接下來，還有哲學家與邏輯學家哥德爾（Kurt Gödel, 1906-1978），藉由他的**不完備定理**（incompleteness theorem），為二十世紀哲學帶來極大的衝擊。當然，還有歐本海默，他在1947年成為高等研究院的院長。

在走廊上，愛因斯坦不時可能碰上一些優秀的訪客，量子物理或現代數學的奠基者。但是大半的時間，他只是躲進自己的研究室。

幾小時後，愛因斯坦會回家吃午餐，並且小睡片刻。接著就走進書房，坐在他最喜歡的那張椅子上，拿條毛毯蓋在腿上，開始計算、寫作，以及處理從外面的世界侵入他人生的許多信件。其中有各國首長及政要的來信，也有充滿抱負的年輕科學家及粉絲對他的討教。在白天結束前，愛因斯坦會早早吃晚餐，接著聽

收音機並讀一點書，然後才就寢。

對一個名聲已經如日中天的人來說，這樣的生活實在非常平靜。他並沒有被人遺忘。對社會大眾來說，愛因斯坦的名字就和卓別林或瑪麗蓮夢露一樣耳熟能詳。他是無數學術團體的會員，而且有許多城市致贈市鑰給他。以愛因斯坦為封面人物的《時代》雜誌封面，成為新科技時代的代表性圖案之一。偶爾還是有些名人來找他，跟這位偉大人物共處幾個小時。印度第一任總理尼赫魯和他的女兒英迪拉·甘地，來拜訪過他，以色列第一任總理班古里安也一樣。茱莉亞弦樂四重奏團也曾經到他家客廳，辦過一場即興演奏會。

即使已經舉世聞名，愛因斯坦還是習慣獨來獨往。雖然他有幾位年輕的研究助理，但他還是喜歡自己獨力研究。廣義相對論仍然是他的榮耀及他的最愛，而且他不時還是會投入這理論的研究，他想要走得比傅里德曼、勒梅特及施瓦氏等人的解更遠，並且嘗試找出一些新的、更複雜的，但同時也可能更實際的解。廣義相對論對物理學還可以有許多貢獻，但是沒有太多人在做這方面的研究，他們寧可花時間去研究量子論。連愛因斯坦自己也將大部分的時間，花在研究一個新穎而且更有野心的理論上。這個理論耗費了他將近三十年的時間，而結果是事與願違。

譽之所至，謗亦隨之

1950年代的愛因斯坦和1920年代的他，差別實在很大。在有了早年的傑出科學成就後，愛因斯坦經常到世界各地旅行，像皇室成員一樣備受禮遇，發表公開演講，和其他物理學家辯論，他

先是拒絕、後來才接受擴張宇宙的發現。為了紀念愛因斯坦的貢獻，柏林近郊的波茨坦，蓋了一座愛因斯坦塔，專門進行關於廣義相對論的觀測研究。愛因斯坦還經常受邀到國際學術會議發表他對最新物理發展的意見，並受到大家的讚美。

時間先拉回到1930年代初期，當時愛因斯坦已經觀察到在他的家鄉，反猶太情結正逐漸增強，他更已經感受到納粹黨及其追隨者聲勢日益升高的事實。他的旅行變得更受限制，死亡威脅也開始倍增，雖然他的聲望持續成長，但對於要在歐洲四處旅行的行程，他變得更加小心。

雖然在某個程度上，愛因斯坦一直受到屏障，不至於被周遭的動亂所影響（他當時仍是德國之寶，不需要讓他看到那些醜陋的事），但愛因斯坦很早就感受到反猶太主義的黑暗面。就在他發現廣義相對論後不久，有一幫科學家，他們的正式稱呼是「以保存純科學為使命的德國科學家工作小組」，就把反對愛因斯坦的新理論當成他們的職志。這個工作小組把相對論抹黑成是「集體妄想」的例子，並且嘗試控告愛因斯坦涉及剽竊。這場行動還招募了一位世界知名的科學家來發聲反對相對論，那人就是雷納（見第95頁）。

出生於匈牙利的雷納，在1905年就因為發現陰極射線而獲頒諾貝爾物理獎，他的實驗在愛因斯坦早期的光量子研究中，扮演相當重要的角色。在愛因斯坦廣義相對論的發展階段，雷納與愛因斯坦彼此相待，都非常客氣。但是雷納後來卻激烈反對愛因斯坦的相對論，說它實在太晦澀了，而且與他心目中每個物理學家都有的「常識」相違。於是雷納開始寫文章，在《電子學與放射現象年鑑》上否決愛因斯坦的理論。讀者或許還記得，1907年

愛因斯坦就是在這本期刊，首次勾勒出廣義相對論原理的基本想法。接下來就是口舌之戰，愛因斯坦說雷納只是個實驗學家，不太有辦法了解他的想法。雷納覺得受到侮辱，要求愛因斯坦公開道歉。這場公開爭吵，對愛因斯坦以及雷納和那些「反相對論學者」的形象，都帶來傷害。

不見容於納粹德國

到了1933年，愛因斯坦已經受夠了德國。當納粹黨得勢之後，他決定不再跟柏林綁在一起。他離開德國，因為這個國家已經進入最黑暗的時期，而他的理論也成為「德意志物理運動」的攻擊對象。隨著納粹黨崛起，以及另一位物理學家暨諾貝爾獎得主斯塔克（見第27頁）的高分貝聲援，雷納的指控變得比之前更加有力道。根據雷納及斯塔克的說法，愛因斯坦理論只是某個意圖毒害德國文化的陰謀——「猶太物理」的一部分。為了配合納粹意識型態的偉大計畫，猶太物理必須從系統中被根除。

二十世紀初期，許多偉大的物理進展都是德國人貢獻的，但是在愛因斯坦離開後的那幾年，德國的物理學界卻受到系統性的破壞。第二次世界大戰爆發時，所有猶太物理教授的教職甚至都被拔除。近代物理學中最具前瞻眼光、在催生新量子力學上扮演關鍵角色的一些思想家，例如薛丁格及玻恩，也選擇放棄德國。他們當中某些人，後來反倒是為二次世界大戰的盟軍原子彈計畫（曼哈坦計畫）貢獻了所長。

由於德國物理社群已經嚴重跛腳，斯塔克開始努力爭取讓自己成為新「雅利安（白種人）物理」的領導人物。近代量子論創

始者之一的海森堡，也是他路上的可能阻礙之一。海森堡並不是猶太人，但這不影響斯塔克的計畫。斯塔克在納粹親衛隊的官方雜誌寫了一篇文章，為海森堡貼上「白種猶太人」的標籤，說海森堡就和其他已被逐出德國的人一樣，是德國科學腐敗的因子之一。然而，出乎意料的，斯塔克並沒能成功。海森堡和親衛隊頭子希姆萊曾經是同學。希姆萊保護海森堡，讓他不再受到任何毀謗。事實上，海森堡後來還成為德國原子彈計畫的負責人，這讓他那些逃離納粹德國的前同事感到十分錯愕。

愛因斯坦的離開，使德國境內關於相對論的研究陷入低潮。在威瑪共和國時期，愛因斯坦受讚譽為國家英雄，但是到了納粹時期，他很快就從德國文化中消聲匿跡。愛因斯坦狹義相對論的某些想法，本來已寫進教科書裡，但是在格林謝爾（Grimshels）的經典教科書《物理學》裡，卻完全沒有提到他的名字。一直到戰後，愛因斯坦的相對論在德國，才開始再次有人研究。

與馬列的唯物史觀扞格

愛因斯坦的想法不僅在德國受到打壓，在政治立場的另一個極端——蘇聯境內，相對論與量子力學也經常與官方採納的哲學相牴觸，蘇聯的哲學是辯證唯物論——這是馬克思主義的基本想法。辯證唯物論是十九世紀中期到末期，馬克思根據德國哲學家黑格爾與費爾巴哈的想法，所發展出來的一種哲學，後來還經過恩格斯與許多跟隨者（列寧是當中最有名的一位），做了進一步的發揮。在1938年，一篇名為〈辯證與歷史的唯物論〉的文章中，史達林定義及解釋了辯證唯物論，並且在效果上，將它定

為蘇維埃的官方意識型態。在這哲學中，每樣東西的基礎都是物質，其他任何東西則都是由物質衍生而來。**實存**（reality）是由物質世界的行為及其內在關聯所定義，不涉及任何形式的思想與**理想化**（idealization）。正如馬克思在他的代表作《資本論》所說的，「理想世界只不過是經過人類心靈的反思，並被**翻譯**為各種形式的思想的物質世界。」[78]

馬克思哲學的實踐者，會努力用自然世界中的各種組成元素及它們之間的互動，來解釋一切事物。自然世界裡的每樣東西都會對宇宙產生貢獻，宇宙處在一種持續變動與演化的狀態，中間穿插著許多由逐漸累積的極小改變，所帶來的劇烈轉變。相當關鍵的是，物質的存在與演化被視為是客觀的實存，而這個實存的法則並不會受到觀測者及其闡釋的影響。人類的知識能夠透過一系列的嘗試，去近似這個客觀的實存，這些近似將逐漸收斂至實存，但是這個過程永遠不會全部完成，永遠不會停止。

大部分的物理學家（如果還說不上是所有物理學家的話），對於這種唯物觀點都不會有什麼意見，而且事實上，在從事研究時他們都是實務上的唯物論者，只是沒有想到要如此稱呼自己罷了。但是如果有哪位哲學家嘗試要教導這些物理學家，如何使用某個特定哲學學派所提倡的「正確的方法論」來做研究，那麼他們絕對會對這做法嗤之以鼻，並且強烈反對。馬克思—列寧主義不只是一種特別的哲學概念，它也是蘇聯政府全力支持的一種強大、無所不及的教義。在1930年代到1950年代的緊繃政治氣氛下，關於量子力學或相對論該如何闡釋的哲學辯論，很容易變質成指控對方不忠，有時還會帶來相當危險的後果。

無可諱言的，愛因斯坦的相對論以及關於量子的那些新興的

激進想法，由於牽涉到複雜、永無止盡，而且經常相當含糊的哲學思維，很容易就成為蘇聯科學哲學家攻擊的目標。愛因斯坦的時空理論也有許多可被攻擊的地方。

首先，而且是最重要的，這個理論是**理想化**的終極範例。它是由大家現在已經耳熟能詳的愛因斯坦想像實驗推導出來的，幾乎完全不訴諸這個可觸及的自然世界。不僅如此，它是使用最深奧的數學語言寫成，其中的定則與原理非常晦澀難解，對那些不熟悉複雜數學的人（就和許多哲學家一樣）來說，尤其是如此。最後，最糟的是，愛因斯坦的時空理論會有以下的荒唐蘊涵：一個有特定起點的宇宙。這想法實在太過於接近蘇維埃政府一心一意想從社會中根除的某種宗教觀點。更雪上加霜的是，這個理論的重要貢獻者之一是勒梅特神父——另一個墮落的外國人，來自某個仍在垂死掙扎的頹廢資產階級社會。

事實終究凌駕意識型態

事實上，在猛烈抨擊及否定非蘇維埃思想的同時，不經意間大家就忘記了，擴張宇宙模型其實最早是由極優秀的俄國及蘇維埃物理學家傅里德曼提出的。這場辯論持續悶燒了好幾年，偶爾還會冒出火焰，但如果我們把它想成是一場優秀的物理學家與無知的哲學家之間的意識型態戰爭，那就是把事情想得太簡單了。一些物理學家及數學家，當中還不乏相當有名的學者，也投入了哲學家的行列。再加上團體認同、以及與討論主題無關的一些因素的推波助瀾，這場爭辯愈演愈烈。

1952年，馬柯西莫（Alexander Maximow），一位很有影響力

的蘇聯科學哲學與科學史學者，發表了一篇文章，題目為〈打倒物理學界之反改革愛因斯坦主義〉。雖然這篇文章是刊登在沒什麼名氣的蘇聯北極洋海軍官方報紙《紅艦隊》上，但是卻引起一些物理學家的強烈反應，例如佛克（Vladimir Fock, 1898-1974），傅里德曼的學生、同時也是當時蘇聯最重要的相對論學者，就親自寫了一篇文章〈別再無知批評當代物理學〉來反對馬柯西莫。

在那篇文章發表之前，佛克、蘭道及其他物理學家就已先向蘇聯政府的領導當局請願，希望得到他們的支持。在一封寫給史達林的親密戰友、也是蘇維埃原子核及熱核計畫的主腦貝利亞（Lavrentiy Beria）[79] 的私人信件中，他們向貝利亞抱怨「蘇聯物理學的不正常狀態」，並且挑明馬柯西莫的文章，說它是無知卻又裝懂的例子，而這樣的無知會阻礙蘇聯科學的進步。

那篇文章順利刊登出來，佛克也宣布在這件事上，他已經得到政府的支持。氣急敗壞的馬柯西莫於是向貝利亞抱怨，且繼續堅持自己的看法。但是到了1954年，佛克和蘭道的團隊已占了上風。當然，蘇聯最高政治領導當局有比分析愛因斯坦理論的複雜性更重要、更急迫的事要做。然而，蘭道他們這邊有一個非常強而有力的論證：他們已經研究而且發展出蘇聯的原子彈，所以不管他們所使用的那些理論的哲學解釋為何，至少那些理論本身是正確的。

到了1950年代中期，蘇聯哲學家與物理學家的意識型態之爭結束，相對論學者終於可以安心做他們的研究。那場意識型態之爭末期所留下的紀錄之一，是1956年共產黨中央委員會所收到的一封抗議短箋，上面提到了利夫希茲（Evgeny Lifshitz, 1915-1985，蘭道那套舉世聞名的《理論物理教程》的共同作者）有關擴

張宇宙的一場演講，並指控它「意識型態不正確」。中央委員會正式討論了那封短箋，但是後來並未採取進一步的動作。

蘇聯物理學家與馬克思主義哲學家之間的戰爭，與1938年至1939年、以及另外幾年的政治迫害，並沒有什麼關係。在那段期間，好幾位非常有天分的蘇聯物理學家，例如布朗斯坦（Matvei Bronstein, 1906-1938）、蘇賓（Semen Shubin, 1908-1938）、蘇布尼可夫（Lev Shubnikov, 1901-1937）遭處死，其他人則被逮捕、囚禁或放逐。雖然意識型態之爭似乎對愛因斯坦的相對論在蘇俄境內的發展沒什麼影響，但是，和相對論在西方的情形有點類似，它的進展相當緩慢，原因不外乎以下幾點：科學家對量子論的興趣急劇攀升；蘇聯必須在快速工業化的過程中努力求生存；與歐洲法西斯主義的史詩般的光榮戰役還在進行；冷戰時期的核武競賽即將展開。

尋找「大一統場論」

如果蘇聯哲學家不認同廣義相對論所涉及的數學理想主義，那麼他們肯定也會拒絕接受愛因斯坦後期的研究，因為愛因斯坦到達普林斯頓的時候，他早已將全副心思都擺在尋找**大一統場論**（grand unified theory, GUT）上了。

愛因斯坦仍然鍾愛他的廣義相對論，但是他想要做一件更大的事，並把它做得更好。他想要讓廣義相對論臣服在某個能將所有基本物理都納入同一簡單框架的理論之下。愛因斯坦希望能證明，不單單是重力，連電與磁，甚至是量子物理特有的一些奇怪效應，都是源自時空的幾何。在他先前的廣義相對論之旅中，他

是利用黎曼幾何將他的簡單物理洞見，很優雅的組合在一起，但是這次不一樣了，愛因斯坦這次是以一種完全不同的方式，來面對這個新挑戰。愛因斯坦放棄他那超凡的物理直覺，而去順從數學的引導。

愛因斯坦並不是只提出過一個大一統場論。三十多年來，他跌跌撞撞的從一個理論換過一個理論，有時候放棄一個可能性，但幾年後又重拾起來。他的其中一次嘗試，是把時空從四維擴展為五維。那個額外的空間維度是纏裹起來，幾乎看不見，而其幾何性質或曲率就扮演電磁場的角色，這電磁場與電荷及電流的交互作用方式，就正如馬克士威在十九世紀中所提議的那樣。

五維宇宙最早並不是愛因斯坦想出來的。這想法來自兩位年輕科學家——卡魯扎（Theodor Kaluza, 1885-1954），柯尼斯堡大學的一位專長為數學的博士後研究員，以及克萊恩（Oskar Klein, 1894-1977），一位曾經在波耳手下做研究的年輕瑞典物理學家。他們兩人一起推導出關於這種五維時空的各種細節，來說明這樣的時空能重現電磁學的結果，且盡乎完美。愛因斯坦自己也花了人生中將近二十年的時間，研究**卡魯扎—克萊恩宇宙**。

這些五維宇宙中，會散布著某種非常奇特的物質形式，帶有各式各樣質量的無數多種粒子會出現在我們周遭，使其餘的時空幾何扭曲變形。愛因斯坦希望能證明，這些額外的場和薛丁格在他的量子物理中所建構的那些量子波函數，有密切的關聯性，但卻一直沒能成功。愛因斯坦在1930年代末期放棄了這些想法，但有趣的是，在1970年代，當理論物理界的注意力全集中在大一統場論時，卡魯扎—克萊恩理論又重新活了過來。

愛因斯坦投注在另一個嘗試將重力與電磁學結合起來的理論

上的時間，比五維宇宙論還要多得多。他先採用廣義相對論的幾何架構，也就是黎曼在數十年前所發展的那套數學語言，然後將條件放得更寬鬆。原本用來描述時空幾何及時空動力學的理論，使用了十個必須由愛因斯坦場方程來決定的未知函數。廣義相對論有如此多的未知函數，在原本的場方程式中，它們又都彼此糾纏在一起，這正是廣義相對論很棘手的主要原因之一。

但是，在愛因斯坦的新理論中，他還想要擴展它，另外再為它加入六個函數，其中三個描述電，三個描述磁。問題是，他要如何將這十六個函數融合在一起，使他的理論仍然有清清楚楚的定義、並且能做預測？如果愛因斯坦能成功，那麼這個理論，就像之前的廣義相對論一樣，應該能讓我們獲得從廣義相對論及電磁學可推導出的那些重要結果。愛因斯坦希望這是一個在數學上很美的理論，但奮鬥了數十年之久，他仍然不知道該如何達成這個目標。

廣義相對論還有什麼前途？

愛因斯坦有個遠大目標：對大一統場論的追求——這後來成為二十世紀後期的物理學主流。但是在他的一生中，卻是獨自一人追求這項不可能的任務。在愛因斯坦獨自一人動手挑戰這個新穎且無比艱難的理論的同時，外界倒是很有興趣的在觀望他的研究。每隔一段時間，愛因斯坦就會登上某份主要報紙的頭版。在1928年11月，《紐約時報》的頭條就刊出〈愛因斯坦即將做出重大發現〉[80]。幾個月後，在與愛因斯坦進行過一次短訪後，《紐約時報》這麼報導，「愛因斯坦著迷於攪拌理論：一百位記者一整

個星期都沒有機會接近他。」[81]

此等層次的關注以及殷切的期盼，在接下來的二十五年還持續不輟。1949年，《紐約時報》再次宣稱「愛因斯坦新理論，為宇宙打造了一把萬能鑰匙」[82]。幾年後，在1953年，《紐約時報》又大肆宣揚：「愛因斯坦提出新理論，將宇宙的定律全統一起來。」[83] 雖然媒體對他的研究如此青睞，但是在同事眼中，愛因斯坦卻已經變得可有可無了，而他對大一統場論所做的那些嘗試，也普遍被同事斥為無稽。

雖然愛因斯坦已經逃離了他在德國時，所受到的那種激流般的針對性攻訐，他卻發現在他的美國新家園，廣義相對論同樣也漸漸式微。在他周圍，那些有潛力將廣義相對論再往前推的優秀年輕科學家，全都被量子物理的理論吸引過去，他們一心只想搞清楚量子論對於了解基本粒子及基本作用力能有什麼貢獻。

從某個角度來看，這是可以理解的。廣義相對論先前曾經有過幾次偉大的成就，例如解釋水星近日點的進動，以及光線會受重力影響而發生偏折。它還讓天文物理家發現宇宙的擴張，完全扭轉了我們的世界觀。但是，就僅止於此。從那時候開始，廣義相對論似乎只能建議一些令人難以置信的數學結果，例如，施瓦氏或歐本海默與史耐德等人關於正崩陷或已崩陷的恆星的解。

沒錯，我們有理由相信這些古怪的解，確實在空間中存在，但是沒人見過這些解，所以它們只能被視為數學上的異域奇景。相較之下，量子物理的狀況就好得多，因為它可以在實驗室中測試，而且我們可以利用量子物理來設計及建構新事物。話雖如此，很明顯的，就如邏輯學家哥德爾（見第114頁）所證明的，在廣義相對論裡還有更多奇怪的事，等待我們去發現。

哥德爾出身維也納學派

　　愛因斯坦從家裡到高等研究院的路上，並非總是自己一個人走。通常在這位古怪、不修邊幅、帶著他的招牌蓬頭散髮與親切目光的教授身旁，會走著一位個子較小、總是裹著一件厚重大衣的人，這人的眼睛深藏在一副鏡片超厚的眼鏡後面。愛因斯坦不甚專心的碎步走向法爾德館時，這位仁兄就走在他旁邊，靜靜聆聽愛因斯坦的獨白，偶爾用高音調的聲音回應他。

　　愛因斯坦覺得和這位古怪、個頭不大的人一起走路上班，很有意思，這人差不多和他同時期來到高等研究院，並且一直很信賴他。他的這位朋友就是哥德爾——將現代數學的基礎整個拆掉的人。令愛因斯坦無法置信的，哥德爾日後也在他的廣義相對論裡，戳了一個大洞。

　　哥德爾來自智慧的發電廠——二十世紀初期的維也納。充滿文化氣息的激烈辯論及關於現代性的討論，在維也納的咖啡館非常盛行。馬赫（Ernst Mach, 1838-1916）、波茲曼（見第26頁）、邏輯學家卡納普（Rudolf Carnap）和畫家克林姆（Gustav Klimt）以及許多優秀的思想家，都是維也納人。在所有非正式聚會中，聲譽最崇高的，就是舉世聞名的維也納學派。要成為維也納學派的成員，你必須要受到邀請。哥德爾就是極少數受到邀請的人士之一。

　　和愛因斯坦不同，哥德爾童年的學習一帆風順，在所有他該修習的科目都拿到滿分，而且一下子就完成了大學學業，是個超優秀的學生。哥德爾也曾經與物理有一段情，但和愛因斯坦不一樣，他對於如何將數學統一在一個邏輯框架下，更感興趣。哥德

爾很快就掌握住這領域快速而變動的發展。當時的哲學家及數學家正在做各種嘗試，想要建構一套如鐵甲般堅實的數學理論，讓它可以宰制一切，不再受到任何非理性、猜測及小把戲的左右。這正是在哥丁根統治著數學界的希爾伯特，所提出的偉大計畫。

希爾伯特堅信，所有的數學都可以由幾條陳述、或幾個公理就建構出來。透過謹慎且有系統的運用邏輯法則，我們應該有可能從不超過五、六個公理，就推導出**宇宙中的每一個數學事實**。沒有任何事實會被漏掉。任何的數學事實，從 2 ＋ 2 ＝ 4 到費馬最後定理，都應該是來自邏輯證明。在哥德爾把注意力轉到希爾伯特計畫的當時，這計畫是數學研究背後的主要推動力。

哥德爾一方面沉浸在維也納的學術生活中，默默參與維也納學派的聚會，並觀察邏輯學家及數學家無止盡的辯論如何將希爾伯特的計畫推廣到整個大自然，一方面卻緩慢且持續的將這個計畫的基礎假設給鑿掉。接著，在一舉之間，哥德爾用他自己的不完備定理，完全毀掉了希爾伯特的計畫。

不完備定理陳述了一件無比簡單的事。當你要用數學來描述一個系統時，你是先從一些公理及定則開始，但哥德爾證明了，不論這些最初始的陳述是什麼，總是會有某些陳述是你無法從這些初始陳述推導出來的：那是一些為真、但你卻無法將它們證明出來的陳述。如果你碰到一個無法使用公理及邏輯法則證明出來的真理，那麼你可以將它加到你的公理集合中。但是哥德爾的定理證明了：永遠會有無限多個這種你無法證明的真陳述存在。當你一路將這些你無法證明的真理撿起來，將它們加入你的公理之中，你原本簡單而優雅的演繹系統就變得相當臃腫而龐大，而且這個系統永遠不可能完備。

哥德爾的定理像魚雷一樣擊中希爾伯特計畫，讓他的許多同事在甲板上站不住腳。希爾伯特自己一開始也非常氣憤，不願意接受哥德爾的結論；但最終還是接受了，並且嘗試將不完備定理融入他的框架中，只是後來並沒有成功。其他哲學家也發表了一些與真相有差距的批評，而哥德爾拒絕承認這些指控。英格蘭哲學家羅素，一直對哥德爾的定理感到不安。在二十世紀前半完全主導了英美哲學思潮的維根斯坦，則認為不完備定理並沒有什麼重要性。但是事實當然不是如此，而哥德爾也知道這點。

哥德爾的旋轉宇宙

哥德爾很喜歡維也納，但他最終還是被愛因斯坦所謂「一片美好的土地……小巧、纖瘦的神人後嗣棲憩於此，行禮如儀」[84] 的描述吸引，而來到普林斯頓。在1930年代到普林斯頓進行的幾次訪問中，讓他開始慢慢習慣高等研究院的生活，和愛因斯坦成為朋友，與馮諾伊曼討論，見識到這些藏身於普林斯頓的學界移民有多麼強大的研究能量。後來，在維也納發生了他因看似猶太人而遭毒打的事件，他就決定跳槽到美國。

愛因斯坦和哥德爾一拍即合。照愛因斯坦的說法，他到研究室的目的「只是為了有榮幸和哥德爾一起走路回家」[85]。當哥德爾生病，愛因斯坦會過來照顧他。哥德爾申請美國公民身分，只差宣誓入籍這個程序時，哥德爾認為自己發現了美國憲法裡有一個邏輯不一致的問題，而這個問題可能會讓這個國家淪為獨裁國家。愛因斯坦就適時介入，陪哥德爾一起去完成宣誓程序，以免哥德爾毀了自己的入籍機會。

哥德爾著迷於數學的同時，也很喜歡物理，經常花好幾小時的時間，和愛因斯坦討論相對論及量子力學。他們兩人都覺得量子物理的隨機性難以接受，但哥德爾走得更遠：他認為愛因斯坦的廣義相對論中，似乎也有一個重要的瑕疵。

哥德爾自己也投身愛因斯坦場方程的研究，而且就和傅里德曼、勒梅特以及在他之前許許多多的其他人一樣，他嘗試將這些方程式簡化，以尋找一個可以呈現真實宇宙的狀況、且是我們有能力處理的解。[86]

你也許還記得，愛因斯坦假設宇宙中充滿各式各樣的東西（原子、恆星、星系，或是任何你喜歡的東西），均勻分布在每一個地方。在任何一個時刻，你可以在宇宙中到處移動，而宇宙看起來會都是同一個樣子，完全沒有任何特徵，沒有一個宇宙中心或最特別的地方。傅里德曼和勒梅特兩人以各自的方式，追隨愛因斯坦的引領，他們也都找到很簡單的解，在這些解中，整個宇宙的幾何會隨時間而演化。

哥德爾決定加入一點複雜度到他的解中，這複雜度小到他仍有辦法將場方程式解出來，但又大到能讓某些有趣的現象發生。哥德爾假設整個宇宙都繞著某條中央軸在旋轉，就像旋轉木馬一樣，隨著時間一遍又一遍在自旋。哥德爾發現的這個新宇宙的時空，就和傅里德曼與勒梅特所提議的宇宙一樣，可以用時間、三個空間坐標，以及時空中每一點的幾何來描述。但是哥德爾的宇宙有些不一樣的地方。首先，傅里德曼與勒梅特的宇宙會有紅移的現象，而且斯里弗和哈伯已經證明真實宇宙中確實有此現象。但哥德爾的宇宙並非如此。很明顯的，它無法解釋已由斯里弗、哈伯及赫馬森等人觀測到的宇宙擴張現象。但是重點不在這裡，

重點是：它仍然是一個正確的解，是愛因斯坦廣義相對論所容許的一種可能宇宙。

哥德爾解與所有在他之前的解，有個截然不同的地方。在傅里德曼與勒梅特宇宙中的一位觀測者，可以到處飛馳，去探索時空中的不同區域，而隨著時間的進行，他會變老，將他過去的人生留在過去。也就是說，他們的宇宙中有很清楚的過去、現在與未來的概念。但是在哥德爾的宇宙中，事情卻不是這樣。在哥德爾的宇宙中，如果一位觀測者以夠快的速度移動，他可以順著旋轉的時空而旋轉，繞回他自己。只要時機掌握得夠準確，他可以在他更加年輕時，攔截到自己——尚未出發去旅行前的自己。換句話說，在哥德爾的宇宙中，有可能在時間中旅行回到過去。

在哥德爾的奇想宇宙中，我們有可能在時間裡，往前及往後移動，重新造訪過去，修正年輕時的錯誤，向早已過世的親戚道歉，警告自己別做出不好的決定。但這也表示，我們有可能做出一些不合常理的事，產生一些令人困惑的悖論。

假設你加快你的速度，在時間中回到過去，在你祖母還是個小女孩時，與她碰面，並且透過暴行將她殺死。你從地球表面將她除掉，讓她無法生出你的父親或母親。你因此也否定了你自己存在的可能性，這就表示根本不會有一個你，可以回到過去，去做那件可怕的事。然而，如果你住在哥德爾的宇宙中，那就沒有任何東西可能阻止你這麼做——不考慮技術上的限制及道德上的窘境的話。

哥德爾解告訴我們，愛因斯坦的廣義相對論容許一個解，這個解讓我們能夠在時間中旅行回到過去，也因而容許前述的弔詭現象。但這與我們關於這世界的經驗完全不相容。所以，如果愛

因斯坦的理論真的反映了大自然，那麼哥德爾的荒謬宇宙在物理上就具有真正的可能性。

廣義相對論只是數學遊戲？

1949年，哥德爾在一場慶祝愛因斯坦七十大壽的研討會上，發表他的研究結果。他利用幾個簡單的陳述，配合上最終的解，美妙呈現他的結果。但是這個結果是如此古怪，以致沒有人知道它的意義為何。先前曾經花了二十年對抗愛丁頓的批評及攻擊的錢卓塞卡，就寫了一篇短論文，指出一個他認為是哥德爾推導上的錯誤。但是這次換成了是向來計算精準而且謹慎的錢卓，犯了數學上的錯誤。一年之後，加州理工學院天文學家羅伯遜（H. P. Robertson, 1903-1961，和傅里德曼與勒梅特一樣，同是擴張宇宙的先驅），回顧了這領域的現況，並且對哥德爾的旋轉宇宙嗤之以鼻。

愛因斯坦呢？愛因斯坦選擇相信自己那神話般的直覺。這直覺在他所有的大發現，從狹義相對論到廣義相對論，都扮演非常重要的角色。當然，也正是這個直覺，讓他否定傅里德曼與勒梅特的解，並且漠視施瓦氏解。他對哥德爾的成果的評語是，哥德爾的宇宙是「對廣義相對論的重要貢獻」[87]，但是對於哥德爾的旋轉宇宙是否應該「基於物理意義而排除」，他則是持保留的態度。

哥德爾針對愛因斯坦場方程所提出的解，似乎怪異到不可能對自然世界有任何實際的影響。到1978年他過世為止，哥德爾都持續在天文數據中，尋找有可能證明自己的解具有實際物理意義

的證據。但是從某個角度來說，哥德爾解正凸顯了許多人對廣義相對論的質疑：它只是一個數學理論，它那些荒誕的數學解，和真實的宇宙並沒有任何關係。

歐本海默主掌高等研究院

1935年，當高等研究院第一次嘗試聘請歐本海默時，他拒絕了，當時他那充滿活力的柏克萊學派，正開始打響名聲。歐本海默到普林斯頓做了一次短暫的訪問後，寫信給他的弟弟說：「普林斯頓是個瘋人院：那些唯我獨尊的明星們，個別的、無助的、悲涼的在這裡閃現亮光。愛因斯坦根本是不折不扣的瘋子。」[88] 歐本海默一直無法完全拋棄他對愛因斯坦後期工作的疑慮。

1947年，歐本海默終於接下領導高等研究院的職位。他的聘任案並非沒人反對。愛因斯坦和外勒都在為另一位候選人，奧地利物理學家包立（量子物理的基石「不相容原理」的發現者）助選，他們在院內進行遊說，定調的說法是：「歐本海默並沒有對物理做出像包立不相容原理這麼基礎的貢獻。」[89] 但是歐本海默做為一位卓越組織者的特質實在太突出，他最終還是得到了這份工作，並且開始努力讓院內的氣氛活絡起來。

在歐本海默相當注重門面及派頭的領導風格下，高等研究院日趨繁榮。1948年，《時代》雜誌的一篇封面文章這麼報導：「歐本旅館今年的賓客名單中，也包括了歷史學家湯恩比、詩人艾略特、法律哲學家拉丁，以及一位文學批評家、一位政府官員、一位航空公司執行高層。沒有人猜得到，接下來還會出現什麼樣的人物：或許是一位心理家、一位首相、一位作曲家或畫

家。」[90] 這還算悲涼嗎？開玩笑！

和幾位柏克萊的學生短暫踏入廣義相對論領域後，歐本海默已經對它失去興趣。歐本海默和他的學生史耐德，曾經發表過廣義相對論史上最重要的論文之一（他們發現了崩陷的時空），隨後，他就不再著迷於這個他認為是陳腐、祕教般的理論，他還勸高等研究院的年輕世代不要去研究廣義相對論。在歐本海默掌管高等研究院的時期，院內一位年輕成員弗里曼・戴森（Freeman Dyson, 1923- ）寫信回英國老家時，曾這麼說：「就目前來說，廣義相對論是最沒有前景的研究領域之一。」[91] 除非有個新實驗，能呈現更多關於時空的奇特性質，或是某人能夠把廣義相對論納入量子論中，否則愛因斯坦的理論是沒有進一步用處的。

歐本海默並不是唯一鄙視廣義相對論的頂尖物理學家。量子論的崛起，遮掩了愛因斯坦理論的光芒，甚至連發表有關廣義相對論的論文，都變得相當困難。當時《物理評論》期刊的編輯是高斯密特（Samuel Goudsmit, 1902-1978），他是住在美國的德國科學家，在量子論發展初期扮演相當關鍵的角色。高斯密特先前就移民到美國，在成為《物理評論》的編輯時，他致力於將它轉型成第一流的物理期刊，可以直接與歐洲的期刊競爭。

高斯密特對廣義相對論一點都不看好。就跟歐本海默一樣，他覺得這個沒什麼應用性、又不易測試的祕教般理論，過去沒什麼豐碩的研究成果，將來也沒什麼好再研究的。高斯密特曾經威脅要立下一個編輯方針，不刊載關於「重力與基礎理論」[92] 的論文。後來是因為惠勒（見第107頁），一位已經開始體會到愛因斯坦理論魅力的普林斯頓大學教授，挺身呼籲，才阻止了高斯密特對廣義相對論的箝制。

　　歐本海默和愛因斯坦最終還是發展出微妙的友誼，這份友誼誠摯但非親密，中間還穿插了幾次表示忠誠、並且帶有感情的舉動。有一次，歐本海默給愛因斯坦這位老先生一個生日驚喜，他在愛因斯坦位於梅瑟街的宅邸，裝設了一座無線電塔，這麼一來，愛因斯坦就可以在晚上收聽他喜愛的音樂。歐本海默也在愛因斯坦身上，發現了一位可以支持他走過最艱困日子的盟友。

歐本海默身陷恐共風暴

　　在加州大學柏克萊分校的那些年間，歐本海默快速崛起，而且在曼哈坦原子彈計畫上，展現了驚人的管理長才。他成為原子能委員會七人小組的固定成員，負責監督戰後的原子能研究計畫及各種原子能的運用。由於不願意簽署某些比較奇特的原子能計畫，他惹火了不少人，例如，他反對發展可以持續航行的核動力飛機，反對研發讓廣島、長崎等級的原子彈相形見絀的「超級炸彈」或所謂的H-bomb（氫彈）。這種作風為歐本海默製造了許多敵人。這些敵人就趁1950年代，也就是麥卡錫主義盛行的紅色恐慌（反共產主義）時期，對他展開報復。

　　在1953年發表於《財星》雜誌的一篇文章中，歐本海默就因為他「持續致力於扭轉美國軍事政策」[93]而被批評得體無完膚，並且被指控暗中策劃阻擋氫彈的發展。那一年，歐本海默的「安全許可」遭到取消，而且他被視為是美國國家安全的威脅。1954年歐本海默請求召開聽證會，他的部分聲譽因而得到平反，但他還是無法恢復原本的安全許可。那次聽證會的紀錄裡，有情治單位的清楚聲明：「我們發現歐本海默博士向來的行為與交遊情

形，反映出他完全不將國家安全系統的要求放在眼裡。」[94] 歐本海默就此被逐出華盛頓的精英圈。

愛因斯坦從來不了解，歐本海默為什麼會對權力這麼熱中？歐本海默怎麼會對於當一個高階公務員這麼感興趣？身為世界和平的旗手，愛因斯坦無法理解歐本海默為什麼不願意發出更大的聲音，更公開表達自己並不贊同這場核武競賽（歐本海默似乎也認同愛因斯坦的理念）。愛因斯坦自己則是毫不退縮，上電視向全國人民演講，極力反對發展「超級炸彈」的邪惡舉動，這導致報紙刊出了類似〈愛因斯坦警告全世界：放棄氫彈或等待毀滅〉[95]的頭條新聞。

在愛因斯坦晚年最孤寂的那些日子裡，他再次變得有名了。想像你正從遠處觀看普林斯頓高等研究院，你就會發現一個相當諷刺的狀況。在高等研究院的某一層樓，愛因斯坦正在幫忙起草和平主義宣言，來反對發展核武。在另一層樓，歐本海默卻正在仔細審視氫彈的發展計畫。

不過，愛因斯坦有本錢可以發聲，表達自己的立場。他太有名了，不至於受到反共產主義恐慌的波及。所以，當美國核武霸權背後的靈魂人物歐本海默，已經因安全許可聽證會而被罷黜及羞辱，卻仍須維持一貫謹慎小心的作風，不讓人誤以為他和共產黨有牽連時，愛因斯坦卻可以毫無忌憚的發表意見。

愛因斯坦公開批判那些聽證會，並且寫信給《紐約時報》：「知識份子中的少數，該如何對抗這樣的邪惡？坦白說，我只能想到採取甘地那種不合作的革命性作為。」[96] 愛因斯坦還進一步公開呼籲那些受到聽證會傳喚的人，請他們援引美國憲法第五條修正案——人民有保持緘默的權利，拒絕參加聽證會。

量子論遮掩了愛因斯坦理論的光芒

愛因斯坦人生的最後幾年,疾病纏身。1948年,他被診斷出長了一顆可能致命的腹部主動脈瘤。這個主動脈瘤在那些年間逐漸變大,而愛因斯坦已經做好最壞的打算。1955年,在他即將要過七十五歲生日時,愛因斯坦發現自己已經病重到無法旅行去伯恩,參加為了紀念狹義相對論五十週年而特別舉辦的研討會。在4月中,他的主動脈瘤終於爆裂,在醫院待了幾天後,愛因斯坦就過世了。

愛因斯坦的葬禮節奏明快,不特別講究。沒有太多人參加他的火葬儀式,而他的骨灰隨後撒在一處沒有對外公開的地方。有一些關於他葬禮的照片留了下來,看得出那是一場寧靜、樸實的喪禮。愛因斯坦的大腦被保存下來,希望提供我們一些他為什麼如此聰明的線索。伯恩的研討會照常舉行,不過這下子,它除了紀念愛因斯坦的偉大理論外,也等於向他本人致上最後的敬意。

身為高等研究院院長,歐本海默不斷受邀針對愛因斯坦的一生及其研究,發表評論。他也真的這麼做,大力讚揚愛因斯坦的偉大成就。不過當有人追問他更進一步的想法時,他經常就會不經意的,將他對晚年愛因斯坦的些許不以為然表現出來。

在1948年《時代》雜誌一篇介紹高等研究院的文章中,歐本海默毫無保留的說道:「愛因斯坦是物理學家、自然哲學家,而且絕對是我們這個時代中最偉大的一位,」[97] 但是他卻也提供給記者另一個比較不那麼正面的評語:「在由物理學家所構成的這個緊密相連的互助社群中,一個可悲的事實是:愛因斯坦是一座里程碑,卻不是燈塔;在物理學快速往前邁進的過程中,他已經

被遠遠拋在後頭了。」[98] 愛因斯坦過世將近十年後，在法國《快訊》週刊的一次專訪中，歐本海默說得更白：「愛因斯坦在他晚年，沒有做出任何貢獻。」[99]

在愛因斯坦離世時，他的廣義相對論正處於最低潮。它被量子論遮住了光芒，還受到當時物理學界一些靈魂人物的鄙視，它需要有新血及新發現，才能再次獲得前進的動力。

第5章〈十足的瘋子〉附記

普林斯頓高等研究院的創立、以及研究人員在其中的生活模式，在 Regis（1987，中文版為《柏拉圖的天空：普林斯頓高研院大師群像》）中有詳細的描述。至於愛因斯坦與歐本海默之間的關係、以及他們在那裡的日子，則請參看 Schweber（2008）。Yourgrau（2005）一書對於哥德爾在廣義相對論所扮演的角色、以及他與愛因斯坦的互動，有清楚而精采的描繪。Levin（2010）是一本精心構思，談到哥德爾與涂林（Alan Turing）的一本小說。Doxiadis and Papadimitriou（2009）是一本以二十世紀邏輯史為藍本，而寫成的很棒的圖畫小說。如果你想從現代的觀點來多了解一點關於愛因斯坦在追求大一統場論上的挫敗，那你應該去讀 Weinberg（2009）。

關於德國方面如何看待愛因斯坦的工作，特別是廣義相對論，我的資料來源是Fölsing（1998）、Wazek（2010）與Cornwell（2004）。關於蘇聯境內的相對論研究狀況，資料就難找許多，我的初步資料來自Graham（1993）與Vucinich（2001）。不過，現在已陸續有一些資訊從蘇聯的檔案紀錄流出來，顯示關於那時期蘇聯相對論研究的一些西方觀點，可能並不正確。這方面的資料，我相當倚賴我的同事史塔瑞內（Andrei Starinets）博士及他根據那時期的檔案紀錄所做的翻譯，但是我目前正殷切期待一本關於蘭道時期的俄文書的英譯，那本書是Gorobets（2008）。

至於廣義相對論研究在美國的停滯狀況，讀者可以透過Thorne（1994）、DeWitt-Morette（2011）、Wheeler and Ford（1998）這幾本書，拼湊出一個大致的圖像。

第
6
章

電波歲月

廣義相對論即將邁入一個新階段，

而電波天文學的崛起

以及電波源的難以捉摸，

將會在這進展中扮演相當關鍵的角色。

1949年，BBC（英國廣播公司）無線電臺的聽眾對於霍伊爾（Fred Hoyle, 1915-2001）那稱為「宇宙本質」（*The Nature of the Universe*）的系列演講，都留下非常深刻的印象。在這一系列的演講裡，一位口齒清晰的年輕劍橋學者，透過廣播觸及數百萬的聽眾，教他們一些關於宇宙的歷史及其演化的事。就和愛因斯坦、勒梅特以及在他之前的許多其他學者一樣，霍伊爾將相對論帶到社會大眾面前，而社會大眾也很喜歡相對論。當時還不到四十歲的霍伊爾，很有可能成為廣義相對論的新看板人物：一位可以接續愛因斯坦、愛丁頓及勒梅特的志業的明日之星。

但是霍伊爾的主張卻是：勒梅特的說法是錯的。根據霍伊爾的說法，一個從**無**開始擴張的宇宙根本就是無稽之談，廣義相對論的這些學界大老早就該修正這個理論，以得到更合理的結果。他認為「假設宇宙突然出現」這樣的想法太誇張了。照霍伊爾的說法，「這些理論都是奠基一個假設上，這個假設就是，宇宙中的所有物質都是在遙遠過去的某個特定時刻，在一次**大霹靂**（Big Bang）中創生出來的。」[100] 他使用「大霹靂」這個詞時，語帶貶抑；他認為還有另一個好得多的解：一個藉由持續穩定的物質創生過程，而不斷自我再生的無止盡宇宙。

霍伊爾天生反骨

霍伊爾向相對論學者宣戰，而且因為他有許多聽眾，所以他是處於優勢。對BBC的一般聽眾而言，他的**穩定態理論**（steady state theory）聽起來就像是標準的宇宙學知識，而1920年代相對論的成功所帶出的擴張宇宙之說，反倒看起來像是離經叛道的理

論。但事實根本就不是這樣。

霍伊爾和他的兩位夥伴邦第（Hermann Bondi, 1919-2005）與勾德（Thomas Gold, 1920-2004）都是不服權威的人，他們扭曲了社會大眾對理論物理學界發展現況的認知，而這讓他們的其他同事非常忿怒。一位天文學家在談到天文學界對霍伊爾的演講的反應時，說：「感覺上他已經逾越了翔實介紹天文學的界限，而且大家擔心他的自負與偏見，已經對天文學專業造成了傷害。」[101]

雖然霍伊爾直接訴諸媒體，但是他的穩定態理論卻一直都只是個小規模的研究領域，頂多算是一支以劍橋為中心的教派。然而霍伊爾的穩定態理論所引發的問題、它對年輕科學家的啟發，以及它所提供的宇宙觀測新視窗，對於接下來幾十年間廣義相對論的再生，有無比重要的影響。

像霍伊爾這樣的反骨份子，會在愛丁頓的地盤劍橋大學嶄露頭角，其實並不太令人意外。和愛因斯坦相當類似，愛丁頓晚年的路也走得很不順，他著迷於自己那祕教般的宇宙理論。在他過世前的一、二十年間，愛丁頓嘗試要發展出一個可以將每樣東西（重力、相對論、電、磁、量子）都整合在一起的基本理論。[102]對局外人來說，他那由數字、符號及一些神奇的關連性所構成的世界，似乎比較像是命理學及偶然的巧合，而不是在廣義相對論中扮演關鍵角色的那種優雅數學。

愛丁頓比愛因斯坦更可憐，大家都刻意疏遠他。他在1944年過世，過世前的幾年裡，幾乎是處於離群索居的狀態。愛丁頓死後留下一份未完成的書稿，那份書稿在1947年出版，書名是大而無當的《基本理論》（*The Fundamental Theory*）。那是一本晦澀的書，讓人幾乎讀不下去，而且後來完全遭人遺忘，充其量只是這

位曾經讓相對論聲名大噪的人物，所留下的一頁悲情傳奇。那時有一位天文學家是這麼說的：「不論愛丁頓的理論最後是否真能成為偉大的科學成就，而且流傳後世，至少它肯定是一件值得注意的藝術作品。」[103] 不相容原理對於了解白矮星現象非常重要，而這原理的發明者包立，對愛丁頓的理論就相當不以為然。對包立來說，愛丁頓的基本理論「完全是胡扯：更準確一點來說，它比較像是浪漫詩，而不是物理。」[104]

霍伊爾在1933年來到劍橋，當時愛丁頓正在發展他的恆星理論，並且與年輕的錢卓塞卡爭論大質量白矮星的最終命運到底是什麼。霍伊爾是一位圓臉、戴眼鏡的英格蘭人，十二歲時就已經讀過愛丁頓的科普書《恆星與原子》。這和他當時所接受的學校教育（他覺得完全不足夠）成為明顯的對比，照他的說法，在那教育體制下，「他們幾乎是放任我在其中飄移。」[105] 然而在劍橋，霍伊爾表現非常好，大學時期就贏得許多獎項，後來拿到量子物理的博士學位。

1939年，霍伊爾已經成為聖約翰學院的研究員，並且贏得學術地位相當崇高的研究獎助金。他還決定轉換研究領域，放棄他的量子物理研究，轉而嘗試研究天文物理。受到愛丁頓《恆星的內部組成》一書的啟發，霍伊爾決定去思考恆星是如何燃燒及如何獲得燃料。霍伊爾後來的研究，對於了解恆星內的核反應如何導致較重元素的形成，有非常重要的貢獻。

1939年霍伊爾轉換領域時，剛好碰到第二次世界大戰開打。接下來的六個月，他全心投入戰爭事務，為英軍進行雷達研究。正如美國的原子彈計畫吸引了美國最聰明的人投入，二次大戰期間英國最聰明、最有天分的一些科學家，也全心投入了雷達（無

線電探向及測距）技術的發展工作。一系列高明、巧妙的想法和技術付諸實現，可用來偵測飛機、船隻及潛水艇的蹤跡。戰時雷達技術快速發展的傳奇，到如今都還與我們同在──現代社會中充斥著無線電波，我們將它們運用在廣播、電視、無線網路、行動電話、飛機及飛彈上。

遇見邦第和勾德

　　透過雷達研究，霍伊爾遇到了兩位年輕的物理學家邦第和勾德。邦第是在維也納長大的猶太裔移民，十六歲時就去聽愛丁頓在維也納的公開演講。他覺得自己一定要到劍橋去讀數學，後來在完全迷戀上劍橋的學術氛圍後，他這麼描述這個地方，「我希望接下來的餘生都住在這裡。」[106] 邦第因為來自英國的敵國，所以在二次大戰初期被拘留在加拿大，在那裡他遇見勾德，另一位同樣來自維也納的猶太裔移民。勾德也是愛丁頓科普書的忠實讀者，之前在劍橋讀工程。邦第與勾德從拘留營獲釋之後，都和霍伊爾一起從事支援戰事的研究。有空閒的時候，他們也會討論宇宙學與天文學的最新發展，各自從自己的角度去看待。邦第是數學家，而勾德則是重實務。

　　第二次世界大戰結束後，這三個人都回到劍橋，在不同的學院找到研究員工作。大戰之後，劍橋已經變成一個比較嚴峻、也比較空蕩的地方。不少教職員已經離開，對戰爭的親身體驗讓他們選擇到學術界之外尋求發展。但是房地產價位非常高，在全民備戰期間湧入這裡的勞工，也讓房租愈來愈高。結果邦第和勾德只好到城外合租房子。霍伊爾週間經常就住在他們多出來的一個

房間裡，只有到週末才回他自己位在鄉間的家。

晚上，霍伊爾會善用可以額外與邦第及勾德相處的時間，纏著他們討論一些盤踞在心中的議題。照勾德的描述，霍伊爾「會一直順著這個主題……有時候不斷重複，甚至在一些特定的論點上，沒來由的動起肝火來，愈說愈激昂。」[107] 霍伊爾最著迷的主題之一，是哈伯關於宇宙的擴張速率所做的觀測。

提出穩定態宇宙模型

在哈伯與赫馬森測量德西特效應的幾年後，傅里德曼與勒梅特的擴張宇宙模型已經在天文物理的標準知識裡，占有很穩固的一席之地。雖然勒梅特的太初原子之說太富祕教色彩，而且沒有觀測上的資料來佐證，以致無法讓天文物理學界完全採納，但是一般來說，勒梅特的宇宙模型公認是大致上正確的——宇宙是從某個起始時刻開始擴張，至於它到底是如何開始，這些細節之後會被慢慢研究出來。毫無疑問的，這是天文物理及廣義相對論的巨大成就。

然而，傅里德曼與勒梅特宇宙有個令人困惑的問題，似乎還是揮之不去。在哈伯做出他那突破性的測量時，這問題就已經很明顯了。哈伯發現宇宙的擴張速率大約是每**百萬秒差距**（megaparsec）每秒 500 公里。這意思就是一個距離我們約一百萬秒差距（大約三百萬光年）的星系，會以每秒 500 公里的速率遠離我們。距離我們二百萬秒差距的星系，則會以每秒 1,000 公里的速率遠離。以此類推。哈伯後續的測量似乎也確認了這個數值。現在這個數值就稱為**哈伯常數**。從這個常數，我們就有可能使用傅里德

曼與勒梅特的模型來解釋宇宙的演化，把時鐘回轉到過去，算出宇宙形成的準確時刻。而這麼做，我們可以算出宇宙的年紀大約是十億年。

十億年聽起來也許像是很長的時間，但事實上它根本還不夠長。在1920年代，放射線定年法已經算出地球的年紀超過二十億年。而天文學家京士（James Jeans, 1877-1946）的研究，似乎測出一些星團的年紀可達數千億年甚至數兆年。星團的年齡後來被往下修正，但是下面這點是毫無疑問的：宇宙似乎比它所包含的東西年紀還來得輕。這根本不可能是對的，但是我們似乎沒有辦法避開這個悖論。1932年，德西特總結了這個情況，他說：「很遺憾的，我們唯一能做的就是接受這樣的悖論，並且嘗試讓自己習慣它。」[108] 一直到霍伊爾、邦第及勾德開始對擴張宇宙感興趣的時候，這樣的情況還是沒有改善。

當這劍橋三人組開始思考宇宙擴張問題時，年齡悖論似乎明白告訴世人，傅里德曼與勒梅特的模型是失敗的。但是真正困擾霍伊爾、邦第及勾德三人的是一個更深、更屬觀念上的問題。在將傅里德曼或勒梅特模型裡的時鐘往回轉時，宇宙的起點就對應於一個時刻，在那時刻整個空間無限集中在單一個點上。換句話說，空間、時間與物質都是從那一個初始時刻開始存在的。對霍伊爾、邦第及勾德來說，這是一個詛咒。照霍伊爾的說法，「那是一個非理性的過程，無法用科學的詞彙來描繪。」[109]

什麼樣的物理定律可以用來描述這個從無到有的創生過程？這是無法想像的，而且對霍伊爾來說，這是一個「完全無法令人滿意的概念，因為它把基本的假設藏了起來，你永遠不能直接訴諸觀測，來挑戰這個假設。」[110] 霍伊爾、邦第及勾德對這個理論

嗤之以鼻，令人不禁回想起，當年愛丁頓也同樣對勒梅特太初蛋之說斥為無稽。

有一部電影《夜之死》[111] 促使霍伊爾、邦第及勾德採取新觀點來看待宇宙。《夜之死》拍攝於1945年，是一部具有循環結構的電影，它的片尾很巧妙的與片頭呼應。沒有真正的起始與結尾，這部電影呈現了對一個無始無終的宇宙的幽閉恐懼症觀點。它讓霍伊爾、邦第及勾德感到非常有意思。如果宇宙事實上就是這樣，那會如何？它將沒有初始時間，也沒有太初蛋。

邦第和勾德幾乎是從抽象、美學的觀點，來看待這個初始時間問題——霍伊爾後來就稱它為「大霹靂」。幾世紀以來，關於宇宙的描述，已經愈來愈少有人主張：空間中的某些地點具有特殊地位。傅里德曼和勒梅特，就和在他們之前的愛因斯坦一樣，假設宇宙完全沒有任何特徵，沒有一個中心或特定的位置是事物開始演化的起點，或者是觀測其他事物的基準點。空間中所有的點，真的達到百分之百的民主。那為什麼不考慮把這個原理——宇宙學原理，推廣應用到更完整、更無所不包涵的範疇呢？為什麼不乾脆假設空間中所有的點、以及所有的時刻都是相同的？這麼一來，宇宙就不會有起點，它只是一個在所有時間都維持穩定的永恆宇宙。

霍伊爾著手去研究這個提議所牽涉到的種種細節。在傅里德曼與勒梅特的擴張宇宙中，能量會隨著宇宙的擴張而稀釋，並且隨著時間的前進而漸漸減少。如果宇宙真的要處於一個穩定態，那麼能量就必須以某種方式補充進來，好讓宇宙能繼續運作。於是霍伊爾決定修改愛因斯坦場方程，就像愛因斯坦在建構他的靜態宇宙（現在已成過去式）時所嘗試的那樣。霍伊爾假設存在一

種他所謂的**創生場**（creation field），後來稱為 C 場，它可以隨著時間的前進而創生能量。霍伊爾的穩定態宇宙就是靠這種神祕的能量來源來維持。

然而，從來沒有人見過這能量。在霍伊爾的宇宙中，一條神聖不可侵犯的物理定律——**能量守恆律**，被丟進排水溝沖走了。霍伊爾認為這並不是那麼大不了的事，因為我們唯一需要的只是「每一個世紀為像帝國大廈這麼龐大的建築，加一個原子。」[112] 這幾乎沒增加什麼東西。

不是霍伊爾說了算

1948年，兩篇論文（霍伊爾一篇，邦第與勾德另一篇）發表在《皇家天文學會月刊》上。[113] 反應有褒有貶。當霍伊爾在劍橋發表創生場的論文時，量子物理開創者之一的海森堡，也剛好在劍橋駐足，海森堡認為那是他來劍橋訪問期間，所碰到最有意思的想法。

米爾內（E. A. Milne, 1896-1950），牛津數學教授，卻直接拒絕這個想法，米爾內說：「我不相信物質持續被創生的假設是必要的，我也不認為它足以和『整個宇宙是在某特定時期被創生』的假設相提並論。」[114] 在哥丁根曾指導過歐本海默的玻恩，則是完全無法接受霍伊爾所提議的改變，「因為，若說有一個定律是歷經了物理學的所有改變及革命而存活下來，那麼這個定律肯定就是能量守恆律。」[115] 偉大的愛因斯坦則是幾乎不把霍伊爾的模型當一回事，宣稱它只是「一廂情願的猜測」[116]。

被這天文學三人組視為是宇宙學基本問題的一個簡單明瞭之

解的東西，在其他人看來卻是荒唐而且不必要；霍伊爾對這些物理學家的無理性（他自己這麼覺得）感到很受挫折。根據霍伊爾的說法，對於「要向那些遲鈍的人，解釋物理、數學、事實及邏輯」，他感到非常「疲累」[117]。

接著，來了一個可以推銷他模型的機會，這個機會可能帶來的影響力，遠遠超過任何論文或研討會系列。BBC正在規畫邀請劍橋歷史學家巴特菲爾德（Herbert Butterfield）進行一系列的廣播演講。巴特菲爾德在最後一刻抽身，年輕的霍伊爾因為之前有一些廣播經驗，就受邀接替巴特菲爾德的位置，並且錄製了一系列關於宇宙及宇宙學的節目，總共五集。在節目中，霍伊爾可以自由暢談宇宙學的問題，例如年輕宇宙裡的年老星系，還有，傅里德曼及勒梅特宇宙所帶來的問題比它解決的還多。他更可以誇談自己的穩定態宇宙的好處。霍伊爾可以直接跳過科學界所有傳統的做法，把他的想法當成最終的定論，呈現在全國民眾面前。每個人都會知道他的理論。

霍伊爾在BBC的演講非常成功，他也成為家喻戶曉的人，最早的媒體名人之一。社會大眾漸漸習慣了他所描述的宇宙，這模型也攫住了大眾的想像。但是，因為利用這樣的公開舞臺，將自己的模型提升到比起「更為學界所接受、根基也更穩固的傅里德曼－勒梅特擴張宇宙模型」還要高的地位，霍伊爾激怒了他的同事，後果就是：穩定態宇宙模型承受很強的反彈力道。在霍伊爾將穩定態宇宙成功推上公共舞臺的同時，他的同事們全力阻擋這模型的立場，也變得更加牢固了。正如霍伊爾後來回想起這事時所說的：「在1950年代的前兩、三年，我發現我的論文很難被期刊接受及刊登。」[118]

　　然而，穩定態宇宙模型仍然是傅里德曼與勒梅特的擴張宇宙模型（愛因斯坦自己後來也接受了傅、勒兩人的模型）之外的一個可敬選項。宇宙學及廣義相對論在1920年代的那些偉大發現，這時受到了挑戰。不過，在接下來的幾年間，一扇觀看宇宙的嶄新窗戶將會開啟，提供我們新資訊，來檢驗所有這些模型。

電波天文學伊始

　　「有人認為賴爾（Martin Ryle, 1918-1984）之所以會發展出一套可以計算電波源數目的設備，動機純粹是報復，我覺得這種說法不無道理。」[119] 霍伊爾回憶起他的前同事時這麼說。霍伊爾說這樣的話，當然不太厚道，但是這話絕對有它一定的真實性。因為賴爾是性急、暴躁、愛跟人競爭、而且好猜忌的人。即使是在劍橋，賴爾也與其他同事不相往來。

　　賴爾老是窩在爵爺橋火車站舊址，使用那裡的電波望遠鏡做研究。而照他的一位同事的說法，那些望遠鏡是放在「田野中的一間棚屋」裡。賴爾本該有非常傑出的學術事業，他在1972年成為皇家天文學家，並於1974年得到諾貝爾獎；然而終其一生，賴爾卻表現得好像他持續受到威脅，在團隊中築起一座心理防衛堡壘。

　　賴爾也出身自雷達的世代。身為劍橋教授的兒子，賴爾在1939年以最高等第的成績，從牛津大學畢業。和邦第、勾德及霍伊爾一樣，賴爾在第二次世界大戰期間專門研究雷達，並且構思出一些可以干擾德軍雷達與火箭導引系統的小把戲。大戰結束之後，賴爾來到劍橋，在那裡開始運用他的專業技術，來發展、甚

至主導一個全新的研究領域——電波天文學。[120] 並不是只有賴爾一個人在做這種研究。二次大戰期間也全心投入雷達研究的洛夫爾（Bernard Lovell, 1913-2012）在搬到曼徹斯特之後，也著手在卓瑞爾河岸天文臺（Jodrell Bank Observatory）建造一臺全世界最大的可轉向式電波望遠鏡。另外在澳洲，則有波西（Joseph Pawsey, 1908-1962）在大戰期間為皇家澳洲海軍研發雷達，之後才到雪梨建立他自己的電波天文學研究團隊。

電波天文學發展的最初階段，其實早在幾年前就已經開始，當時顏斯基（Karl Jansky, 1905-1950）——1930年代初期曾在紐澤西的貝爾電話實驗室任職的一位工程師，發現宇宙不斷對他發出嘶嘶聲。貝爾實驗室希望顏斯基能去找出這些惱人的天電干擾源，因為它們有時會讓無線電的通話、甚至廣播節目無法收聽。顏斯基當時對外太空的奧祕，倒是沒什麼興趣。

無線電波的行為就和光波一樣，但是它們的波長比可見光長十億倍。我們真正能夠看到的那些光，也就是構成太陽光的那些電磁波，波長還不到百萬分之一公尺。無線電波的波長就長得多了，從一毫米到數百公尺都有可能。顏斯基發現銀河系會日復一日發射出非常大量的無線電波。雖然在天空中，太陽比整個銀河系加起來都還來得明亮，但是太陽卻沒有發射出那麼多的無線電波。

在一篇發表於1933年，名為〈明顯來自外星的電訊干擾〉的論文中，顏斯基很有系統的把所有可能的天電來源拆解，並且用一張地圖來呈現那些無線電波是來自什麼地方。他的做法為世人揭露了一種觀測宇宙的新方式。這種觀測方式不需要使用到架設在山頂上、由透鏡所製成的超大望遠鏡，它可以在空曠的平地進

行，而且只需要用到鐵絲網、鐵架及碟型盤。天文學家不再只能觀測遠處恆星所發出的微光，他們現在可以接收來自外太空的無線電波。

雷伯製作電波星圖

顏斯基的這項發現，幾乎完全遭人忽視。當他向貝爾實驗室提議建造一具新的、性能更佳的天線時，他的建議遭到拒絕。他們的公司不是開來做天文學研究的。於是顏斯基就繼續做其他的事。但是他的研究並沒有被遺忘。一位很有個性，來自伊利諾州惠頓市的無線電工程師兼業餘天文學家雷伯（Grote Reber, 1911-2002），在《大眾天文學》雜誌讀到有關顏斯基的發現，於是開始在他家後院建造一具更大、更棒的天線。這具位在惠頓市的天線，有一個直徑達九公尺的反射碟，金屬製的鷹架則延伸到碟子前方來接收反射波。這是第一臺可以稱為「電波望遠鏡」的望遠鏡，它和我們今天所看到的電波望遠鏡已經非常相似。

有了這臺望遠鏡，雷伯開始幫銀河系的電波發射源標示出更精確的位置，製作出一幅詳細的**電波星圖**（radio sky map）。他將研究成果寄到《天文物理期刊》，當時正擔任編輯的錢卓塞卡對雷伯的研究成果很感興趣，對雷伯的毅力與執著更佩服到說不出話來。錢卓塞卡接受了那篇論文。於是在1940年，雷伯的〈宇宙天電〉（Cosmic Static）就連同他自己製作的那些電波星圖，發表在《天文物理期刊》上。

雷伯為銀河系所繪製的電波星圖很有意思，可幫助天文學家詳細找出這些神祕的電波是從什麼地方發射出來的。但是，雷伯

的測量還揭露另一件事：電波星圖上有不少孤立的點，發射出非常大量的無線電波。雖然雷伯將這些點都定位在星座（天鵝座、仙后座及金牛座）附近，這些無線電波卻不是來自那些發射可見光的恆星。雷伯發現了一種新的天體，後來稱為電波源或**電波星**（radio star）。

〈宇宙天電〉這篇論文開啟了一扇望向宇宙的新視窗。攤開在整個新世代面前的是一個完全未曾被探索過的領域，而賴爾已經準備好來探索它。和洛夫爾及波西的團隊一樣，從1940年代晚期開始，賴爾及他在劍橋的團隊開始為宇宙繪製新星圖。運用他在雷達研究上所學到的技術，賴爾設計了新一代的電波望遠鏡，這些望遠鏡讓劍橋轉變成電波天文學最初的幾個研究中心之一。但是這也使賴爾成為霍伊爾及其研究夥伴的對頭。

賴爾與霍伊爾針鋒相對

與其說賴爾是一位宇宙學家，不如說他是電機工程師及業餘無線電愛好者，因此他會和「理論家」起爭執，確實有點令人感到意外（賴爾喜歡用「理論家」這個名號，來消遣霍伊爾及其同事）。但是他就這麼走進了宇宙學理論的領域。賴爾先是嘗試去找更多明亮的電波星，就像雷伯所發現的那些，並且鎖定它們的位置，但是很不幸的，他判斷錯誤。他以為這些電波星一定是位在銀河系的某處。在1950年的一篇論文中，賴爾清楚主張大多數的電波源應該是位在我們的銀河系裡——可能會有少數例外，但是整體而言，它們一定也離銀河系不遠。這個說法說得通，而且似乎完全合理。

　　1951年，賴爾在皇家天文學會的一次聚會中發表他的成果。
聽眾席中包括了他在劍橋的同事勾德與霍伊爾，他們站起身來，
一派輕鬆的提出他們的猜測：電波源很有可能是來自銀河系外。
先前就已經仔細思考過自己的論證的賴爾，被他們惹火了，駁斥
勾德與霍伊爾，說：「我認為這些理論家誤解了實驗的數據。」[121]

　　這也算是一種文化上的衝擊：高級知識份子的理論天文學家
對上低階的修補匠，前者熟諳數學與物理，善於用簡潔但奇特的
理論來解釋整個宇宙，後者則只是擅長利用電子元件來設計及製
造各種裝置的無線電操作員。賴爾實在受不了他這兩位同事那副
高傲的態度。他覺得自己很了解這些數據，而他理解這些數據的
方式，絕非這些只會動筆和紙的人所能掌握。

　　令賴爾遺憾的，隨著愈來愈多的電波源被發現是來自銀河系
外，勾德與霍伊爾的說法最終證明是對的。它們真的是來自銀河
系外的無線電波，賴爾不得不承認這些理論學者確實了解這些數
據。

　　但是賴爾並不願意默默接受失敗。這些電波源既然位在銀河
系外，它們應該就可以告訴我們一些關於宇宙的事。於是賴爾轉
而累積更多觀測資料，並且使用他的數據來研究霍伊爾與勾德最
鍾愛的孩子——穩定態理論。賴爾的做法是算出不同明亮度的電
波源的數目，並嘗試找出這些數目與宇宙的基本性質之間有什麼
樣的關係。由於電波源離我們愈遠，它就愈黯淡，所以電波源的
黯淡程度可以視為距離的指標。宇宙非常大，銀河系外還有許多
空間，所以我們應該預期會看到更多黯淡、遙遠的電波源，而不
是明亮、接近我們的電波源。

　　事實上，找出黯淡電波源與明亮電波源之間的比率，是查出

我們所居住的宇宙是哪一類型的好方法。當我們看著遠處的電波源時，因為它們的光需要很長的時間才能到達我們這裡，所以我們看到的其實是宇宙更年輕時的樣貌。如果我們是住在霍伊爾、勾德及邦第的穩定態宇宙，電波源的密度會保持恆常，不會隨著時間而改變，所以在一定體積內的電波源數目應該正比於那個體積。然而，在傅里德曼與勒梅特所提出的那種會演化的宇宙中，宇宙的過去會比現在來得密，所以較遙遠、較黯淡的電波源的數目，應該多於較靠近、較明亮的電波源的數目。藉由計算黯淡電波源與明亮電波源的數量比，應該就有可能決定我們的宇宙到底是由大霹靂模型或是由穩定態宇宙模型來描述。

賴爾整理了一份被稱為2C目錄（C代表Cambridge）的表，上面列出將近二千個電波源。2C目錄是以另一份簡短得多、只包含五十個電波源的表（稱為1C目錄）為基礎而發展出來的。令賴爾感到滿意的，黯淡電波源的數目似乎遠比明亮電波源的數目來得大，不可能與穩定態宇宙相符。賴爾把這份2C目錄看成是對霍伊爾理論的致命一擊，並且立即開始宣傳他的研究發現。

賴爾步步進逼

1955年5月，賴爾在受邀到牛津大學發表一場地位崇高的演講時，提出對他對手的一個大膽指控：「如果我們接受大多數電波星是位在銀河系外的結論，而且這樣的結論看起來已經無可避免，那麼這些觀測結果，似乎就不可能用穩定態宇宙理論來解釋。」[122] 看起來，賴爾已經摧毀了霍伊爾及勾德的模型。

賴爾於牛津發表過那場演說後，霍伊爾和他的同伴也開始為

自己辯護。霍伊爾很認真的看待這些數據，但是勾德對這些結果感到懷疑，他建議霍伊爾：「不要相信他們，這裡面可能有很多錯誤，不值得我們認真看待。」[123]

　　勾德是對的。這一次，賴爾受到和他同樣背景的人（同樣致力將電波天文學建造成一門真正科學的修補匠）的阻撓。兩位年輕的澳洲電波天文學家，來自雪梨的米爾斯（Bernard Mills, 1920-2011）及史立（Bruce Slee），重新分析了2C目錄的數據，發現了和賴爾的計算完全不一樣的結果。他們並不嘗試去製作一份包括數千個電波源的目錄，來與賴爾的目錄對抗，相反的，他們選擇把焦點集中在整個調查範圍的一小部分，大約三百個電波源，並且非常詳細的進行測量。這份小目錄所挑選的電波源與賴爾的目錄重疊，所以可用來檢查賴爾的測量結果是否有誤。

　　米爾斯與史立所發表的結果，完全摧毀了賴爾的調查的可信度。在他們的論文中，米爾斯與史立宣稱自己的這份「目錄與劍橋大學最近的一份目錄，做過詳細的對照比較……結果發現兩者幾乎完全衝突。」米爾斯和史立進而暗示「劍橋版目錄是受到其電波干涉儀的低解析度的影響」[124]。賴爾的目錄根本就是不夠精準。米爾斯及史立採用的是精確度更高的電波望遠鏡，而他們的測量結果並無法排除穩定態理論做為宇宙模型的可能性。

　　來自英國對手陣營，卓瑞爾河岸天文臺的一位電波天文學家也發聲附和：「電波天文學的研究必須有更長足的進展，才能對宇宙學家有任何幫助。」[125] 看來電波天文學家對他們自己的數據都沒有共識，更別說使用這些數據來測試宇宙模型了，所以最好的做法就是暫時忽略這些數據。霍伊爾和他的研究夥伴可逮到機會，好好修理了賴爾一頓。

　　挫敗的賴爾回到劍橋，開始研究他下一版本的電波源目錄。賴爾那些問題數據的徹底崩盤，讓自己受到很深的傷害，於是他和他的團隊花了三年的時間研究出一份新目錄，不令人意外的，它就被稱為 3C 目錄。這些新數據將會決定性的駁倒霍伊爾及其團隊所提倡的那些無稽之談——至少賴爾心裡是這麼想。

　　1958 年，當 3C 目錄公諸於世時，賴爾覺得他終於端出了自己的主菜：一組每個人都會同意的電波源。然而它還是不夠好。邦第懷疑它的正確性，並且指出：賴爾向來就有把他的數據說得比實際更棒的習慣；賴爾經常宣稱他已經推翻穩定態宇宙模型，但他其實只是將「根據他的數據所能做的宣稱」推到極限罷了。只要有任何人回頭重新分析賴爾的數據，並且發現誤差比賴爾先前宣稱的還大，穩定態宇宙模型就還有競爭的機會。的確，就如邦第公開宣稱的：「這樣的事在過去十年裡，已經發生過不止一次了。」

　　1961 年 2 月，賴爾在皇家天文學會的聚會中，發表他針對最新的 4C 目錄所做的分析。賴爾主張這些結果根本就與穩定態宇宙的模型不相容——明亮電波源的數目與黯淡電波源比起來，實在少太多了。賴爾說，這些觀測數據「看起來已經提供了決定性的證據，來反對穩定態宇宙理論」[126]。報章媒體也注意到賴爾的宣告，並且刊出斗大的標題，宣稱「《聖經》是正確的」[127]，的確存在一個宇宙最初被創生的時刻。當澳洲及美國的其他研究團隊也觀測到與賴爾相同的結果時，賴爾似乎終於把事情解決了。

　　霍伊爾和邦第及勾德感到憂心，但他們還是對賴爾的結果存疑。在賴爾宣布了他的分析之後，邦第這麼告訴《紐約時報》：「當然，我不認為這宣判了連續創生論死刑，」邦第並且補上一

句：「類似的宣稱，賴爾教授在1955年就說過一次了，但是那個結論所依據的觀測數據，後來被發現是錯誤的。」[128]

賴爾個人致力於將穩定態宇宙理論逼到死路，這件事的確有一些不理性的成分在，即使賴爾的數據一年比一年有進步。對霍伊爾、邦第及勾德而言，電波天文學尚未置穩定態宇宙理論於死地，至少此時還沒有。

砥礪了宇宙學的進展

發生在劍橋的霍伊爾與賴爾之爭，也許看起來只像是廣義相對論與宇宙學必然的發展進程中，一段不必要的小插曲，畢竟在英國之外，幾乎很少人對霍伊爾的宇宙模型有任何興趣。在許多人眼中，這場爭辯似乎變來變去，幾乎是非科學的，由性格及深仇大恨所主導。到劍橋訪問的學者也經常會提到，賴爾與霍伊爾陣營之間的惡毒對峙氣氛。

但是他們的對立，卻帶來很重要的科學進展。霍伊爾後來獲譽為二十世紀後半最偉大的天文學家。霍伊爾與來自美國的威廉·佛勒（William Fowler, 1911-1995）以及伯畢奇夫婦（Geoffrey Burbidge, 1925-2010；Margaret Burbidge, 1919-）一起發展出一個非常棒的理論，來解釋恆星內部元素的起源。有人可能會指出，就是因為霍伊爾那不服權威的個性、以及堅持主張穩定態宇宙模型，才未被列為1983年諾貝爾獎物理獎得獎人之一。

1973年，霍伊爾離開劍橋，搬到湖區（Lake District）居住，並且開始寫小說。

邦第後來到倫敦大學的國王學院，建立了一支充滿活力的廣

義相對論研究團隊。勾德則是到波多黎各的阿雷西博（Arecibo）建造了全世界最大型的電波望遠鏡。賴爾的團隊給人一種神祕兮兮及誇大偏執的印象，但他們是接下來二十年電波天文學的一些偉大發現的重要推手。賴爾贏得1974年的諾貝爾物理獎。

至此，廣義相對論即將邁入一個新的階段，而電波天文學的崛起以及電波源的難以捉摸，將會在這進展中扮演相當關鍵的角色。

第6章〈電波歲月〉附記

電波天文學的發展、以及它後來如何成為廣義相對論的推動力，在Munns（2012）及Thorne（1994）兩本書中有相當清楚的介紹。霍伊爾是個傳奇人物，讀他的自傳Hoyle（1994）絕對值回票價，但另兩本相當有分量的傳記Gregory（2005）與Minton（2011）也很值得一讀。美國物理學會為勾德所做的專訪Weart（1978）相當有意思，Kragh（1996）則是詳盡描繪了霍伊爾與賴爾之間的衝突。

我極力推薦讀者去閱讀Jansky（1933）與Reber（1940）這兩篇論文，以了解一個新研究領域是如何被發現的。

惠勒名言

惠勒這幫人占據舞臺中央，

把一個接一個的新點子拋向聽眾，

看他們是要認真考慮這些點子或是丟掉。

而惠勒在其中可謂如魚得水。

惠勒（見第107頁）自己是經由核物理及量子論而進入相對論這個研究領域的。1952年春天，惠勒發現自己很想弄清楚那些由中子所構成的恆星，在生命結束時會發生什麼事。核物理就奠基在對這類恆星的研究上，而惠勒在那之前的研究都集中在核物理上。根據歐本海默的預測，一顆這樣的恆星，其重力崩陷的終點將會是一個**奇異點**（singularity），一個位在那顆星的中心，密度及曲率皆為無限大的點。

對惠勒而言，這樣的奇異點聽起來就不對勁。它們不可能真的存在於物理世界，一定有某種方式可以避免奇異點的發生。為了要了解歐本海默這荒誕的預測，惠勒就必須學習廣義相對論。他心想，要學廣義相對論的最好方法，就是去開課教普林斯頓的學生。於是惠勒在1952年，於愛因斯坦、哥德爾及歐本海默的基地，開設了普林斯頓物理系首次的廣義相對論課。在那之前，廣義相對論一直被視為是抽象的學問，比較適合在數學系開課。那是離開核物理領域的重要一步，惠勒多年後回憶說，那是「我踏入這個領域的第一步，它將在我接下來的人生中，攫住我的所有想像力、擄獲我的所有注意力。」[129]

惠勒既是夢想家，也是實踐者

正如一位學生為他下的總評，惠勒是一個「激進的保守主義者」[130]。惠勒的確看起來很保守，他的穿著總是無可挑剔：深色西裝及領帶，頭髮梳理整齊，皮鞋擦得發亮，一副傳統、甚至有點守舊的紳士的完美形象。花費許多心思在學生及研究夥伴身上的惠勒，非常溫文有禮，並用老一輩的禮俗客氣相待。然而惠勒

所談論的卻是一些最奇特的事物，嘴裡經常冒出奧祕的詞彙，來解釋宇宙的謎團，讓他聽起來比較像是一位新世紀的心靈導師，或是開了竅的嬉皮。

做為一位科學家，惠勒認為自己既是夢想家，也是實踐者。他的興趣從神祕的、到實用的都有。惠勒對原子論中那些神奇的新法則感到著迷，程度絕不亞於他對爆炸物及機械裝置的迷戀。讀大學時，惠勒主修工程，並且發現了數學的輝煌成就。他的一位數學教師提供他如何解決問題的建議；根據惠勒的回憶，「在教導我們新的數學技巧時，他喜歡跟我們說，愛爾蘭人越過障礙物的方式，就是繞過它。」[131] 這個建議影響了惠勒一生中解決問題的方式。他會毫無畏懼的跳進問題裡，需要什麼東西時，才開始去學習。1932年，惠勒才二十一歲，但已經拿到量子物理學的博士學位。

惠勒完成學業，成為量子物理學家時，薛丁格及海森堡先前的那些偉大發現正在結出豐碩的果實。做為普林斯頓的一位年輕教授，惠勒與丹麥物理學家波耳一起研究原子核的量子性質，以及原子核之間的交互作用。惠勒與波耳關於核分裂的論文，和歐本海默與史耐德關於重力崩陷的論文，剛好在同一天發表（1939年9月1日），而惠勒與波耳的這篇論文在催生曼哈坦計畫上，扮演了很重要的角色。

惠勒的保守主義展現在他對美國的生活方式、制度及國防的熱情與信仰上。珍珠港事件後，他就參與原子彈計畫，負責建造大型反應爐來製造原子彈所需的鈽。他的弟弟在1944年於戰役中喪生，惠勒終其一生都覺得自己不夠積極，以致沒能讓原子彈更早發展出來。他後來告訴同事，如果原子彈早點發展出來，就

有可能更早被使用——用在德國。死亡人數將非常巨大，但在他看來，並不至於像世界大戰最後一年的傷亡那麼慘重。

惠勒的愛國主義，有時候會讓他與同事們有不同的意見。在1950年代初，惠勒受邀加入美國為了嘗試發展氫彈而推動的新計畫，與泰勒（見第109頁）合作研究氫彈，這是一種以核融合為基礎的熱核武器。雖然他的許多同事，包括歐本海默在內，都堅決反對這項計畫，但他還是這麼做。當歐本海默被指控危害國家安全時，惠勒是少數幾位冷眼旁觀的物理學家之一。

雖然惠勒在政治上是個保守主義者，但在科學上他卻一直是異議份子或激進派，他無法不順從自己心中那些與當時的物理見解相牴觸的古怪想法。惠勒在普林斯頓的學生包括費曼[132]，一位非常聰明、來自紐約的年輕人，費曼成為戰後量子物理學界的看板人物。在惠勒的指導下，費曼找到一種革命性的方式，來解釋及計算粒子與力如何在時空的舞臺上彼此較勁。正是惠勒，鼓勵了費曼勇於提出與眾不同的想法。

惠勒熱愛千奇百怪的想法

惠勒是將廣義相對論的零散片段撿拾起來的最佳人選。他既務實又有遠見。對於促成廣義相對論誕生的物理學與天文物理，他態度保守而且完全尊重，但是在這同時，他又非常積極，想去嘗試不同的、全新的、未經檢驗的理論。更重要的，惠勒是一位非常善於啟發後進的導師，他訓練及提攜了一批新世代的物理學家，他們將為廣義相對論帶來新的生命氣息。

惠勒自學廣義相對論之後，就愛上了這個理論。惠勒認為廣

義相對論實在太優雅了，而且實驗上的佐證（雖然數量不多）太令人折服，以致它不可能是假的。但這並不表示惠勒就不該去測試這個理論的適用範圍。惠勒相信「藉由把一個理論推到極端，我們可以發現它結構上的破綻可能躲在什麼地方」[133]，於是他開始嘗試去了解廣義相對論能有多麼奇怪。在這個過程中，他經常以一條條簡潔的一行文，來總結他那些古怪的點子，而這些一行文就被大家稱為**惠勒名言**（Wheelerism）。

惠勒和一位很有天分的學生密斯納（Charles Misner, 1932- ）曾共同發展出一個想法，將電荷引進廣義相對論中，但實際上卻不需預設任何電荷存在。「沒有電荷的電荷」就是他用來描述這概念的惠勒名言。他們的想像實驗使用了一連串的數學技巧，在時空中距離遙遠的兩個區域各挖一個孔，然後將它們用一條管狀的時空連接起來，這種時空管就被他們稱為**蛀孔**（worm hole）。他們可以將電場線穿進這些隧道般的蛀孔裡。從蛀孔的一端冒出來的電場線會讓那一端表現得像帶有正電荷，把負電荷吸引向它。進入蛀孔另一端的電場線則會讓那一端像是擁有負電荷。蛀孔表現得好像是距離相當遙遠的一對正、負電荷，但其實根本就沒有什麼帶電的粒子。這個想法相當巧妙，容易圖像化，但是實際上的計算卻非常困難。

「沒有質量的質量」是另一句惠勒名言。愛因斯坦的理論可以解釋有質量的物體如何交互作用，但是惠勒卻希望能找到一個不需引進任何質量，就推導出同樣這些結果的方法。在愛因斯坦的理論中，光，就和質量一樣，可以使空間彎曲，所以惠勒就提議，如果他可以壓縮一束光線，讓它扭曲空間與時間到一定的程度，那麼這些光線就會表現得像質量一樣。這種光束，也就是他

所謂的**真子**（geon），會有重量而且能吸引其他的真子。這些光束必須被扭曲成為甜甜圈狀的線圈，而且可以很輕易拆開，但是它們卻可以在沒有實際質量的情況下，產生質量的效果。於是惠勒和他的另一位學生索恩（Kip Thorne, 1940- ）著手研究這些物件有沒有可能在自然界中存在，且並非立即變得不穩定。

當然，接下來還有量子物理與廣義相對論的整合問題。這是個太棒、太極端的問題，惠勒無法抗拒嘗試去解決它的衝動。再次，他開始想像新東西。惠勒作了以下的假設：如果你是用最小的尺度去觀測時空，你會開始看到一些奇特的效應。從大尺度來看，時空可能是平滑的，它會因為一些有質量的物件的存在（包括惠勒的真子與蛀孔）而稍微扭曲；然而在小尺度上，你卻會看到你原本沒料想到的粗糙性。利用非常高功率的顯微鏡，你可能會發現時空其實是由混亂無章的紊流所構成。事實上，量子不確定性會讓時空在小尺度下，看起來像是不斷翻攪著的泡沫。我們之所以無法觀測到這世界的粗糙本質，只是因為我們是用模糊不清的視力在看這世界。

奇異點依然困擾人

雖然惠勒熱愛奇特的想法，而且喜歡提出一些大膽的想像情境，但他對於奇異點的存在卻一直感到非常不安。奇異點是潛伏在施瓦氏、歐本海默與史耐德等人的大質量恆星崩陷理論的一個核心概念，也是一開始激起惠勒對廣義相對論產生興趣的東西。對惠勒而言，這些古怪的奇異點一定是人們自己在數學上製造出來的東西，它們不可能出現在大自然中。如惠勒所回憶：「這麼

多年來，恆星會崩陷而成為我們目前所謂『黑洞』的這種想法，一直跟我的理念不合。我就是不喜歡它。」[134]

於是他著手嘗試修正這個問題。惠勒的做法是再發明一些新的物理過程。當崩陷作用將恆星星核的物質壓擠到無比高的密度時，就會發生這樣的過程。對他而言這是一個新領域，因為雖然惠勒已經是舉世聞名的核物理專家，但是要描述位在重力崩陷的星核內的中子，卻要用到完全不一樣的物理學。他需要弄清楚，當中子堆積的密度遠高於蘭道或歐本海默中子星的密度，或高於他為美軍工作時所可能研發出的任何炸彈的中子密度時，到底會發生什麼事？

這是一種奠基在猜測及想像力上的研究工作，而這正是惠勒的長項。但是，即便惠勒具有超乎常人的創造力，他和他的團隊還是發現（就和之前的蘭道與歐本海默一樣）：存在某個質量上限，一旦恆星質量超過了那個上限，那麼就連他們精心構思的物質終態（final state），也無法與重力相抗衡。不論他們怎麼做，就是無法避免在重力崩陷的最終階段形成奇異點。然而，惠勒依然無法接受奇異點的存在，他不願意放棄自己的堅持。

在惠勒愈來愈著迷於廣義相對論、並致力將奇異點從其中除掉的同時，他也哄騙學生及博士後研究員加入他這趟探索之旅。就和他們的導師惠勒一樣，這些人受到廣義相對論的神奇威力所吸引，並且對於那些等待他們去解決的事很感興趣。年復一年，惠勒的團隊不斷提出新的點子，有些相當奇特，有些較合常理，但全都非常吸引人。惠勒對於廣義相對論的影響，已延伸到普林斯頓之外。

空間旅者——德威特

惠勒對廣義相對論的最大貢獻之一是,他一直默默支持在北卡羅萊納大學教堂山分校任教的德威特(Bryce DeWitt, 1923-2004)。

德威特有一種令人望之生畏的特質。他在人群中顯得特別高大挺拔、堅毅不屈,宛如一位舊約時代的先知,尤其是當他背脊挺直走進一個房間時。他無法忍受草率馬虎——事情一定要規規矩矩處理好,當點子最終給寫成論文發表時,它們就應該像刻在石頭上一樣,不能再被更動。

德威特也是一位旅行者,一位「空間旅者」[135]——他喜歡這麼稱呼自己。年輕時,德威特曾經在第二次世界大戰中擔任飛行員,在哈佛完成研究所學業後,他在地球上的許多地方駐足過。德威特曾經在普林斯頓、日內瓦及位於孟買的塔塔(Tata)基礎科學研究所工作過,他的一位同事後來將德威特在塔塔研究所的那段日子,描述成是「對專業成長沒什麼幫助的一次逗留,但是……對他漂泊的心靈而言,可謂適得其所。」[136]

德威特和妻子席希爾·德威特莫瑞特(Cécile DeWitt-Morette, 1922-,德威特在普林斯頓結識的法國數學家),後來到了加州,在勞倫斯利福摩爾國家實驗室找到工作,負責發展一些電腦模擬程式,來為核彈頭建構模型。但是他們需要賺更多錢來買房子,於是某天晚上,德威特決定參加一場首獎獎金達一千美元的論文競賽。那篇論文改變了一切:不只改變了德威特,也改變了廣義相對論。

重力研究基金會舉辦論文競賽的想法,來自巴布森(Roger

Babson），一位對重力非常熱中的生意人。他有自己的一套牛頓定律，他將它應用在股票市場，賺了許多錢。「凡上升的必會下降……股市會因自己的重量而下跌。」[137] 那不是什麼難懂的科學，不過巴布森是個非常執著的人。當他還是個小孩時，他的姊姊因溺水而過世，他把罪怪在重力身上。巴布森對那場悲劇的解讀是，「她無法與重力對抗，重力就像一條龍一樣，上來將她抓了下去。」[138] 在他的一生中，巴布森以各種方式，投資金錢與心力在重力研究上，整理牛頓的大事紀，提倡奇特的想法，更重要的是，創設了重力研究基金會。

巴布森最初設立重力研究基金會的用意，是要出資舉辦年度論文競賽。參賽者必須繳交兩千字以內的論文，提出可行的方法來駕馭重力，並且達到巴布森的終極目標：反重力。這個基金會將引領反重力設備的發展——可以阻絕、吸收，甚至反射重力的防重力機制。物理學家已經開始駕馭原子，巴布森心想，現在是把重力也一起納入掌握的時候了。巴布森希望他辦的論文競賽能夠激勵出戰後物理學的最佳發展。

學界最初對於巴布森提出來的挑戰，回應相當冷淡。從1949年到1953年，僅有斷斷續續寄來的幾篇論文，提出了一些不甚起眼的建議。論文的主題零散，參賽者從學者、研究生到愛好物理的業餘人士都有，他們絞盡腦汁要想出某些可以滿足巴布森要求的點子。但是巴布森的這個主題實在太古怪了，以致它只有引出了一些怪人，而沒有鼓勵到真正的科學。

巴布森的挑戰當然得不到物理學界的認真看待（沒有任何一個心智正常的物理學家會真的相信，有可能建造出一部反重力機器），但是它確實反映出，大家對於重力的發展潛力愈來愈感興

趣。在第二次世界大戰後，美國的經濟蓬勃發展，樂觀主義感染了每個人每天的生活。那是原子時代的開始，也是新科技時代的誕生。有錢做投資的組織與生意人，開始把賭注放在重力上，認定它將會是繼核能之後站上舞臺的主角。這個目標有它獨特的吸引力及革命性，但其實它是直接來自一本科幻小說。反重力的概念正是威爾斯（H. G. Wells）在1901年的小說《最早登上月球的人》裡所寫的事：發掘那個可以反轉重力，將人類送上月球的神奇物質「cavorite」。

反重力無疾而終

1950年代中期，報紙經常提到一種能打敗重力的新類型太空旅行。諸如〈太空船驚奇之旅在望，若重力能被克服〉[139]、〈新的夢幻飛機可以飛到重力的領域外〉[140]，以及〈未來的飛機有可能在太空旅行中對抗重力與氣升〉[141] 等等的文章標題，都在勾勒「重力推進系統」的驚奇前景。大眾媒體想像未來的飛機或飛行器可以利用重力，而不是靠噴射引擎來推進。《紐約前鋒論壇報》一篇標題為〈征服重力：美國境內最頂尖科學家的目標〉[142] 的文章，提及如康維爾（Convair）、貝爾飛行器（Bell Aircraft）及里爾（Lear）等飛機製造商都開始研究重力，因為重力「最終有可能完全被我們控制，就像光及無線電波一樣」[143]。

葛林馬丁公司（Glenn L. Martin，也就是後來的洛克希德馬丁公司，Lockheed Martin）設立了高等研究所。這個研究所將致力於探索理論物理學的新點子，尤其是把重點擺在解開重力之謎及研發重力推進器上，他們聘請了物理學家及相對論學者來協助達

成這充滿未來性的目標。

在俄亥俄州戴登市「萊特派特森空軍基地」的航空研究實驗室（ARL）裡，美國空軍也做了一些比較冷靜、不那麼瘋狂的投資。ARL也聘了一些如假包換的相對論學者，但是他們進行的是一些關於重力與大一統場論的研究，在他們的工作清單中沒有提到反重力。有一段時間，ARL的研究團隊根本是個標準的廣義相對論研究中心，足以與世界其他地方的幾個研究團隊一較高下。美國空軍也提供資金給其他幾個從事廣義相對論研究的團隊。很少科學家認真看待反重力研究，他們會避免做一些滑稽的預測，但是他們卻樂於接受別人給他們錢，讓他們專心去探究一些關於實存的本質的怪異想法。

在這幸福的氣氛中，德威特參加巴布森論文競賽時的做法，的確是很不尋常的贏得徵文比賽的方式；他攻擊贊助商！

在德威特1953年投稿至重力研究基金會的那篇文章中，他明目張膽的否決了巴布森發展「諸如重力反射器、重力隔絕器或能將重力轉變成熱的神奇合金等非常實際的東西」[144]的雄心與企圖。德威特引用愛因斯坦的時空理論，來解釋為什麼「任何嘗試沿著前述方向、正面挑戰重力駕馭問題的計畫，都只是在浪費時間……我可以斬釘截鐵的宣告，所有嘗試將重力轉為動力的計畫都不可能成功。」德威特狠狠打了那些異想天開的參賽者一巴掌，而且他贏了那場論文競賽。

德威特的論文與之前參賽者的論文截然不同。它是真正的科學，不做空想及揣測，而且它所談論的是重力研究需要面對的真正科學議題。那是非常艱難的工作，誠如他所說的「重力在過去三十年受到很少注意」[145]，重力「實在很難理解」，因為它牽涉到

「高深的數學」，重力的「基本方程式幾乎不可能被解出來」，的確，「即使是最聰明的科學家，對重力現象的了解也很有限。」

巴布森不但不覺得自己遭到冒犯，反而對這場比賽出現的第一位真正競爭者很感興趣。德威特是一位認真看待這比賽的人，一位可以讓這場論文競賽的聲譽得到提升的真正科學家。的確，德威特的論文讓巴布森的比賽獲得了正當性，因為在接下來的幾年，參賽者的水準有非常顯著的提升。事實上，接下來的幾十年內，後來在廣義相對論的復活中扮演關鍵角色的不少物理學家，也贏得了重力研究基金會的獎項。不僅如此，後來參賽論文幾乎清一色都是關於重力研究，反重力完全被遺忘。德威特後來還曾說過，贏得這項比賽是「我最快賺到的一千美金」[146]，不過參加這項比賽為德威特帶來的好處，絕對遠超過他原先所想像的。

巴布森有一位朋友班森（Agnew Bahnson），也對重力很感興趣。班森靠著賣工業用空調機而賺了不少錢。就和巴布森一樣，他希望資助重力研究，他只是不確定該如何做。巴布森把德威特的得獎論文拿給班森看。結果這位仁兄後來當真幫德威特設立了一個機構，一間有模有樣、評價很高的研究所，在那裡思想家可以自由探索自己有興趣的主題。正如班森在新設立的場物理研究所（IOFP）的機構簡介上所說的：「在社會大眾心中，重力這個主題通常是與各種奇幻的可能性牽扯在一起。但從研究所的立場來看，目前並沒有任何特定的實用成果可以事先預料到。」[147] 換言之，不會有反重力機，不會有重力推進器。班森可以用另一個方式來滿足自己對重力的幻想——透過寫科幻小說，而把真正的重力留給科學家去研究。

班森去找惠勒，請他提供關於這間研究所該怎麼走下去的建

議。惠勒當時已經在華盛頓贏得極高的評價，這不只是因為他積極投入核武器的研究，更因為他是一位願意在所有與國防相關的議題上，全力支持政府立場的資深物理學家。惠勒先前就已經站在遠處留心德威特的學術生涯，並且默默支持邀請德威特夫婦到這間新研究所擔任首批研究員的想法，這研究所的所在地是北卡羅萊納州的教堂山。

　　場物理研究所或許一開始是個空洞的計畫，但是在得到惠勒的支持，並且有德威特夫婦願意擔任創所元老後，它受到全美各地科學家的認真看待，許多暗中促成此事的幕後英雄也寫信表達支持，他們十分贊同美國應該要有一個可以從事純研究的地方，在這裡，研究可以與產業、軍隊或新原子時代的需求完全脫勾。這個新研究所的核心主題就是重力。

費曼也來參一腳

　　德威特夫婦在1957年1月，舉辦了一場名為「重力在物理學中的角色」的學術會議，來慶祝場物理研究所的落成與啟用。但在意義上，它也開啟了一個新紀元。相較於其他研討會，參與這場會議的人士比較年輕、也比較沒有名氣，但是其中包括了廣義相對論的幾位新領導者。他們全都聚集到教堂山，要在這裡待上幾天，把愛因斯坦的理論好好拆開來研究。班森及美國空軍出資主辦這場會議，美國空軍甚至派飛機，把一些與會學者載到這間新成立的場物理研究所。

　　不僅相對論學者大老遠來到教堂山。惠勒之前的學生費曼，也就是將量子物理做了大翻修、並且提出一種新做法，將自然界

量子化的那位物理學家，也決定出席這場盛會。雖然費曼是量子陣營的人士，但他對於廣義相對論學界正發生的事很有興趣。

費曼來到教堂山，搭上計程車，但他發現司機根本不知道有這場會議——司機有什麼道理該知道嗎？費曼就對司機說：「大會是從昨天開始的，所以有許多參加會議的人，想必昨天就來到這裡了。讓我跟你描述一下這些人：他們一副自以為了不起的樣子，只顧著談論事情，而不注意你要把他們載到哪裡去，他們會彼此說一些聽起來像『gee-mu-nu, gee-mu-nu』的話。」[148] Gee-mu-nu 寫下來是 $g_{\mu\nu}$，其實是賦距（metric，度量）的數學符號，而時空的幾何就是由賦距來提供。司機聽完之後，就知道要把費曼載到哪裡去了。

所有的與會人士都很清楚，要將廣義相對論從過去三十年近乎停滯的狀態中解救出來，他們一定得做某些事。在費曼看來，廣義相對論之所以遭到忽略，原因非常明顯：「存在一個……嚴重的問題，那就是，它缺少實驗的支持。不僅如此，我們未來也不會有任何的實驗，所以我們只能去思考，如何在沒有實驗的情況下處理這些問題。」[149] 沒有實驗的佐證，這個領域就不會有進展，但是費曼又堅持他們該繼續往前推進。廣義相對論很難，但是並沒有那麼難，而且照費曼的說法，「最好的心態就是，假裝有實驗並且去做計算。在這個領域，不是實驗把我們往前推，而是想像力把我們往前拉。」[150]

費曼的想法反映了教堂山會議與會者的普遍心聲。會場中隨處都是新世代的相對論學者，他們有些即將畢業，有些則是剛畢業而心中已經有了一些新點子，準備要好好放手一搏。隨著會議的各場次陸續開展，狂放不羈的新點子與老一輩權威人士較沉穩

的宣言，互相較勁。各場次的論文發表都因辯論及爭吵，而得不著交集。當勾德發表穩定態宇宙理論的研究近況時，德威特就攻擊其關鍵前提——霍伊爾的創生場，質疑這種會違背能量守恆的機制。當有人主張需要一個能夠統一重力與電磁力的理論（正如愛因斯坦花了幾十年時間嘗試去建構的那種理論）時，費曼就會得理不饒人的逼問：為什麼電磁力是唯一一種需要與重力結合的力？其他東西怎麼辦，自然界中所有其他的力呢？

德威特和惠勒最在意的事「廣義相對論如何能與量子力學結合？」也被提出來討論，各種形式及樣貌的理論也一併拿出來檢視。此外，時空有沒有可能會因重力波的存在，而產生漣漪，就像湖面上的水波、或像馬克士威理論中的電磁波那樣？與會的學者在各場次中，熱烈爭辯這些可能性。

能預測時空如何演化嗎？

惠勒也提出透過相對論來進行物理學革命的偉大計畫，並且和他那一群學生與博士後研究員，一起發表他們的新點子。他們把相對論往前推得比以前更遠，甚至到了有點可笑的地步。舉例來說，我們看到〈沒有電磁的電磁學〉、〈沒有電荷的電荷〉、〈沒有自旋的自旋〉以及〈沒有基本粒子的基本粒子〉等標題。在會議期間，惠勒這幫人占據舞臺中央，把一個接一個的新點子拋向聽眾，看他們是要認真考慮這些點子或是將它們丟掉。而惠勒在其中可謂如魚得水。

在更根本的層次上，教堂山的這些相對論學者也問自己，是不是也有可能根據愛因斯坦的理論，來做實際的預測。一個理論

要被認可，就必須有預測性。舉例來說，電磁學在預測任何有關光、電與磁的事上都非常成功。但是相較之下，雖然施瓦氏、傅里德曼、勒梅特及歐本海默也有辦法做出預測，但他們卻都只考慮高度簡化的、理想的系統。而且，沒有人知道該如何在沒做那些簡化的情況下走得更遠。事實上，教堂山研討會的與會者還問自己：有沒有可能真的將愛因斯坦場方程的通解求出來，並且做出一些關於時空如何演化的真正預測？事實上，廣義相對論本身是如此錯綜複雜與糾結不清，以致單單是選定初始條件就已經幾乎是不可能的任務，更不用談到時空的演化了。嘗試在電腦上解愛因斯坦場方程，更是令人望之生畏的工作。

對於剛加入相對論家族的新成員來說，這次會議是相當令人振奮的論壇，其中不時迸發出創造力的火花，惠勒的發明力及費曼的想像力，更是讓會議更加活潑有力。但是時空理論仍然卡在原處。一切精巧的數學、將各種力大一統的提議、關於重力波的辯論，以及惠勒的蛀孔、真子與時空泡沫等，都沒有任何用處，除非它們有辦法與真實世界連接在一起。

愛丁頓的日食測量，是愛因斯坦理論的第一個大考驗，到當時已經過了將近四十年。哈伯關於宇宙擴張的測量，也幾乎過了三十年。在教堂山的大會上，沒有任何新的測量，也沒有可以進一步驗證、甚或否決愛因斯坦理論的新數據。惠勒在普林斯頓的一位同事狄基（Robert Dicke, 1916-1997）在他那場關於〈愛因斯坦理論的實驗根基〉的演說中，總結了當時的情況：「相對論似乎純粹是個數學上的理論，它和可以在實驗室觀測到的現象，扯不上什麼關係。」[151] 結果，這問題的解決之道並是不在實驗室，而是在恆星。

發現超級恆星

　　1963年，荷蘭天文學家施密特（Maarten Schmidt, 1929-）使用
了以帕洛瑪天文臺贊助人海爾（George Ellery Hale）為名的一臺
望遠鏡，做了一系列的觀測。施密特心中所在意的是3C目錄（就
是電波天文學家賴爾與洛夫爾先前所製作的那份目錄）的某一個
電波源。

　　當惠勒團隊重新為廣義相對論注入新動力的同時，電波天文
學家也更仔細去觀測電波源。就和其他觀星者一樣，他們的目標
是去查出這些電波源的所在位置。要做這件事，他們需要找到更
多這一類的電波源，而且需要更小心的審視，以查出到底是什麼
東西在發出這些無線電波。

　　在十餘年的時間裡，賴爾與洛夫爾運用曾經幫助他們發展雷
達的那種創意，大幅增進了測量的精確度，使他們能夠精確定出
電波源的所在地，方便天文學家將他們的電波望遠鏡對準這些地
方，以查出這些電波源到底是什麼東西。賴爾的電波源3C目錄
就列出了數百個有精確位置的電波源。

　　洛夫爾的團隊觀測了天鵝座A這個電波源。雷伯先前就已經
從天鵝座A星系所發出的天電訊號，辨識出它來。在賴爾的目錄
中，它被命名為3C405。原來，天鵝座A是很奇特的天體，它是
由兩小團電波源所構成，各自都幾乎呈長方形。兩者都是非常巨
大的結構，寬度都達數百光年，而且似乎都是由介於兩者之間的
某樣東西來提供能量。當天文學家把望遠鏡對準另一個稱為3C48
的電波源時，非但沒有發現在天鵝座A周遭的那種難解的結構，
反倒是看到單純的一個明亮光點，它發出的光偏向光譜的藍端。

它看起來像一顆恆星，簡單而且沒有特徵。但是當天文學家嘗試測量光譜，以了解3C48是由什麼物質構成時，從儀器上讀出的密密麻麻的光譜線，卻無法與已知的任何恆星的光譜線一致。天文學家無法辨識出任何一種構成3C48的元素。

事實上，有太多天體是天文學家無法辨識的。宇宙中的電波源實在太多了，而且各不相同，沒人知道它們是什麼東西，距離我們多遠。

施密特把他的焦點放在某一個電波源上，這電波源只有一個代號3C273，並沒有其他有意義的稱呼。它看起來像一顆恆星，但是光譜線完全不像任何他先前看過的恆星光譜。仔細審視觀測數據後，施密特發現某個驚人的事實：這個電波源的光譜線與氫原子的光譜線完全一致——如果這些光譜線有大約百分之十六的紅移的話，這兩個光譜的各條光譜線就可以逐一對應。

但是要有這樣的紅移，3C273就必須相對於我們以將近光速的速度在運動，或者，它距離我們非常遙遠，以致宇宙的擴張本身就讓它的光譜有如此劇烈的紅移。施密特非常震驚。那天晚上他告訴妻子：「今天辦公室發生了一件很可怕的事。」[152]

那是非常重大的發現。施密特發現這些散落在宇宙各處的天體，其實距離我們有數十億光年之遠，而距離這麼遠的東西要能如此輕易就被我們在電波偵測中發現、並且用大型光學望遠鏡看到，它們肯定是送出了非常大量的能量。事實上，3C273及3C48產生的光，就和一百個星系合起來所產生的光一樣多。它們就像是超級星系，比任何我們先前曾看過的東西都還來得威力強大。

除此之外，這些電波源還必須非常小，只有一般星系大小的幾分之一。3C目錄中的其他電波源，情況也一樣，有些電波源的

大小只有平常星系的十分之一，甚至是百分之一。當天文學家更仔細監測這些電波源時，他們發現這些電波源的寬度還不到幾兆公里，就如《時代》雜誌在當時所報導的：「從宇宙學的標準來看，那就跟花生米一樣大小。」[153] 在距離我們非常遙遠的地方，非常巨大的能量正從非常小的空間區域內，持續發送出來。

　　如此難以解釋而且荒誕的事，對霍伊爾來說，實在太難以抗拒了。除了繼續為他的穩定態宇宙模型辯護及奮戰外，霍伊爾也已經成為恆星結構研究的權威。他與威廉·佛勒以及伯畢奇夫婦共同發展出一個理論，可以詳細解釋自然界的所有元素如何在恆星的核反應中合成。

　　威廉·佛勒和霍伊爾主張：這些電波星確實是恆星，但是它們和其他的恆星不一樣。這些恆星是**超級恆星**（superstar），質量是像太陽這樣的恆星的百萬倍或上億倍，如此巨大的恆星可以在它們的生命期裡產生非常可觀的能量。超級恆星的生命期很短，因為能量很快就燒光，以致它們會以一種極短暫、極激烈的死亡方式迅速崩陷。透過霍伊爾及威廉·佛勒對超級恆星的研究，他們將愛丁頓先前發展的恆星內部組成的理論，推進了廣義相對論的範疇中。愛因斯坦的理論再次向我們召喚了。

德州相對論天文物理大會

　　在1963年夏天令人不敢領教的熱浪中，一小群相對論學者聚在德州達拉斯。他們坐在池塘邊，一面啜飲馬丁尼，一面討論施密特所揭露的這些詭異、奇重無比的天體。他們是住在達拉斯的一群來自各國的學者，就如當中的一位學者所說的：「美國的科

學家,除了地質學家與地理學家外,很少會有人願意委屈自己住在這種地方。對大部分的人而言,這地方的吸引力不會比巴拉圭好到哪裡去。」[154] 但是德州後來卻出人意料的成為相對論研究的重鎮,這個轉變的主要推手是一位說話慷慨激昂、喜歡社交生活的維也納猶太人,他叫席爾德(Alfred Schild, 1921-1977)。

席爾德有個漂泊的童年,那是1930及1940年代的混亂世局所帶來的後果。席爾德出生於土耳其,童年住在英格蘭。就和邦第與勾德一樣,他也曾在加拿大被拘留過,在那裡他跟隨愛因斯坦的門生英費爾德(Leopold Infeld, 1898-1968)學物理,並且寫了宇宙學領域的學位論文。1957年的教堂山會議,席爾德也在現場,親身體驗了廣義相對論的下一個階段所帶給物理學家的興奮感。那一年,他被延攬到德州大學奧斯汀分校擔任教授。

席爾德來到奧斯汀的年代,德州還像是一灘流動得非常緩慢的水,但因為石油產業讓當地的經濟有持續而穩定的收入,德州顯得異常富裕。席爾德想辦法說動德州大學,好好利用這些石油財,讓他設立相對論研究中心。美國空軍此時也非常積極想要探索重力潛在的神奇力量,金錢上的資助不虞匱乏。雖然奧斯汀的數學家瞧不起席爾德的研究,但是這裡的物理學家卻很願意接納他。

席爾德想找一些有天分的人,加入他的團隊,而他在這方面確實有一套。他從德國、英格蘭及紐西蘭招募來的這些年輕相對論學者,把德州的奧斯汀轉變成「任何有本事的相對論學者,都會想要來此拜訪的地方」。在達拉斯,新創立的西南高等研究中心,正在招募年輕學者來推動「科學貧瘠的南方」[155] 的科學發展,於是席爾德把握機會介入此事。席爾德告訴他們,可以把錢

投資在相對論研究上，他們也按照席爾德的建議做，聘任了這個
研究中心自己的國際團隊，來把德州相對論研究的陣容充實得更
加壯大。

在那個7月下午，德州的相對論研究者在池塘邊，擬定了一
個把全世界的學者帶到德州討論相對論的計畫。那將不只是另一
次的教堂山會議，規模不大且主題不拘。這次他們將引進一整批
新的研究者——天文學家，而且嘗試讓這些人專心來思考愛因斯
坦的理論，他們的做法就是舉辦一場主題是電波星的研討會，聚
焦在研討**類星電波源**（quasi-stellar radio source）。

根據前年3月施密特的測量結果，很明顯的，這些奇特天體
的質量太大而且太遙遠，無法用舊的牛頓重力定律來處理。這些
天體正是錢卓塞卡與歐本海默先前就已提醒大家留意的大塊頭，
質量大到讓它無法支撐住重力的拉力，而廣義相對論可以在這裡
扮演關鍵的角色。

在德州學者發出的邀請函中，特別提議：「導致電波源形成
的那些能量，有可能就是超級恆星的重力崩陷所提供。」[156] 這些
相對論學者決定把他們的會議稱為德州相對論天文物理大會，將
於1963年12月在達拉斯舉行。

齊聚一堂，探究「類星體」

第一屆德州相對論天文物理大會差一點就被取消。甘迺迪總
統不久前才在達拉斯遭暗殺，研討會參與者根本就嚇到不敢冒著
被射殺的風險來到達拉斯。達拉斯的相對論學者拜託市長個別與
可能的與會者聯絡，保證達拉斯很安全。

最後，有三百多位學者來到達拉斯，聆聽有關電波星以及它們的可能組成的最新研究。與會的眾人當中也包括歐本海默，他在普林斯頓高等研究院的基本態度，是勸年輕學者不要做廣義相對論研究。但他對這些新電波星很感興趣，因為照他的說法，它們是「無比美妙、壯觀，史無前例的重大事件」[157]。歐本海默還提到，這個會議非常類似將近二十年前所舉辦的那些量子物理會議：「我們唯一有的就是一團困惑，以及一大堆的數據。」在他看來，這是個有趣的時刻。

第一屆德州相對論天文物理大會進行了三天，天文學家和相對論學者在會中一起辯論賴爾 3C 目錄中，那些奇特的「類星電波源」具有什麼樣的意涵。在其中一個場次，與會者開始稱這些東西為「quasar」[158]（類星體，英文發音近似「夸煞」），因為這樣唸起來比較快、也比較容易發音。對於相對論學者而言，這些類星體的質量與密度似乎已經大到一個地步，以致若不考慮施瓦氏的詭異解、以及歐本海默與史耐德的計算，就無法解釋那些天文觀測數據。另一方面，天文學家及天文物理學家也發現這些類星體相當怪異而且奧祕，以致他們開始注意相對論學者對這種東西有什麼想法。也許，只是「也許」而已，相對論必須納入我們的圖像中，方能解釋這些新發現。

惠勒帶著廣義相對論回來了

在投入相對論研究超過十年後，惠勒來到了達拉斯，準備好提出他的主張。在他心中，最大的待解問題就是他所謂的「終態問題」[159]。惠勒想了解重力崩陷的終點會發生什麼事。他仍然無

法相信歐本海默與史耐德的預測會是真的（歐、史預測最終將形成奇異點），惠勒相信廣義相對論必定可以扮演關鍵的角色，來解釋為什麼奇異點不會形成。雖然他有這些先入為主的看法，但他覺得自己有責任把所有的可能性解釋清楚，以便在追尋終態的過程中，爭取到更多聽眾的認同。

在開始演講之前，惠勒拿起粉筆，一絲不苟的在整個黑板上寫滿他那些複雜的圖示及方程式，來闡釋他在過去十年間所想的事。黑板上所畫的那些圖，是他關於恆星會如何因自己的重量而崩陷，以及廣義相對論會預測恆星如何淒烈的走向終態的一些想法。散布在這些圖旁邊的是一些方程式：也許是愛因斯坦場方程的片段，也許是量子物理的總整理，整體的感覺就像是一盤充滿卓越點子的大雜燴，把他過去十年的研究成果一併呈現出來。更重要的是，惠勒的演講為廣義相對論大力辯護，他認為每個真正有心解決問題的天文物理學家，都應該認真看待這個理論。

對許多天文學家來說，這些結果太不切實際了，其中一位與會者回憶起，他曾看到某位「傑出與會者」[160] 臉上露出一副「完全無法置信」的表情。然而，其他與會者卻讚嘆宇宙終於與惠勒的理論一致。看起來惠勒長時間以來一直在思考的廣義相對論，現在終於與天文學相關，而且可用來解釋最新的電波觀測結果。

描述這次會議時，《生活》雜誌這麼寫道：「這些科學家已經將他們的想像力，推展到連科幻小說作家也想像不到的地步，一場接一場的演講並沒有化解大家的困惑……電波源的本質是如此奇妙，以致沒有任何猜測會被排除。」[161]

在晚宴之後的演講中，勾德總結了他們在會議中所見證的這些不平凡的事件，他說：「這似乎告訴我們，從事這些複雜研究

的相對論學者,並不是文化上的精美裝飾品,而是有可能真的有益於科學!每個人都很高興:相對論學者覺得他們……突然成為一位自己先前根本不知道存在的領域的專家;天文物理學家則是透過合併另一種學問——廣義相對論,而擴張了……他們的帝國版圖。」[162] 勾德謹慎說出他的結語:「讓我們期盼廣義相對論是對的。若我們必須再次否決那些相對論學者的說法,那多令人遺憾哪。」[163]

帶著無與倫比的遠見與毅力,惠勒看到愛因斯坦那奄奄一息的理論,有了復甦契機。惠勒把他那驚人的智力與創造力,投注在訓練新一代的優秀年輕相對論研究者,以及支持那些分布在美國各地的新研究中心,因而滋育了一個新而有活力的社群,讓他們可以更深刻的去思索重力問題。最後,在觀測上的數據相當配合,而天文學家、物理學家及數學家也已準備好要來探討大問題的情況下,這場德州會議開創了一個新紀元。

廣義相對論回來了。

第7章〈惠勒名言〉附記

惠勒是一位偉大的人物，也是當代廣義相對論背後的推手。他的傳記Wheeler and Ford（1998）很坦率的揭露了他的兩個面向：激進與保守。同樣重要的，DeWitt and Rickles（2011）、DeWitt-Morette（2011）、Mooallem（2007）及Kaiser（2000）等書，也貼切的描繪了當時的研究氛圍，以及工業界與相對論學者的怪異結盟。

重力研究基金會的網站http://www.gravityresearch foundation.org很值得上去逛逛，在那裡你還可以看到德威特的得獎論文。

Thorne（1994）以及收錄在Wright（1975）中，美國物理學會的施密特專訪，娓娓道出天文物理學家如何發現類星體是宇宙中真實存在的天體。Melia（2009）生動描繪了席爾德在奧斯汀的研究團隊的合作氣氛，Schucking（1989）與Chiu（1964）則提供很棒的第一手資料，記錄第一屆德州會議中所發生的事。

奇異點

就在霍金與隨時可能發作的病症賽跑的

那段期間，他證明了在正常情形下，

擴張的宇宙確實無可避免

會始於一個奇異點。

　　1963年惠勒在德州會議那場演講的多數聽眾，要不是聽不懂他在講什麼，就是不相信他的說法。但是當惠勒在充滿方程式與圖案的黑板前面演講時，有一位年輕數學家倒是直盯著他看，興致盎然。「惠勒的演講讓我留下非常深刻的印象，」[164] 羅傑・潘若斯（Roger Penrose, 1931-）回憶道。在潘若斯看來，即便惠勒一直頑固拒絕奇異點存在，但他問的是一個正確的問題：這些奇異點有可能是廣義相對論的根本要件嗎？

　　惠勒在德州會議的那場演講，開啟了接下來十年的相對論研討盛況，即所謂的「廣義相對論的黃金年代」[165]（這是惠勒的學生索恩如此稱呼的），而潘若斯將成為看著廣義相對論走過這段黃金時期的最優秀思想家之一。

潘若斯遇見夏瑪

　　潘若斯的學術生涯都在操弄時空：把時空切割開，再把它黏貼起來，並將它推展到極限。潘若斯看事情的方式與眾不同，擁有數學家特有的洞察力。由於他是打從心底了解空間與時間的本質，所以這洞察力更顯卓越。潘若斯所畫的圖，又稱**潘若斯圖**（Penrose diagram），可以將時空攤開來，並揭露出時空的奇特性質。潘若斯圖能讓我們看到：光快速通過施瓦氏曲面時會發生什麼事，以及若我們跟隨著光的腳步回到大霹靂，那麼光會有怎麼樣的行徑。潘若斯圖甚至可以告訴我們，空間與時間如何可以伸展，以致看起來像是大海的泡沫狀表面。

　　潘若斯還是個大學生、在倫敦讀數學時，他第一次感受到廣義相對論的吸引力。他靠自修學會了廣義相對論的基本內容，他

研讀的正是薛丁格那本名副其實、稱為《時空結構》的書。但是真正讓他開始去思索相對論細節的，卻是霍伊爾嘗試說服聽眾改而採納他的穩定態宇宙理論的那一系列演講。霍伊爾所描述的宇宙有個相當迷人、但也相當古怪的地方，這與潘若斯對廣義相對論的理解並不相容。他決定去請教同樣是數學家，正在劍橋攻讀博士的哥哥奧利弗・潘若斯（Oliver Penrose, 1929-）。他想奧利弗有能力幫助他理解，這個讓他深感興趣的奇特理論。

1950年代的劍橋，雖然承繼了數世紀以來修道院般的穩重氣氛，也尚未揚棄學院與大學那些令人窒息的儀式，但已經成為相當有活力的地方。證明海森堡的量子論與薛丁格的量子論其實是一體兩面的關鍵人物——英格蘭物理學家狄拉克（見第14頁），就曾經在劍橋針對量子力學，做了幾場引人入勝、鞭辟入裡的演講。邦第的演講主題則是廣義相對論及宇宙論，他還和霍伊爾一起積極提倡他們的穩定態宇宙模型。另外，夏瑪（Dennis Sciama, 1926-1999）也是相當優秀的劍橋學者。

潘若斯和他的哥哥在劍橋的金士伍德餐廳見面，討論霍伊爾的廣播演講。霍伊爾宣稱，在穩定態宇宙模型中，星系會加速而且快速遠離彼此，到了一定的地步後就消失在宇宙的視界之外，但潘若斯就是無法理解這樣的事。照他的回憶，當時他認為應該會發生別的事，而且他可以用自己繪的圖來說明這樣的事。他哥哥奧利弗指著另一張表，說：「好吧，你可以去問問夏瑪，他很懂這些東西。」[166] 奧利弗就帶羅傑・潘若斯一起去找來夏瑪，並且介紹他們認識。這兩個人一見如故。

夏瑪只比潘若斯大四歲，但早已沉迷在愛因斯坦的理論中，他對相對論有一股熱情，而在接下來的將近五十年裡，他把這樣

的熱情也傳給他的學生與合作夥伴。愛因斯坦過世的前一年，夏瑪在普林斯頓高等研究院短暫待了一段時間。夏瑪與愛因斯坦有過幾次交談，其中一次，他大膽、甚至有點魯莽的宣稱：他是來這裡「支持『老愛因斯坦』對抗『新愛因斯坦』的。」[167] 愛因斯坦對他的放肆一笑置之。

夏瑪先前曾經跟隨狄拉克做過研究（狄拉克以精確及沉默寡言著稱，從來沒人能夠與狄拉克合作研究），而且深受霍伊爾、邦第及勾德等人的理論所吸引。然而，雖然夏瑪是穩定態宇宙的堅定信徒，但他對電波天文學家的觀測數據也相當注意。賴爾團隊一路而來所發現的結果，就讓他非常感興趣。他看出這些結果有可能讓霍伊爾的模型整個被擊沉。

那天晚上在金士伍德，潘若斯向夏瑪解釋為什麼這些星系並不會從我們的視界中消失。它們只是會變得昏暗，而且從遠處來看，它們會像是在時間中逐漸凍結一樣。這裡所發生的事，就和一顆內爆恆星的表面穿越過施瓦氏視界（Schwarzschild horizon）時所發生的事一模一樣；而後者早在多年前，歐本海默與史耐德就已經做過預測了。夏瑪看見潘若斯眼中閃爍著亮光，他很喜歡潘若斯這種看待時空的新方式。他們在接下來的五十年間，成為很好的朋友。

關鍵的第一步：克爾解

潘若斯後來選擇來劍橋攻讀數學博士，但是他持續對自己在時空幾何所發現的那些數學上的怪異現象，感到著迷。他非常渴望能夠對這些現象有更清楚的理解。當他完成博士學位時，他

決心投身廣義相對論的研究。接下來幾年的時間，潘若斯漫遊世界各地，曾經分別到普林斯頓、倫敦及雪城，與惠勒、邦第與伯格曼（Peter Bergmann, 1915-2002）做過研究。最後他於1963年秋天，到德州奧斯汀加入席爾德的團隊。

德州是廣義相對論研究的重鎮，研究人員得到的經費多得不得了。「我們基本上不會去問那些錢是從裡來的，或為什麼會有人認為值得花那麼多錢在相對論上，」[168]潘若斯這麼說：「我一直覺得一定是哪裡搞錯了。」潘若斯有一位年輕同事來自紐西蘭，他叫克爾（Roy Kerr, 1934-）[169]。克爾在德州又熱又溼的氣候下，長時間與愛因斯坦場方程角力，嘗試找出更複雜但也更實際的解。克爾已經得到一組相當優雅、對應於某個簡單時空幾何的方程式。克爾解可以視為施瓦氏幾何的一般式。施瓦氏所描述的時空，很完美的對稱於一個點，而那個點就是惡名昭彰的奇異點所在；克爾解卻是對稱於一條貫穿整個時空的線。這就彷彿克爾要求施瓦氏解繞著一條軸旋轉，並且扭轉及拉扯著時空跟它一起旋轉。若想要重新獲得施瓦氏原本的解，克爾只需要讓他的解停止自旋即可。

潘若斯馬上就採用了克爾解。他花許多時間與奧斯汀的新同事討論這項發現，並且用自己的方式重新描述這種時空。和夏瑪一樣，席爾德也因為潘若斯看待事情的方式，而深受吸引。潘若斯的數學洞見與圖示法，為克爾解帶來全新的契機。克爾將他那非常簡單而且強大的結果，投稿至《物理評論通訊》（*Physical Review Letters*）。這份美國期刊幾年前還曾考慮拒絕刊登任何與相對論有關的論文。結果那篇論文立即就被接受，並且於1963年9月刊出，就在德州會議於達拉斯召開的幾個月前，克爾因而得

以在達拉斯，將他的成果呈現在天文物理學家面前。

席爾德擔心克爾的論文演說，對天文學家來說太枯燥及太數學，於是試圖說服潘若斯，請他來發表這個新解，而不是由克爾自己出馬。潘若斯不願意這麼做；這是克爾的成果，不是他的。席爾德的擔心不是沒有道理。當克爾走上講臺發表他的論文時，有一半的聽眾離開了講堂。克爾年輕而且沒人認識，他是身處於一群天文物理學家當中的一位相對論研究者，而這些天文物理學家這時可是有比聽這傢伙演講，還更重要的事要做。

克爾依然賣力對著仍留在講堂、無所事事的聽眾演講。根據潘若斯的回憶，「聽眾並沒有太注意他在講什麼」[170]。很少人了解克爾解的重要性——它是讓施瓦氏解變得更一般、更實在，也對天文物理學家更有用的關鍵第一步。克爾為這場研討會的論文集寫了一篇摘要，但是負責將這場研討會的主要成果收錄進論文集的人，卻根本就沒有採用他的摘要。對天文物理學家而言，那還是包含太多廣義相對論了，他們無法消化。

蘇聯的核計畫

在第一屆德州會議中，沒有半個蘇聯物理學家參加。蘇聯物理界最優秀、最珍貴的人才，泰半都已全心投入蘇聯的核計畫，沒有留下多少時間來注意廣義相對論。然而，正如一批新世代的相對論學者，是從美國的曼哈坦計畫與英國的雷達計畫發跡，隨後才在相對論研究中嶄露頭角，許多蘇聯的核物理科學家後來也在1960年代的蘇聯，主導了一波廣義相對論的復甦。

蘇聯的核計畫起步比較慢。在第二次世界大戰期間，蘇聯的

寶貴資源已經在俄德前線被汲乾，以致史達林無法選派優秀的人去研究原子彈。自1939年開始，在惠勒與波耳的那一篇探討「大質量元素之核分裂如何釋放出大量能量」的論文發表之後，西方世界關於核分裂的科學論文似乎已經消聲匿跡。在蘇聯人看來，這就好像西方的核分裂研究已經停了下來。1942年，蘇聯物理學家弗勒若夫（Georgii Flerov, 1913-1990）寫信給史達林，提醒他注意這個奇特的現象，史達林才開始懷疑其中有詐。他猜美國是在研發核彈，而他也明白蘇聯不能在這場競賽中缺席。大戰一結束，史達林就徵召了蘇聯的科學菁英來啟動核計畫。這個團隊包括了蘭道與澤多維奇（Yakov Zel'dovich, 1914-1987）。

在1930年代後期的大整肅時期，蘭道受到一波波的逼迫，吃了不少苦。被拘禁在牢房，讓他成為一個非常苦澀的人，對軍隊的好感已經完全幻滅，但一切還是只能看掌權者的臉色。不過到了戰後，蘭道已經成為一位傳奇人物，許多物理發現都歸在他名下，從量子力學到天文物理都有。

蘭道創立了一個物理學派，而且有一票優秀的門生追隨他，蘭道經常把這些門生的智能逼到極限，以決定要不要容許哪些人繼續跟隨他做研究。事實上，要納入蘭道門下，有志者必須通過一系列、共十一關的嚴苛考試，這些由蘭道親自安排及主持的考試，就稱為「蘭道理論物理檢定」[171]，這一系列考試的時程可長達二年。只有很少人可以通過這重重關卡，取得資格與這位偉大人物一起從事研究。

只比蘭道小幾歲的澤多維奇，是白俄羅斯的猶太人，而且是個早熟的學生。他十七歲時就在實驗室擔任助理，二十四歲拿到博士學位，而且很快就成為蘇聯在燃燒及點火方面的權威之一。

無可避免的，澤多維奇被要求加入發展核彈的行列，而他也果真
將他的長才貢獻於其中。從1945年到1963年，他參與了蘇聯第一
枚原子彈的研製（1949年8月美國人偵測到它試爆時，把這個原
子彈命名為「喬一」），並繼續研發它的後繼者「超級炸彈」。蘇
聯已經趕上美國，也成為核武強權了。

　　雖然澤多維奇非常熱中於核計畫，但蘭道卻是被迫加入這項
計畫的，他仍然因為在盧比揚卡監獄所受的苦楚，而對史達林懷
恨在心。而且，雖然澤多維奇對於蘭道讚譽有加，但是蘭道對他
的同事及整個核計畫就沒那麼客氣了。當澤多維奇嘗試擴大蘇聯
的原子彈計畫時，蘭道稱他為「那畜性」[172]。當史達林過世時，
蘭道對一位同事說：「結束了。他掛了。我不再怕他，也不願意
繼續研究核武器了。」[173] 不過，因為他們對蘇聯原子彈計畫的貢
獻，這兩人都數度獲頒史達林獎章和社會主義者勞工英雄獎章。
蘭道後來還在1962年拿到諾貝爾物理獎。

蘇聯學界幾乎自成封閉社群

　　1960年代中期，澤多維奇的運勢仍然在上升中，但是蘭道卻
失去行為能力，一場車禍讓他躺了下來，無法再研究物理。於是
蘭道的門生就代替他繼續前進；他們成為第一批主動去探討時空
奇異點的蘇聯物理學家。其中兩位年輕人，卡拉特尼可夫（Isaak
Khalatnikov, 1919-）與利夫希茲（見第121頁），都受過蘭道的嚴
謹教育，有充分的準備來挑戰愛因斯坦理論最複雜之處，以便了
解當物質因為受到自身的重力而崩陷時，會發生什麼事。

　　歐本海默與史耐德的解是建立在一個簡單的近似上：一團完

美對稱的球狀物質往內崩陷。這種完美的對稱性，原本讓像惠勒這樣的人感到無法接受，認為這模型太理想化了。地球表面布滿不規則的起伏，有高山、深海及深谷。如果一顆崩陷中的恆星也是同樣不平整，那會如何？這些不規則與不完美，會不會大大扭曲崩陷的過程，以致某些部分的表面崩陷速度會比其他部分快得多，因而反彈，然後再次往外運動？果真如此，那麼奇異點就永遠不會形成。

蘇聯物理學家探討這個問題的方式是：放寬歐本海默與史耐德強制賦予的對稱性。在卡拉特尼可夫與利夫希茲的計算中，時空可能會以不同的方式，朝各個方向扭轉及攪動。想像你面對一團沸騰的物質，比方說，一顆質量很大的恆星，看著它發生內爆並朝中心往內崩陷。一般而言，你會預期它看起來不完全對稱。那團火球的頂端與底部會崩陷得比兩側快，以致在火球兩側還沒有時間崩陷前，頂端與底部可能就已經開始反彈，並且往外移動了。所以，並不是每樣東西都在往內掉，然後無情的形成一個奇異點，反倒總會有某些部分是在往外移動，並支撐住時空，讓它不至於崩陷。只有當崩陷的狀況被設定成是環繞著中心形成完美的對稱，所有的東西才會在完全相同的時刻往內崩陷，讓奇異點得以成形。

卡拉特尼可夫與利夫希茲的論文，發表在蘇聯的期刊《蘇維埃物理》，他們得到一個驚人的結論：在真實的世界中，從來沒有形成過任何奇異點。施瓦氏解和克爾解是抽象化的東西，永遠不會在自然界中形成。看起來，愛因斯坦和愛丁頓一貫的主張是對的。

蘇聯科學家偶爾獲准到西方參加研討會。1965年，第三屆廣

義相對論與宇宙學會議在倫敦舉辦，有超過二百位相對論學者參與這場盛會，這會議的前身就是教堂山會議。當卡拉特尼可夫在倫敦發表他的研究成果時，那些相對論學者都注意聆聽。雖然愛因斯坦的理論顯然已經在蘇聯起飛，西方科學家還是很難判斷那裡的研究現況到底如何。蘇聯的主要期刊《蘇維埃物理》的翻譯總是有時間上的延遲。

潘若斯安靜的坐在那裡聽卡拉特尼可夫演講。潘若斯知道他們的結果是錯的，但是認為這時候發言是「不合外交禮儀」。「你沒辦法依照他們的做法來證明任何事，」潘若斯說：「他們做了太多假設了。他們不能用這樣的方式，就把奇異點存在的可能性完全排除。」[174] 事實上，潘若斯能夠證明，跟卡拉特尼可夫的宣稱完全相反的，奇異點一定會形成。潘若斯所得到的是非常一般性的結果，因為他採用的是自己那套看待時空的新方式。

潘若斯：奇異點無可避免

自從大約十年前，潘若斯第一次在劍橋的金士伍德餐廳與夏瑪會面以來，他已經為潘若斯圖發展出一套法則，來幫助人們了解光（或其他類似的東西）在時空中傳播的方式。給潘若斯一個任意的時空，他只要知道那個時空的一些最基本的性質，以及裡面有什麼樣的物質，就可以很明確知道它會發生什麼事，到底它是會崩陷成為一點或是會爆炸成為無限大。潘若斯將他那些法則應用到重力崩陷問題，也就是惠勒所謂的終態問題時，就得到一個無可避免的結果：奇異點。

潘若斯把這結果寫成論文〈重力崩陷與時空奇異點〉，投稿

至《物理評論通訊》。他這篇論文的結論是,「偏離球狀對稱並無法避免奇異點的產生。」[175] 即使是從近半個世紀後的今天來看,這篇論文仍然是簡要、清晰及嚴謹的經典作:在僅僅三頁的完美論文裡,潘若斯簡短解釋了他要處理的問題,並用很精簡的篇幅完成數學工具的介紹及定理的證明,一切的結果都是用一幅他獨創的潘若斯圖來說明。

當卡拉特尼可夫上臺報告研究成果時,潘若斯的論文已經投稿了,並且即將被接受、當年12月將會刊出,但是在場的大多數相對論學者,尤其是那些蘇聯學者,並不熟悉潘若斯論文中所採用的技法。當惠勒的學生密斯納(見第163頁)站起來,用潘若斯的結果挑戰卡拉特尼可夫時,他碰了一鼻子灰。蘇聯學者質疑潘若斯結果的正確性,拒絕承認他們自己的做法可能有任何差錯。「我就躲在角落,」潘若斯後來回憶道:「當時我實在太難為情了。」[176]

但是,潘若斯是正確的。這個結果後來就被稱為**奇異點定理**(singularity theorem),它對廣義相對論的發展,有非常深遠的影響。奇異點定理告訴我們,如果廣義相對論是對的,那麼施瓦氏解與克爾解,也就是在中心有奇異點的那些怪異時空,就應該存在於宇宙中。奇異點並不是數學建構的東西而已。愛因斯坦和愛丁頓是錯的。

四年之後,卡拉特尼可夫與利夫希茲承認失敗。1969年他們再次檢視自己的計算,這次他們的一位學生貝林斯基(Vladimir Belinski, 1941-)也參與探討。令他們難堪的是,他們真的找到一個錯誤。在1961年,他們以為導致奇異點形成的那種崩陷太特別而且太不自然,不可能發生在真實世界中;但是這一次,和貝林

斯基合作重新探討這問題時，他們發現事情剛好相反。他們以自己的方式驗證了潘若斯的定理：奇異點一定會形成。於是這幾位蘇聯學者很謙卑的把最新研究成果，發表在西方世界的學術期刊中，公開承認自己的錯誤。

潘若斯已經證明了重力崩陷會產生奇異點，無可避免，因而回答了惠勒關於終態的問題。一些更堅實的驗證，不久之後還會陸續出現。

敲響穩定態宇宙模型的喪鐘

賴爾一直想靠他的電波源，來推翻霍伊爾在劍橋建立的穩定態宇宙正統，他的前幾次嘗試雖然都以失敗收場，但是觀測數據一次比一次進步。1961年當他發表電波源4C目錄時，大多數電波天文學家都同意：他前幾版數據上的許多錯誤已經更正了。但是穩定態宇宙模型的喪鐘，最終卻不是由賴爾，而是由這個理論本身的支持者開始敲起的。

夏瑪是霍伊爾穩定態理論的死忠支持者。他對於類星體也非常著迷，並且指派他的學生芮斯（Martin Rees, 1942-），嘗試用各種不同的方式，去看待賴爾的新數據。賴爾是藉作圖來探討類星體的不同明亮度與數目之間的關係，但芮斯採用的是一個簡單而且俐落得多的做法。芮斯考慮35顆類星體以及它們的紅移數據，預計將它們分成三批。第一批是輕度紅移，它們對應於在時間及空間上都接近地球的類星體；第二批包括了中度紅移的類星體；而最後一批是由高度紅移的類星體所構成，我們所見到的是它們在遙遠過去的影像。

芮斯的想法很簡單,但是非常巧妙。在穩定態模型中,宇宙並不會隨時間而演化,每一批的類星體,數目應該差不多。但是芮斯發現,幾乎沒有類星體位在最接近我們的那一批裡,它們幾乎全都位在離我們最遠的那一批裡。換句話說,類星體的數量似乎會隨時間而改變——過去的數量比較多,所以宇宙不可能是處在穩定態。芮斯的作圖告訴我們一切:穩定態宇宙模型行不通!「正是這張圖讓夏瑪改變了信念,」[177] 芮斯回憶道。從那時候開始,夏瑪相信了勒梅特的理論,也就是霍伊爾在他的演講中所說的「大霹靂理論」,以及大霹靂所蘊涵的一切後果。

穩定態理論棺材上的最後一根封棺釘,來自大西洋對岸的紐澤西州。潘奇亞斯(Arno Penzias, 1933-)與威爾遜(Robert Wilson, 1936-)負責在霍姆德爾鎮,貝爾實驗室的電信基地之一,維護一座天線。他們想要改造那座天線,讓它就像一支巨大犄角,盡責的接收無線電波,然後再用它來觀測銀河系。要準確畫出整個銀河系的結構,他們首先需要知道這部儀器的精確度。於是他們將那座天線對著空無一物的太空,看看他們能看得多清楚。

但是,他們看到的並不是空無一物。潘奇亞斯與威爾遜確實看到,更準確說,是聽到一些東西:一種低而輕柔的嘶嘶聲,從空無一物的太空不斷傳來。不論如何調整儀器,都無法去除這種噪聲。這兩個人不經意間,發現了早期宇宙的遺跡——大霹靂所留下的「化石」。

早在1940年代末期,在美國工作的俄羅斯物理學家加莫夫(George Gamow, 1904-1968)就已推測:宇宙中存在一種非常冷的光浴,滲透在宇宙的每一地方。加莫夫推論的起點是勒梅特的想法:宇宙原先是一種高熱、稠密的湯,一切元素都是由這湯中冒

出來的。加莫夫的推論如下：想像一個處於最簡單狀態的宇宙，也就是它完全由氫原子所組成。氫原子是化學的基礎建構單元，一個質子與一個電子靠著電磁力維繫在一起。如果你用足夠多的能量來轟炸一個氫原子，你可以把電子從原子核的身旁奪走，留下一個孤獨的質子，飄浮在空間中。

現在想像由氫原子構成的一團氣體被壓擠在一起，成為一鍋熱湯。這些原子會彼此碰撞、四處移動，並且受到高能光子（一些呼嘯著、四處穿梭的光束）的轟炸。這鍋湯愈熱，電子就愈容易從質子身旁被奪走。如果環境非常熱，那麼就很少有氫原子能維持原狀，此時宇宙就不會是由氫原子所構成的氣體，反而全都是自由的質子與電子。在宇宙初期，宇宙的溫度高於幾千度，你會發現只有少數的原子存在，大多數都是自由的質子與電子。

隨著時間過去，宇宙變涼，電子吸附至原子核，此時，大多數的元素是氫原子與氦原子，只參雜著極少數幾乎無關緊要的重元素，以及一種黯淡、幾乎看不見的背景光。這就是潘奇亞斯與威爾遜所看到的東西——它是初期宇宙處於一種高熱、稠密狀態的明證。

霍金證明大霹靂理論

要證明「大霹靂」（霍伊爾所給的輕蔑稱呼）存在，這幾乎已是我們所能得到的最好證據了。但是驗證大霹靂理論的最後一步，還有待夏瑪的另一位學生霍金（Stephen Hawking, 1942-）來完成。

年輕時的霍金有愛因斯坦的特質，而且在童年階段，他的

朋友確實經常這麼稱呼他。霍金在中小學時期並不是鋒芒畢露，但他是個自在、愛玩、淘氣、有點邋遢，喜歡帶給同學歡笑的男孩。後來霍金對於科學愈來愈感興趣，他在申請牛津大學時，入學考試及面試的表現都最為優秀。進入牛津後，持續的好表現也讓導師及教授印象深刻。但是霍金發現牛津的課業太過簡單，後來他轉到劍橋，拜在夏瑪門下當博士生。也就是在劍橋，霍金找到了自己可以大展所長的科學領域——宇宙學。不久之後他將明確告訴世人，潘奇亞斯與威爾遜的發現會帶出一個重大後果。

比芮斯年長一歲的霍金，深深受到廣義相對論的數學的吸引。在攻讀博士學位的初期，霍金被診斷出罹患了路格里克氏症（Lou Gehrig's disease），醫生說他只剩兩、三年可活。最初得知這消息時，霍金的意志相當消沉，但是博士讀了兩年，他卻還活著，而且還活得不錯。持續保有健康這件事激勵了他，讓他得以專注於自己的研究，嘗試去了解在宇宙擴張剛開始時（在大霹靂當下），到底發生了什麼事：有沒有可能，在時間的起始，奇異點也是無可避免的，就像奇異點在惠勒的終態是無可避免一樣？

就在霍金與隨時可能發作的病症賽跑的那段期間，他證明了在正常情形下，擴張的宇宙確實無可避免會始於一個奇異點。

在那些年間，霍金和同樣是夏瑪高徒的南非物理學家艾利斯（George Ellis, 1939- ）證明了：一個擁有潘奇亞斯與威爾遜所發現的那種遺跡輻射的宇宙，必定是始於一個奇異點。最後，霍金還與潘若斯一起推導出一系列這類的定理，幾乎將當時想像得到的所有擴張宇宙模型，都涵蓋在內。奇異點是無可避免的，至少潘若斯與霍金的數學這麼告訴我們，不只是在過去、也是在未來。

貝爾發現脈衝星

在第一屆德州會議中，有人猜測賴爾目錄裡那些遙遠、強大的電波源，可能與超大質量恆星的重力崩陷有關。錢卓塞卡曾指出，超級重的白矮星並不穩定，而且可能會發生內爆。歐本海默及史耐德則證明了：如果恆星的質量比這更大，那麼無情崩陷的下一個階段，就會在中子星身上體現。

白矮星的存在已經有令人信服的證據，但當時天文學家卻還沒有發現中子星存在的跡象。1965年，情況有了改變，那一年，約瑟琳‧貝爾（見第19頁）來到劍橋，開始加入賴爾的團隊，攻讀博士學位。

貝爾並不是跟隨賴爾本人做研究，而是跟隨比他資淺的一位同事修維胥（Antony Hewish, 1924-）做研究。修維胥叫她利用各式各樣的木樁及鐵絲網，來建造一臺電波望遠鏡，以便精確鎖定頻率為81.5兆赫的類星體的位置，加以研究。照貝爾的說法，她「前幾年都在戶外的空曠地，或在冷得刺骨的棚子內，做了許多粗重的工作。」[178] 但是這工作為她帶來額外的好處，「當我離開時，我有辦法揮動大椰頭。」[179]

到了1967年，貝爾已經開始用紙帶記錄器來蒐集數據，每天要分析超過三十公尺長的圖表紙帶，尋找足以揭露類星體所在位置的信號。大約一百二十公尺長的紀錄紙帶，就可以涵蓋整個天空的資料。

在貝爾的紀錄中，有個古怪的現象。每一百二十公尺的紀錄紙帶會出現一個大約0.65公分、像尖峰般突起的數據，貝爾無法了解那是什麼。她不知道那信號是什麼，也不知道信號究竟來自

何處。毫無疑問的，它就在那裡，從天空的某個特定方向發出吱吱喳喳的信號。「我們開始暱稱它為『小綠人』，」貝爾這麼回憶道：「我回家時覺得實在是受夠了。」[180] 他們的團隊決定直接發表這項神祕的發現。

1968年2月，一篇題為〈一個快速脈動的電波源的觀測〉在《自然》期刊上登出。在那篇論文中，貝爾、修維胥等人共同發布了他們的發現，宣稱「穆拉德（Mullard）電波天文觀測站偵測到來自脈動電波源的不尋常信號」，並且進一步做出大膽宣稱：「這輻射似乎是來自銀河系內的天體，而且可能與白矮星或中子星的振盪有關。」[181] 他們猜測：紀錄紙帶上的那些尖峰是來自這些密實、緊緻的電波源的振盪或脈動。

媒體注意到這項發現，旋即採訪修維胥，想要了解這項發現的重要性。但是如貝爾所回憶的，「記者問他一些像是，我比瑪格莉特公主高、還是沒那麼高之類的問題。」[182] 她說：「他們轉向我，問我身高體重三圍等資料，問我交過多少個男朋友……彷彿這就是女人的一切。」[183] 隔天，《太陽報》為這則新聞下了這個標題〈看見小綠人的女孩〉[184]。《每日電訊報》倒是為這些不尋常的天體想出了一個名字：有位記者建議用「pulsating radio star」（脈動中的電波星）的縮寫「pulsar」[185]（脈衝星，英文發音近似「波霎」）來稱呼這些快速脈動的電波源。

再一次，電波天文學大有斬獲，然而再一次，這項成就靠的是運氣。這項發現的意義重大，於是1974年的諾貝爾物理獎就頒給了貝爾的指導教授修維胥與賴爾。但是，貝爾在這次的諾貝獎中完全無份，許多人因此將此事視為「諾貝爾獎有史以來最不公平的事件」之一。幾乎二十年後，另一位天文學家約瑟夫‧泰勒

（Joseph Taylor Jr., 1941-）獲頒1993年的諾貝爾物理獎，貝爾以賓客的身分，出席了頒獎典禮。「我最後終於還是有機會出席這場盛會。」[186] 貝爾的語氣裡沒有絲毫抱怨之意。

　　脈衝星是中子星存在的最早證據。脈衝星其實並不是在脈動——它們是在轉動，而這樣的轉動讓它們發射出週期性的信號。中子星正是傳說中重力崩陷的失落環結。中子星的概念最早是蘭道所提出，歐本海默也投入這項研究，惠勒及他的一群門生更是精準的探討了每項細節。中子星是潘若斯那無可避免的奇異點形成之前的最後一個步驟。

澤多維奇搜尋「凍結的恆星」

　　當澤多維奇[187] 轉換研究領域時，他毫無所懼。他的一位學生回想起澤多維奇的建議：「要掌握住任何一個領域百分之十的內容，是困難但有趣的過程……從百分之十到百分之九十的路程，純粹是樂趣配合上真正的創造力……要走過接下來百分之九的路程，則是無比的艱難，幾乎沒有任何人有辦法達成任務……最後百分之一則是毫無成功的機會。」[188] 澤多維奇於是作出以下的結論：「所以，較合理的做法是：及時轉換跑道去研究新的題目，別等到錯過最佳時機。」

　　像惠勒一樣，澤多維奇是在四十幾歲時，才把研究主題從核物理轉到相對論，後來還創立了一支研究主題全集中在相對論的團隊。澤多維奇和他的學生們一起寫的論文，幾乎可以算是印象派的，你經常會讀到相當獨特的開場白，比方說：「精神分析的教父[189] 佛洛伊德告訴我們，成人的行為依賴於他們的童年經驗。

同樣道理，我們現在的問題是從宇宙的⋯⋯早期行為⋯⋯來推導出它⋯⋯目前的⋯⋯結構。」這些論文看起來像是濃縮版的文章，零星出現的方程式也只是剛好足以表達作者的想法。當這些論文翻譯成英文時，讀者依然很難讀懂。但是久而久之，讀者也學會了欣賞這樣的寫作風格，領略到內容的價值：它們是相對論天文物理文獻中名副其實的寶石。

澤多維奇轉換研究領域時，他的目標是尋找凍結的恆星——施瓦氏與克爾等人的崩陷恆星，在蘇聯就是這麼稱呼。這些凍結的恆星無法讓人看見，不會發射光，也沒有可以反射光或是會閃閃發亮的星球表面。

然而，澤多維奇無法接受這些奇特星體會這麼被隱藏起來，因為其實凍結的恆星會帶來戲劇化的效果，扭曲周圍的空間與時間。事實上，當澤多維奇開始與學生討論這些問題時，他發現凍結的恆星會對任何靠近它們的東西，產生一股無情的拉力。於是他揣測，藉由觀測凍結的恆星對其他東西產生的效應，這些天體就有可能可以間接而非直接的被觀測到。舉例來說，如果太陽過於靠近一顆凍結的恆星，太陽就會被迫以一定的軌道繞著那顆恆星運轉，就像月球繞著地球運轉一樣。我們看不見那顆凍結的恆星，所以太陽看起來就會像是自己在繞著一個中心沒有任何天體的奇怪軌道跳著舞。澤多維奇和他的團隊於是提議去尋找搖搖晃晃的恆星——那些看起來是單獨存在、但行為舉止卻像是雙星系統中的一顆星的恆星。

澤多維奇還推測，凍結的恆星不應該只是輕輕推動它們的伴星繞著圓圈轉，它們應該會更積極的把這些伴星撕裂。澤多維奇做了一個非常簡單的假設：當東西掉進一顆凍結的恆星的重力

場時，速度會趨近光速，而且在這過程中一面凝聚、一面加熱。當物質混合在一起而且彼此相撞，並在這個稱為**吸積**（accretion）的過程中愈變愈熱時，它會輻射出能量。在接近施瓦氏視界時，這個吸積過程會非常有效率，甚至能發射出它靜止質量的百分之十的能量，如此巨大的能量就讓它成為「宇宙中最有效率的能量產生過程」。所以，在1964年一篇發表於《俄羅斯科學院研究彙刊》（*Doklady Akademii Nauk*）的短文中，澤多維奇就進一步推測在凍結的恆星周遭，會產生無比巨大的能量，這能量大到足以解釋：電波天文學家所發現的那些異常明亮的類星體，究竟是怎麼回事。

剛巧同一時間，康乃爾大學的美國天文學家索彼得（Edwin Salpeter, 1924-2008）也得到了同樣的結論：巨量的輻射會來自於一個質量比一百萬顆太陽還大的天體。根據索彼得的說法，這些是「質量無比巨大、但相對來說塊頭並不大的天體」[190]。

黑洞存在的第一個證據

澤多維奇並不是就停在這裡。他和一位年輕的同事諾維可夫（Igor Novikov, 1935- ）合作，進一步將他的論證應用在正常恆星繞著凍結的恆星旋轉的雙星系統上。他們推測，凍結的恆星的巨大重力，會把正常恆星最外面幾層的氣體與燃料都扯掉。這就好像潘若斯有一次這麼說：「要讓像英國羅莽湖這麼大的浴缸裡的水，全部通過一個正常大小的排水孔流乾。」[191]

那些氣體會受到無比巨大的力，以致發射出數量相當龐大的高能量的光，也就是所謂的X射線。開始留心尋找X射線吧！澤

多維奇和他的學生告訴世人。

　　隨著崩陷（或凍結）的恆星與類星體之間的連結，變得愈來愈可信，天文學家和天文物理學家便不時在科學論文中，引用施瓦氏這個名字。而根據惠勒幾年後的回憶，他和美國同事們所使用的稱呼「受重力完全崩陷的天體」[192] 實在太拗口了，而且「當你唸這名字十次之後，你就會很想幫它取個好一點的名字」[193]。在1967年於巴爾的摩舉辦的一場研討會中，臺下的一位聽眾就幫惠勒解決了這個問題，他建議惠勒考慮黑洞（black hole）這個詞。惠勒採納了這個建議，而這個詞就一直延用到如今。

　　1969年，夏瑪在劍橋的同事林登貝爾（Donald Lynden-Bell, 1935-）在一篇論文的前言裡這麼說：「不過，如果我們因此推論時空中這些巨大質量的天體不可能觀測得到，那就錯了。我的主張是，我們已經間接觀測它們許多年了。」[194] 林登貝爾主張，位在星系中心的大質量黑洞，會把周遭的物質往內吸，讓它們就像水槽裡的水，漩渦狀的繞著圈圈流入排水孔——正如潘若斯所描述的那樣。繞著黑洞旋轉的氣體，會形成一個扁平的盤子，就像土星的環一樣，而整個系統就繞著黑洞的轉軸自旋。星系的核心有這種吸積盤（accretion disk）來當它的燃料後，就成為一座能真正發出強光的燈塔，而林登貝爾有辦法說明這些能量是如何被創生及發射的。

　　芮斯也和夏瑪一起著手建構類星體的模型，希望能夠解釋它們的一切奇特性質，包括：類星體的大小與距離各是多少，它們閃爍及脈動的頻率有多高，以及它們發送出的能量範圍在哪裡。在接下來的幾年間，芮斯、林登貝爾、以及他們在劍橋的學生與博士後研究員，得到了一個美妙而且精確的模型，可解釋類星體

及電波源周圍的壯麗煙火秀。所有的片段資訊，現在都各歸其位了。

接著，終於，澤多維奇和諾維可夫的X射線開始逐漸被發現了。從1960年代開始，一支由義大利物理學家賈科尼（Riccardo Giaccone, 1931- ）領導的團隊，把火箭送出地球的大氣層之外，讓他們有幾分鐘的時間可以尋找X射線。他們果然找到了散布在天空各處、比太陽系的行星還明亮的X射線亮點。

1970年代，天文學家在肯亞蒙巴薩市附近的一座發射平臺，發射了「自由號」（Uhuru）人造衛星，這個計畫的唯一目標就是繪製出天空的X射線分布圖。這項計畫非常成功，很精巧的測量出超過三百個X射線發射源。

在自由號所觀測到的許多X射線源當中，有一個天體稱為天鵝座X-1，它是位在天鵝座的一個特別明亮的X射線源。天鵝座X-1最早是在1964年的一次火箭任務中被觀測到，但是之後的自由號衛星發現，天鵝座X-1所發出的X射線閃爍得非常快，一秒鐘可達好幾次，這明確告訴我們，它是個非常緊緻的天體。

緊接在自由號的觀測之後，天文物理學家很快就針對其射頻及光頻做了測量，這些頻率可以幫助他們辨認出澤多維奇與諾維可夫所預測的「那支槍口還冒著煙的槍」：一顆恆星繞著另一個隱而未現、質量比八顆太陽還大的密實天體旋轉，這顆恆星因為受到重力吸引，愈轉愈靠近那個看不見的天體，在過程中，它外圍的物質逐漸被剝離，恆星本身則是輕微晃動著。

找到了！這可是黑洞存在的第一個證據！雖然還不能完全肯定，但它很有可能真的是黑洞。它很小但威力強大，我們看不見它，但它卻會發射出X射線。

「黑洞沒有毛髮」

1972年夏天，德威特夫婦在法國阿爾卑斯山區的萊蘇什滑雪勝地，籌辦了一場暑期研討會。與會的人員包括夏瑪、惠勒及澤多維奇調教出來的幾位年輕相對論學者，他們這時已經成為世界級的相對論研究權威，包括：劍橋的卡特（Brandon Carter, 1942- ）與霍金、加州理工學院的索恩和他的學生巴汀（James Bardeen, 1939- ）、普林斯頓的魯菲尼（Remo Ruffini, 1942- ），以及莫斯科的諾維可夫。他們都是預測黑洞存在的新先知。

「廣義相對論在不到十年內，歷經了脫胎換骨般的轉變，從只有少數幾位理論學者有興趣的冷門研究，搖身成為吸引愈來愈多有天分的年輕人投入的前哨研究……這故事大家現在已經耳熟能詳，」德威特夫婦在萊蘇什研討會論文集的前言中，這麼寫道：「沒有任何一個單一天體或概念，能比黑洞更完全掌握住廣義相對論的這個階段。」[195] 這是集十年來所有重大發現之大成的一場研討會。

愛因斯坦和愛丁頓都完全搞錯了。連惠勒也已經放棄原本的堅持，在1967年接受「自然界並不排斥廣義相對論所蘊涵的奇異點」。多年前在東歐前線戰場上發現的施瓦氏解，以及在德州夏天的高溫下發現的克爾解，都是真實的，而且必須存在於自然界中。它們是重力崩陷的真正終點。它們是廣義相對論所預測的結果，它們無可避免而且相當簡單，它們還能夠在大自然中做出非常奇妙的事：為類星體提供能量，並把類星體周遭的恆星撕裂吞噬。

　　一次又一次，電波星釋放出引入注意的閃光，而天文學家進一步追蹤之後所發現的X射線發射源，似乎總是指向一些小而密實的天體。還沒有任何觀測上的結論是定案的，但是黑洞的真實存在，似乎已經變得無可避免。有人開始打賭，在天空中觀測到的那些各式各樣的怪異傢伙，有哪一個可能是真正的黑洞。黑洞的存在幾乎已經是事實。

　　聚集在萊蘇什的這一群人，早幾年還發現，如果黑洞要在自然界中被發現，它們在數學上就必須和施瓦氏解及克爾解一樣簡單。雪城大學的紐曼（Ezra Newman, 1929-）已經將克爾解稍加延拓，讓它可以涵蓋帶電的黑洞。如此一來，愛因斯坦理論的完整黑洞解，就可以完全由三個數來刻畫：它的質量、它的自旋速度，以及它的帶電量。

　　這是相當出人意料的結果。為什麼黑洞不能在某一面的質量多一點，而另一面的質量少一點，就像地球表面的一座山，質量雖然多一點，但它剛好可彌補另一面的某個河谷所缺少的質量？事實上，你可以想像一些有同樣質量、同樣自旋及帶電量的黑洞各有它們自己的特徵。但是數學上的證明卻讓我們看到，並不是這麼回事，它明確告訴我們，根據廣義相對論的計算，這些想像中的複雜情況很快就會消失。山丘會變得平坦，河谷會被填滿，扁平的區域會脹起來。同樣質量、自旋及帶電量的各個黑洞，很快就會變得看起來都一模一樣，讓我們完全無法區分。

　　惠勒描述到這種均一的外貌時，是這麼說的：「黑洞沒有毛髮」，而關於這個結果的證明，後來就被稱為「無髮」定理。

廣義相對論扳回一城

　　萊蘇什研討會讓我們見識到，當偉大心靈挑戰重大問題時，會發生什麼事。回想起那時期，芮斯這麼說：「當時有三組研究人員嘗試了解黑洞：莫斯科、劍橋及普林斯頓。我一直覺得在這三組人當中，有一種志同道合的氣氛。」[196]

　　的確，在那個東、西方研究團隊幾乎完全隔絕的時代，他們合作性的會面，把科學往前推進了一大步。索恩和霍金曾到莫斯科拜訪澤多維奇，比較雙方關於吸積盤、重力崩陷及奇異點的研究心得。同樣重要的，蘇聯物理學家也歷經重重困難，才能到西方世界做短暫訪問。諾維可夫回憶起 1967 年他參加某次德州會議（那次是在紐約舉辦）時，這麼說：「雖然我們盡一切努力去蒐集最多的資訊，並且盡一切可能與許多研究同好交談，但現實的限制仍然讓我們無法涵蓋所有我們感興趣的主題。」[197] 幾年後，在 1972 年的萊蘇什研討會上，諾維可夫和索恩合寫了其中一篇探討吸積盤的論文。

　　在十年內，愛因斯坦的廣義相對論歷經了大轉變。德州會議已經成為數百名天文物理學家的例行聚會，其中有不少人開始以相對論學者自居。正如潘若斯所描述的：「我看到黑洞從純粹是數學上的物件，變成人們真正相信的東西。」[198]

　　在廣義相對論的黃金年代嶄露頭角的這一代相對論學者，得到了很好的報償：他們在一些最頂尖的大學，獲得聲譽極高的職位。在英國，芮斯和霍金獲聘為劍橋大學德高望重的講座教授，潘若斯則是在牛津獲得類似禮遇。在美國，惠勒的學生在加州理工學院、馬里蘭大學及其他一流學府獲得教職，澤多維奇的門生

則是在蘇聯找到不錯的教職。這一切都是因為他們在廣義相對論上所做的研究。

看來愛因斯坦的理論終於漂亮扳回一城，再度成為主流物理學的一部分。

第8章〈奇異點〉附記

關於廣義相對論的黃金年代，最棒的一本書毫無疑問是 Thorne（1994），它無所不包，寫得非常詳細，而且裡面有很多作者親身經歷的軼聞。書中詳盡介紹了為廣義相對論的復興注入活力的三個主要學派（劍橋、莫斯科及普林斯頓）。Melia（2009）的書可以做為前者的補充，它描述了黑洞天文學直到如今的發展狀況。

關於蘇聯方面的故事，Sunyaev（2005）收錄了澤多維奇和他門生那許多風格獨具的軼事與回憶，其中的某些事件在 Novikov（2001）有更詳細的說明。脈衝星被發現的故事，在 Bell Burnell（2004）書裡有相當生動的描述。

大一統的哀歌

因為頑固的無窮大，仍持續阻擋住

任何將廣義相對論量子化的嘗試，

而且目前的情況似乎是：

對量子重力的追求，都注定以失敗收場。

　　1947年，剛從研究所畢業的德威特遇見包立，跟他談起自己正在研究重力場的量子化問題。德威特無法了解為什麼二十世紀的兩個偉大理論，量子物理與廣義相對論，總是保持著一定的距離。「廣義相對論這麼孤芳自賞，獨立於主流物理學之外，是要幹什麼？」德威特心想：「如果有人硬把它拉進理論物理學的主流中，將它量子化，那會發生什麼事？」[199] 包立並不那麼支持德威特的計畫。「這是個非常重要的問題，」包立告訴他：「而我們需要一個非常聰明的人來解決它。」[200] 沒有人會否認德威特有相當高的智能，但是事實證明，在超過半個世紀的時間裡，廣義相對論還是頑強抗拒了他的任何努力。

　　廣義相對論自成一格，獨立於量子物理之外，無法相容。第二次世界大戰之後，量子物理的興盛導致一個新穎且強而有力的理論誕生，它把所有能作用在物質的基本成分上的力，除了重力之外，全都整合成一個簡單且一致的統一場論。愛因斯坦和愛丁頓都曾經花了幾十年的時間，嘗試納入重力，得到他們自己的大一統場論，但是都未能成功。量子論的情況卻不一樣，它已經被歐洲及美國的巨型粒子對撞實驗，以非常高的精確度驗證為真，是將優美數學及卓越概念與可實際執行的測量，結合在一起的成功故事。

　　雖然量子物理在各方面都相當成功，但是有一個人卻拒絕給戰後的新量子物理一聲喝采。那個人就是狄拉克，他認為粒子與力的量子論是假的，而且是一團亂、沒有中心思想。它玩弄戲法將某些無窮大變不見，藉此來閃避最根本的問題。狄拉克確信，正是這種騙人的把戲，讓廣義相對論無法加入其中，來完成將所有力大一統的偉業。

狄拉克跨出大一統的第一步

狄拉克有一種讓人無法看透的特質。他身材又高又瘦,很少在上流社會發言。當他真正發言時,他的話幾乎都太準確了,完全切中要害。他經常給人一種過度害羞的印象,喜歡自己一個人做研究,執迷於數學之美——他相信**真實**正是由數學所支撐。他發表的論文就像是一顆顆精美的數學寶石,可以對真實世界帶來深遠的影響。

狄拉克原本是在布里斯托讀工程,二十歲出頭來到劍橋,很快就被視為新量子物理的先知之一。他獲得博士學位後不久,就獲聘為劍橋大學聖約翰學院的研究員,過沒多久就成為盧卡斯數學講座教授。在十七世紀時,牛頓也曾擔任過這個講座教授。劍橋提供了狄拉克一個庇護所,讓他一方面可以躲在幕後,一方面又可以影響檯面上一代接一代的物理學家,其中也包括1960年代來到劍橋,嘗試為廣義相對論注入新能量的那些天文學家與相對論學者。霍伊爾和夏瑪都曾經是狄拉克的博士研究生,潘若斯也曾經上過他的課,對於其授課之清晰與準確,留下深刻印象。

諷刺的是,正是狄拉克針對電子所提出的基本方程式(後來稱為**狄拉克方程**),將愛因斯坦的狹義相對論原理與量子物理的基本理論結合在一起,帶領物理學家跨出邁向大一統的第一步。

量子物理的方程式可以告訴我們,一個系統的量子態(比方說,一個電子與一個質子被束縛在一起而成為氫原子)會如何隨時間而演變。在量子物理中,空間與時間被明確區分開來;愛因斯坦的狹義相對論則是把空間與時間,看成無法分離的東西——時空,它還將力學定律與光學定律結合成一個融貫的架構。而正

是狄拉克，成功的將量子物理定律帶進這個架構中。有了狄拉克方程之後，所有的物理，包括量子物理在內，便都能夠遵循狹義相對論原理。

宇宙中的粒子可以分成兩類，**費米子**（fermion）與**玻色子**（boson）。我們可以把下面這句話當成一條基本定則：構成物質的粒子大多是費米子，而攜帶自然界的力的粒子大多是玻色子。

費米子包括原子的組成元件，例如電子、質子及中子。正如我們在介紹白矮星及中子星時所看到的，這些粒子有一種奇特的量子性質，這性質來自於包立不相容原理：沒有兩個費米子可以占據同樣的物理態。當兩個費米子被壓擠進同樣的空間時，它們會透過量子壓力而把對方推開。佛勒（見第97頁）、錢卓塞卡及蘭道就是用這種壓力，來解釋白矮星及中子星在崩陷到小於臨界半徑時如何自處。和費米子不同，玻色子並不滿足包立的不相容原理，因此可以隨意壓縮。舉例來說，電磁力的攜帶者，光子，就是一種玻色子。

狄拉克所發現的方程式，可以描述電子（一種費米子）的量子物理行為，同時也能滿足愛因斯坦的狹義相對論。狄拉克方程可以告訴我們：在空間中任何一個特定的位置發現一個電子的機率，或是發現一個具特定速率的電子的機率。狄拉克方程並不是只處理與空間相關的問題，相反的，它在整個時空中都有一貫的定義，就如狹義相對論所要求的一樣。狄拉克方程包含了關於自然世界及其基本粒子的許多洞見與資訊。

令狄拉克驚訝的是，他的方程式還預測了反物質的存在。反粒子的質量和正常粒子相同，但所帶的電荷卻與正常粒子相反。電子的反粒子稱為**正子**，它看起來就像一個電子，但是它帶的是

正電而不是負電。根據狄拉克方程,電子與正子都必須存在於自然界中。狄拉克方程還預測,成對的電子與正子可以從真空中突然冒出來,就好像無中生有一樣。這是相當荒誕而且令人難以理解的現象,尤其是當狄拉克第一次寫下他的方程式時,還沒有人曾經看過正子。狄拉克一直不敢宣稱正子真的存在於自然界中,直到1932年,正子才在宇宙射線中被發現,而狄拉克隔年就獲頒諾貝爾物理獎。

QED 邁出大一統的第二步

狄拉克第一次提出他的方程式時,開啟了一波革命,讓物理學家對自然界中的粒子與力,有一種全新的理解方式。如果電子的量子物理可以用和電磁場相同的架構來描述(換句話說,遵守愛因斯坦的狹義相對論原理),那麼為什麼電磁場本身不能像電子一樣被量子化?這樣的理論應該不只能描述光波,也可以很自然的描述光子(也就是愛因斯坦在1905年假設存在的光量子)。一個整合電子與光的量子論,即所謂的**量子電動力學**(quantum electrodynamics, QED),就成為邁向粒子與力的大一統之路的下一步。

費曼、許溫格(Julian Schwinger, 1918-1994)及朝永振一郎(Sin-Itiro Tomonaga, 1906-1979)等人,在二次大戰之後發展出的量子電動力學,宣告了量子物理研究的新方式:將粒子(電子)及力(電磁場)放在一個融貫的框架下,將它們量子化。QED是非常可觀的成就,它讓費曼、許溫格、朝永振一郎等發明者,能夠以前所未有的精確度預測電子與電磁場的性質,並且讓他們三

人贏得1965年的諾貝爾物理獎。

雖然QED的表現非常好，狄拉克卻還是對它嗤之以鼻。因為QED的成功有賴於一種計算法，但這種計算法侮辱了狄拉克對數學的簡潔與優雅的信念。

這種計算法稱為**重整化**（renormalization）。要了解重整化的意義，我們需要看看物理學家如何使用QED來計算電子的質量。電子的質量已經在實驗室中被巧妙的測量出來，它的大小是十億分之十億分之十億分之零點九一，這是個非常小的量。然而使用QED的方程式會讓你算出電子的質量是無限大。這是因為QED容許光子及生命期短暫的**電子—正子對**（即，狄拉克方程預測存在的粒子與反粒子對）的創生與毀滅。這些從真空中蹦出的**虛粒子**會增加電子的自身能量與質量，讓它們最終變成無窮大。因此，使用QED時若是不夠謹慎，就會導致到處都是無窮大，並且得到錯誤的結果。但是費曼、許溫格及朝永振一郎卻主張，因為根據觀測，我們知道電子最終的質量是有限的，我們可以直接將計算而得的無窮大結果重整化，把它更改為已知的測量值。

對於狄拉克這位冷眼旁觀的觀測者來說，重整化所做的唯一一件事就是把那些無窮大丟掉，然後再隨意用一些有限的數值來取代。狄拉克宣稱自己「對於這樣的狀況極不滿意。」他認為：「這根本就是不合理的數學。合理的數學是當一個量很小時，將它忽略，而不是因為那個量是無限大，而你不想要它，所以你就將它忽略！」

QED看起來就像是一種魔術般的不精確思考，但無可否認，它真的是很好用的理論。

標準模型整合了三種基本力

QED是通往大一統之漫漫長路上的一大步，但是從1930年代到1960年代，物理學家已經很清楚，除了電磁力和重力，還有另外兩種基本力也需要納入這個終極的框架中。

一種是**弱作用力**（weak force），它是1930年代由義大利物理學家費米（Enrico Fermi, 1901-1954）所提出的，可用來解釋一種稱為 β **衰變**的特殊輻射。在 β **衰變**中，中子自身會轉變成質子，並且在過程中吐出電子。這樣的過程無法透過電磁學來理解，所以費米就想像出一種新的作用力，讓這樣的轉變可以發生。這個新作用力只會在非常短的距離（大約就是原子核之間的距離）之內作用，而且它比電磁力弱得多，因此得名。

另一種力，**強作用力**（strong force），是把質子與中子膠合起來以形成原子核的力。它也負責將更基本、稱為**夸克**（quark）的基本粒子綁在一起，形成質子、中子以及一大堆其他粒子。雖然這個作用力也是非常短程，但它比弱作用力要強得多，因而得到這個有創意的名字。就像馬克士威在十九世紀中葉，把電力與磁力結合成單一的電磁力一樣，我們在這裡所面對的挑戰是，找出一個共同的方式來同時處理這四種基本力：重力、電磁力、弱作用力及強作用力。

在1950年代及1960年代，強作用力與弱作用力都經歷過有系統的分析及詳細的研究。隨著物理學家把這兩種基本力理解得更清楚，這兩種基本力與電磁力之間的數學相似性開始浮現，這似乎告訴我們，可能存在一個大一統的力，會在不同的情況下，呈現出這三種不同的作用力當中的一種。

到了1960年代末期，麻省理工學院的溫伯格（Steven Weinberg, 1933-）、哈佛大學的格拉肖（Sheldon Glashow, 1932-）及倫敦帝國理工學院的薩拉姆（Abdus Salam, 1926-1996）提出一種可以將其中至少兩種力整合在一起的方式：電磁力與弱作用力被整合成一個**電弱力**（electroweak force）。強作用力這時還沒辦法納入這個混合的理論中，但它看起來非常類似另外兩種力，所以物理學家相信，應該有可能得到電磁力、弱作用力及強作用力的「大一統場論」。

在1970年代，電弱理論與強作用力理論被證明為「可重整化的」，就跟QED一樣。在計算中出現的那些討人厭的無窮大，都可以用已知的值來取代，讓這些理論有絕佳的可預測性。

電弱理論與強作用力理論的結合，後來就被稱為**標準模型**（standard model），它可以做出非常精準的預測，而且可以在實驗室中驗證——比方說，由位於瑞士日內瓦的歐洲粒子物理研究中心（CERN）的超大型粒子加速器來驗證。這個幾乎完全整合了三種力（電磁力、弱作用力、強作用力）、相當強大、非常有預測力的標準模型，已經為大家所接受。

我說「為大家所接受」，意思是除了狄拉克之外。雖然他對於將標準模型組裝起來的這個年輕世代印象深刻，也對於他們所採用的某些數學感到不可思議，他還是反覆抨擊這個理論所涉及的無窮大，以及被他視為詭詐把戲的重整化。在狄拉克少數幾次願意提到標準模型的公開演講中，他指責同事們不夠用功，沒有嘗試去找出一個更好的、不涉及無窮大的理論。

在他劍橋的學術生涯接近尾聲時，狄拉克變得愈來愈孤獨。他仍然拒絕正視量子物理學的發展。雖然他渴望隱私，但他還是

覺得自己被物理界的其他人所忽視，這些人全心擁抱QED，並把他看成是過氣的人物。所以他選擇退縮，整天待在聖約翰學院的書房裡，盡量不到聘他為教授的系上去，對於夏瑪、霍金、芮斯以及他們的研究夥伴在廣義相對論上所做的重大發現，他完全不注意。正如與他們同時期在劍橋的一位學者所說的：「狄拉克是我們很少見到的幽靈，我們也從沒跟他說過話。」[201]

1969年，狄拉克自盧卡斯講座教授退休，搬到佛羅里達繼續擔任教授。在他人生的最後幾年，對於廣義相對論仍拒絕臣服於重整化的技巧下，他一點也不感到訝異。

德威特埋首研究量子重力

德威特完全沒有想到，他對重力的量子論的追求會是如此艱苦。他在哈佛大學與許溫格合作時，已經親身見證了QED的誕生。當德威特決定挑戰重力時，他選擇把它像電磁學一樣看待，並嘗試複製QED的成就。

電磁力與重力之間有一定的相似性：兩者都是可以延伸到非常長距離的長程力。在QED中，電磁力的傳遞可描述成是由無質量的粒子（光子）來負責攜帶。你可以把電磁力看成一片光子海，在其中，光子在帶電粒子（例如電子及質子）之間快速來回飛馳，根據它們相對的電荷，將它們推離彼此或拉近。德威特也以類似的方式來處理重力的量子論，用另一種無質量的粒子——重力子（graviton）來取代光子。這些重力子會在有質量的粒子之間來回飛馳，將它們彼此拉近，而製造出我們所謂的重力效應。這種處理方式將廣義相對論中那些美妙的幾何概念全都放棄。雖

然重力仍然是由愛因斯坦場方程來描述，但德威特卻選擇只把它看成另一種力，引進它的用意就只是要讓QED的手法能夠照常運作。

接下來的二十年間，德威特嘗試研究如何將重力子量子化，但他發現這真的是非常巨大的挑戰。再一次，愛因斯坦場方程過於笨重而且錯綜複雜，無法輕易加以處理。德威特留心觀看其他作用力理論的發展，並且注意到這些理論的困難處有一定的類似性。但是，當嘗試統一強作用力、弱作用力及電磁力時，所遭遇到的那些問題一一得到化解時，廣義相對論卻還是一樣頑固，不願被納入這些能應用在另外那三種力的量子定則中。

在與重力的量子化奮戰的過程中，德威特並不是孤軍奮鬥。在他之前，布朗斯坦（見第122頁）、狄拉克、費曼、包立及海森堡，都曾經嘗試過將重力子量子化。溫伯格及薩拉姆，也就是相當成功的電弱理論的建構者，也曾嘗試把他們為標準模型所發展的技巧，應用在重力的量子化上。但是他們也都發現重力實在太難了。

量子重力似乎走進死巷

在德威特辛苦執行他的計畫，嘗試抓住重力子，將它量子化的同時，開始有個別的學者對他的研究感興趣。惠勒為他打氣，也派自己的學生去研究這個主題；巴基斯坦物理學家薩拉姆、牛津的夏瑪，以及波士頓的戴瑟（Stanley Deser, 1931-）也是如此。但一般而言，眾人對**量子重力**（quantum gravity）研究的反應褒貶不一，而且通常是冷漠的。

　　薩拉姆的學生達夫（Michael Duff, 1949-）回憶起他在科西嘉島卡熱斯村的一場研討會，發表關於量子重力的研究成果時，說他自己「受到大家的冷嘲熱諷」[202]。夏瑪有一位學生康德拉斯（Philip Candelas, 1951-），他的研究主題是：在不同幾何結構的時空上，力場各會有什麼樣的量子性質。他聽到牛津物理系的學者在喃喃抱怨他「並不是在做物理」[203]。

　　和其他作用力的量子化比較起來，量子重力還是太不成熟的想法。對許多人來說，量子重力只不過是在浪費時間。

　　1974年2月，英國處在幾乎停頓的狀態。油價高升，接連幾任政府都無法有效抵抗通貨膨脹，國家也因工業的惡性競爭而跛腳。每週的工作天數經常會縮短為三天來節省能源，而輪流的限電也表示晚餐通常要靠燭光來照明。就在這段黑暗的日子，差不多是德威特開始研究重力量子化問題的二十五年後，有一群人聚集在一起討論這個計畫的進展。雖然當時經濟氣氛非常沉悶，但是這場於牛津舉辦的量子重力研討會，在開場時卻是充滿希望。既然格拉肖、溫伯格及薩拉姆等人所發展的粒子物理標準模型的預測，已得到CERN的大型粒子加速器的絕佳驗證，想當然耳，量子重力的成功也將緊追其後。

　　然而，當論文發表者站到臺上，提出他們解決問題的線索與想法時，同樣的問題似乎一次又一次伏擊這個最可能成功、也是最熱門的量子化重力策略——德威特將幾何學完全忘掉，只把重力想成一種力的做法，根本行不通。籌備委員引述包立的話，焦躁說道：「上帝所撕裂的，人們就別想把它黏合起來。」[204]

　　問題在於廣義相對論和QED及標準模型並不相同。在QED及標準模型中，我們總是能把基本粒子的質量與電荷都重整化，

將原本出現的無窮大去掉，而得到合理的結果。但如果我們把同樣的把戲及技巧應用在廣義相對論上，整個理論卻會因此崩解。無窮大會不斷出現，讓你無法將它們重整化。當你在理論的某個部分將它們收納好，它們就會在其他部分再冒出來，而且事實證明，一舉將整個理論重整化是件不可能的事。由廣義相對論所描述的重力似乎過於錯綜複雜，與其他作用力不同，以致重力無法像其他作用力那樣，被重新包裝及修訂成一個新理論。

在那場研討會中，達夫在結束他的論文發表時，做了一個不祥的預告：「機運好像全然跟我們作對，看來只有奇蹟，才能拯救我們脫離無法重整化的困境。」[205]

量子重力已經走到死巷，廣義相對論還是拒絕與其他三個基本力攜手合作，納入大一統的圖像中。《自然》期刊上關於這場研討會的一篇文章，冷冷的說：「達夫發表的技術性研究成果，只是確認了一件事：即使是非常微幅的進展，也需要非常長的時間，才有可能達成。」[206] 對照於前幾年在相對論天文物理、黑洞及宇宙學方面的長足進展（更不用說粒子物理標準模型的偉大成就了），量子重力的挫敗，著實令人更加難以接受。

霍金宣稱黑洞並不是黑的

整場牛津研討會似乎就像是在承認失敗，唯一的例外是，劍橋物理學家霍金關於黑洞及量子物理的一場令人驚豔的演講。霍金在演講中，證明有一個甜蜜點，在那裡量子物理與廣義相對論可以結合在一起。不僅如此，霍金還宣稱，他可以證明黑洞並不是黑的，而是會發出一種非常昏暗的光。這是一個將轉變未來

四十年量子重力發展的古怪宣稱。

到了1970年代初期，霍金已經是劍橋物理界的固定成員，他在應用數學與理論物理學系（簡稱DAMTP）任教。當時才三十歲的霍金，已經在廣義相對論界打響了名聲。來自夏瑪門下的霍金，之前曾經和潘若斯證明了：在時間形成之初，奇異點必須存在。在1970年代初期，霍金已經將他關注的重點從宇宙模型轉到黑洞，並且和卡特及伊斯拉耶（Werner Israel, 1931-）一起證明了黑洞並沒有毛髮：它們會失去所有關於黑洞如何形成的記憶，所有同樣質量、自旋及電荷的黑洞看起來都完全相同。

霍金還得到一個關於黑洞大小的有趣結論。他發現如果你把兩個黑洞融合在一起，那麼最終得到的那個黑洞的施瓦氏表面的面積——也就是黑洞的**事件視界**（event horizon）的面積，必定大於或等於原本兩個黑洞的施瓦氏表面的面積和。實際上，這就表示，如果你在任何物理事件發生之前及之後都去計算黑洞的總面積，那麼你會發現面積總是在增加。

霍金做這一切研究時，路格里克氏症也正逐漸占據他的身體。1960年代晚期，走在DAMTP走廊上的他，總是拄著枴杖，而且身體須靠著牆壁以尋求支撐。不過，慢慢的而且逐漸的，他變得無法自己移動。當寫字與畫圖的能力（理論物理學家軍火庫裡的重要工具）也開始萎縮時，霍金就發展出一種超凡的能力，可以進行長時間的思考，把事情想得非常透澈，而這讓他得以挑戰廣義相對論與量子論的深刻議題。

有人認為，霍金的偉大發現其實是受到以下這件事的刺激：對於惠勒的一位年輕以色列博士生貝肯斯坦（Jacob Bekenstein, 1947-）所提出的主張，霍金非常不以為然。貝肯斯坦為了化解黑

洞與熱力學第二定律之間的不合，他使用霍金的某個定理，來推導出關於黑洞的一個完全荒唐的宣稱。在霍金看來，這個宣稱根本就純屬臆測，而且是錯的。

要了解貝肯斯坦的宣稱，我們需要很快繞道來介紹一下熱力學，這是研究熱、功與能量的物理學分支。熱力學第二定律（熱力學總共有四個定律）說，一個系統的**熵**（entropy）或**亂度**，總是在增加。

讓我們考慮簡單熱力學系統的標準範例：一個裝著氣體分子的盒子。如果氣體分子全都靜止不動，整齊有序的堆放在一個角落，那麼該系統就會有很低的熵，亂度非常小。而且那些靜止的粒子不可能會撞到盒壁，使盒子加溫，所以系統會有比較低的溫度。現在想像氣體分子開始移動。它們在盒子裡自由快速飛行，並且完全沒有次序的分散開來，使這個系統轉變成一個高熵（亂度很大）的狀態。也就是說，盒子裡面的氣體分子的分布變得更加沒有次序了。當氣體分子四處移動時，會撞上盒壁，而把部分能量轉移給盒壁，為盒子加熱，增加盒子的溫度。氣體分子的移動速度愈快，它們的分布就愈亂，熵也增加得愈快，直到達到熵的極大值。

的確，氣體分子移動的速度愈快，它們就愈不可能全都聯合起來成為一個平和、有秩序的低熵狀態。但是，不僅如此，速度愈快的分子也會把更多的能量轉移給盒壁，讓系統的溫度變得更高。這告訴我們兩件事：盒子裡會趨近高熵的狀態，正如熱力學第二定律所說，而且隨著熵的增加，溫度也會跟著升高。

貝肯斯坦想要探討一個弔詭的狀況：如果你把一盒東西丟進黑洞裡，那會發生什麼事？這個盒子裡可以裝任何東西：百科全

書、氫氣、鐵塊等等。為了簡化問題，讓我們假設盒子裡裝的是氣體。這盒子會消失在黑洞中，而很快的，無髮定理就上場了。在這個事件發生後，我們將沒有辦法知道原本是什麼東西掉進黑洞裡，所有關於那個盒子的資訊都會消失。若果真如此，那麼盒內氣體的所有亂度（全部的熵）也已經消失，以致宇宙的熵的總和變小了。如此，黑洞看起來就違背了熱力學第二定律。

貝肯斯坦解救熱力學第二定律的方式，是使用霍金的定理。如果你把東西丟進黑洞裡，事件視界的面積從來不會減少，它要不是維持原本的大小，就是增加。於是貝肯斯坦下了一個結論：熱力學第二定律要在宇宙中成立的話，黑洞就必須有熵，而熵的大小與事件視界的表面積有直接的關係。黑洞面積的增加，足以彌補亂度的損失（因東西被吸進事件視界背後而損失的亂度），因此宇宙的熵永遠不會減少。然而，如果貝肯斯坦把他針對這個弔詭所提出的解，推廣到極致，他就會得到一個荒謬的結果：如果黑洞有熵，那麼，就像那個裝了氣體分子的盒子有熵一樣，黑洞也應該有溫度。這連貝肯斯坦也覺得自己引申過度了，因而在論文中寫道：「我們強調，我們不應該把T視為黑洞的溫度；因為這麼做會輕易導致各種似是而非的結果，因此沒有用處。」[207]

黑洞會蒸發

雖然貝肯斯坦語帶保留，霍金還是對他的宣稱很不以為然。根據熱力學定律，你沒有辦法增加黑洞的熵，而不導致它以某種方式輻射出熱。對霍金而言，這個結論走過頭了。在他看來，很明顯的，黑洞是黑的：東西可以掉進黑洞裡，但是它們絕對沒辦

法從裡面出來。「黑洞的總面積不可能減少」這個他自己先前已經證明的事實，也許看起來像熵，但它並不真的是熵——熵只是可以解釋這種行為的一種有用的類比。

但是有些跡象顯示，貝肯斯坦可能是對的，而霍金是錯的。首先，在1969年潘若斯發現，由克爾解所描述的自旋黑洞可以發射出能量。想像一個快速移動的粒子在落入克爾黑洞的軌道時，以將近光速的速度移動。如果它衰變成兩個粒子，其中一個被吸進事件視界裡，則另一個粒子可以被加速，並且帶著比原本入射能量更高的能量被往外丟，讓系統以及整個宇宙的總能量守恆。在這個稱為潘若斯**超輻射**（superradiance）的奇特過程中，黑洞在效果上會發射出能量，就好像它們以某種古怪的方式閃閃發光。但是，這裡還涉及更多想法。1973年，霍金去拜訪了澤多維奇和他的一位年輕同事斯塔羅賓斯基（Alexei Starobinsky, 1948-），並且得知他們已經研究出克爾黑洞會發生什麼事：黑洞會把周遭的量子真空扯掉，然後使用它的能量來發射出能量，這真的是輻射。

霍金決定使用量子物理，來了解在黑洞的事件視界附近的粒子行為，在那裡，一些奇特的事有可能會發生。霍金所發現的事的確相當奇特。量子物理容許一對粒子與反粒子從真空中自然形成。在一般情形下，這些粒子被創生出來，然後一下子就因彼此碰撞而消滅，完全消失。但是霍金發現，在接近事件視界的地方情況非常不一樣：有些反粒子會被吸進黑洞裡，而粒子卻留在黑洞外。這樣的過程會一次又一次發生，而當反粒子被吸進黑洞裡時，黑洞肯定會緩慢發射出帶有能量的粒子流。

霍金詳細計算出，若粒子是像光子這樣沒有質量，那麼會發生什麼事。霍金發現，如果從遠處觀看，黑洞會以非常、非常低

的明亮度，閃閃發光，就類似於一顆昏暗的星。就像恆星（比方說，我們的太陽）一樣，我們可能可以給黑洞一個溫度值。藉由觀測太陽所發出的光，我們已經能夠測出它的表面溫度是 6,000 K（K 是絕對溫度單位）。換句話說，根據量子物理，霍金已經證明了廣義相對論所預測的：黑洞會發出光，而且會有溫度。

這是一個相當簡潔、明確的數學上的結論，但它帶有很深遠的物理意涵。霍金的計算證明了黑洞會發光，而且它的溫度反比於它的質量。所以，舉例來說，一個和太陽一樣質量的黑洞，溫度會是十億分之一 K，而質量和月球一樣大的黑洞溫度，大約會是 6 K。當黑洞發光時，它會丟掉它的部分質量。這個過程發生得非常慢。和太陽一樣質量的黑洞，需要花無比離譜長的時間，才能把所有的質量丟掉，或者照霍金的說法，叫「蒸發」[208]。

但是比較小的黑洞，蒸發速率就快得多。舉例來說，一個大約一兆公斤的黑洞（從天文學的角度來看，這是很小的黑洞），會在宇宙的生命期中蒸發，並在最後十分之一秒，突然釋放出大量能量。照霍金的說法，這會是一個「以天文學的標準來看，非常小的爆炸，但它的威力相當於一百萬顆百萬噸級的氫彈。」[209] 霍金將他這篇後來發表在《自然》期刊的論文，取名為〈黑洞爆炸？〉。

黑洞輻射為量子重力帶來新希望

當霍金在牛津研討會發表他的論文時，他姿勢怪異的坐在講堂前方的輪椅上。他有突破性的研究成果要宣布，他也講得很清楚，而且目的相當明確，他要把他的計算解釋給在場觀眾聽。當

他結束演講時，全場幾乎鴉雀無聲。康德拉斯，夏瑪當時的一個學生，這麼回憶：「人們對霍金非常尊敬，但是沒人真的聽得懂他在講些什麼。」[210]

霍金後來自己這麼回憶：「大家普遍的反應是不可置信……那場次的主持人……宣稱那根本是無稽之談。」[211] 刊在《自然》期刊的一篇關於牛津研討會的回顧文章坦承，「這場研討會最大的亮點是，不知疲勞為何事的霍金所做的論文發表，」但那篇文章的作者對於霍金預測黑洞會爆炸，卻持懷疑的態度，他寫道：「雖然大家因為這種可能性而感到興奮，卻沒有哪種物理機制有可能帶來這麼戲劇化的效應。」[212]

霍金的發現還需要一些時間，才能被學界普遍接受，但是有些人卻立即明白霍金所做之事的重要性。夏瑪把霍金的論文說成「物理史上最美的論文之一」[213]，並且馬上指派學生研究推演該結果的可能性。惠勒則把霍金的發現，描述成「像在舌頭上滾動的糖」[214]。德威特也著手用自己的方法重新推導出霍金的結果，並且寫了一篇關於黑洞輻射的評論文章，試圖說服更多人相信這個結果。

霍金關於黑洞輻射的計算，並不算是量子重力。霍金並沒有嘗試去找出重力子該遵守什麼法則，或該受制於什麼過程，以便將重力場量子化。德威特和許多人先前已經嘗試過這麼做，而且都失敗了。但是霍金的研究確實很成功的將量子物理與廣義相對論混合在一起，而得到有趣且堅實的研究成果。若量子重力有朝一日真能開花結果，那麼就可以再回頭來探討霍金的這些結果，並且更詳細的做出詮釋。

於是，在接下的幾年間，黑洞輻射為量子化重力這項幾乎不

可能的任務，帶來了新希望。霍金態度堅決的把目標設定成：不只將時空中的物體量子化，連時空本身也該被量子化。

霍金訓練了一批新學生來執行他的研究計畫，而自己在接下來的四十年間，也持續把注意力集中在量子重力上。因此，在狄拉克從盧卡斯講座教授職位上退休的十年後，由霍金接下該講座，是非常恰當的安排。霍金後來繼續在這講座上，待了有二十五年之久。

量子重力是終極挑戰

曾經有一位年輕學生問惠勒，他該如何做好最好的準備，以便未來從事量子重力研究——是要先成為廣義相對論的專家，還是要先成為量子物理的專家？

惠勒的回答是，他最好乾脆去研究別的主題。那是很有智慧的建議。因為頑固的無窮大，仍持續阻擋住任何將廣義相對論量子化的嘗試，而且目前的情況似乎是：對量子重力的任何追求，都注定會以失敗收場。

不過，正如霍金那令人振奮的研究成果所揭示的，一旦廣義相對論與量子物理能夠彼此相遇，一些沒人預期到的事情就會發生。黑洞有熵而且會發出熱，這與相對論學者的「黑洞是黑的」概念相違背。不過，貝肯斯坦與霍金的計算，似乎也讓我們對量子有一些新的體會與認知，因為廣義相對論似乎也會對它做一些古怪的事。

對尋常的物理系統來說，例加一盒氣體，它的熵與體積有關。體積愈大，將東西弄亂及製造亂度（熵的正字標記）的可能

方式就愈多。這一切的混亂及無秩序，都儲存在盒子內部。熵與體積的直接關係，那可是熱力學教科書標準內容的一部分。但是我們已經看到，貝肯斯坦和霍金所發現的是，黑洞的熵是與它的**表面積**有關，而不是與它所占有的空間體積有關。那就好像是，我們那個充滿氣體的盒子，以某種方式將它的熵儲存在盒壁上，而非儲存在盒內氣體分子的隨機運動上。我們要如何把熵儲存在黑洞的表面上？就我們所知，黑洞應該是形狀簡單而且無髮，只會均勻的透過霍金輻射發射出光，不是嗎？

無法駕馭、無法測透，再加上關於黑洞的這些令人難以想像的新結果，量子重力已經被聰明的年輕物理學家視為終極挑戰。然而，量子重力在接下來幾十年間，成為各種想法彼此較勁的真實戰場的同時，另一場戰爭也在廣義相對論裡開始打了起來。這場戰爭的工具不是想像實驗，也不是高超的數學，反倒牽涉到各種儀器及偵測器——物理學家嘗試用它們來測量黑洞的碰撞，在時空結構上所產生的波。

第9章〈大一統的哀歌〉附記

　　在過去幾十年間，已經有不少書籍詳細介紹量子電動力學與標準模型的成功發展。Schweber（1994）是一本關於QED發展的大部頭著作，但相較之下，另一本關於QED發展史的書Close（2011）容易消化得多。DeWitt-Morette（2011）是由德威特的妻子親自撰寫，相當能反映德威特人格特質的傳記，裡面還精選一些德威特自己寫的各類文章。Farmelo（2010）是一本相當經典、非常有說服力的狄拉克傳。讀者也可以嘗試讀幾篇狄拉克自己的論文，體會一下他論文的簡潔有力是什麼意思。（編注：物理大師楊振寧形容狄拉克的論文是「秋水文章不染塵」。）

　　牛津量子重力研討會論文集 Isham, Penrose, and Sciama（1975）內容相當精采，它捕捉了當時的研究實況。至於較近期的回顧，讀者可以參考 Duff（1993）、Smolin（2000）及 Rovelli（2010）。關於黑洞輻射的發現，最早的文獻可以在 Hawking（1988）與 Thorne（1994）書裡找到。Ferguson（2012）是一本堪稱相當完整的霍金傳記，它為讀者填補了許多與霍金的主要發現有關的背景。

第
10
章

看見重力

天文學家已經發現，

與其總是透過捕捉電磁波來觀看宇宙，

他們也可以利用重力波，

把它當成一種觀測宇宙的新方式。

　　韋伯（Joseph Weber, 1919-2000）曾受推崇為第一個觀測到重力波的人。他幾乎是獨自一人開創了重力波實驗的領域。在1960年代晚期及1970年代初期，韋伯的研究成果獲譽為相對論的重大成就。但是到了1991年，他的地位已經被往下拉了。正如當年他跟一份地區報紙透露的：「我們在這個領域裡是第一名，但是自從1987年以來，我就沒有再拿到任何研究計畫了。」[215]

　　從表面上來看，韋伯面臨這樣的處境似乎非常不公平。在他學術生涯的高峰，他的研究成果會在所有重要的廣義相對論研討會上，和中子星、類星體、大霹靂及黑洞輻射，拿來相提並論。這些成果是無數論文探討及嘗試解釋的主題。許多人甚至看好韋伯會拿諾貝爾獎。但是接下來，就和他快速成名一樣，他也很快被趕逐到學術界的偏僻區域。同事們避開他，研究計畫的補助單位拒絕他的申請案，他的論文也無法在任何主流期刊上發表。

　　韋伯就像給打入長期而且孤獨的科學死牢中，這可說是廣義相對論史上，一個突兀且令人不舒服的注腳。有些人甚至說，對重力波的真正追尋，是在韋伯失勢後才開始的。

重力波只是數學上的玩意？

　　重力波之於重力，就像電磁波之於電與磁一樣。當馬克士威證明電與磁可以整合成統一的理論——電磁學時，他奠定了電磁學的理論基礎，讓赫茲（Heinrich Hertz, 1857-1894）得以證明有電磁波存在，而這些電磁波可以在相當寬廣的頻率範圍內振盪。在可見光的頻率，這些電磁波就是我們的眼睛已經調適到能夠接收並加以解釋的光。當波長較長、頻率較低時，這些波就成為那些

成天轟炸我們的無線電接收機的無線電波，它們可以將電波資訊在我們的筆電之間來回傳送，並且讓我們得以看到位在宇宙偏遠之處，那些能量無比巨大的類星體。

　　早在建構出廣義相對論的幾個月內，愛因斯坦就已經證明，在他的新理論中，時空應該會像電磁學那樣容許波的存在。在愛因斯坦的理論中，這種波就彷彿是在時間與空間上的漣漪。時空的角色就像一個池塘；當你把一顆小石子丟進池塘裡，它會產生漣漪，從池塘的一端傳到另一端。就像電磁波及池塘中的漣漪一樣，重力波也可以把能量從一個地方，攜帶到另一個地方。

　　和電磁波不同的是：事實證明，重力波非常難以測量到。重力波將能量從重力系統中攜帶出來的效率非常低。當地球以一億五千萬公里的距離繞著太陽運轉時，它會以重力波的形式，緩慢失去能量，並逐漸靠近太陽，但是地球與太陽之間的距離是以無比微小的速率縮小，每天大約只縮短一個質子的寬度。這就表示在地球的整個生命期中，它只會靠近太陽一公釐而已。即使某樣東西夠大，足以產生非常大量的重力波，那些重力波在穿越時空時也只會成為最微弱的細語。時空其實不像一池塘的水，而比較像是無比密實的鋼板，你再怎麼用力踢它，也幾乎感覺不到它的顫動。

　　對其他物理學家來說，重力波是個難以下嚥的概念。在愛因斯坦主張重力波存在的將近半世紀後，許多物理學家還是拒絕相信重力波是真的。重力波被認為是另一個數學上的奇異物件，只要能更深刻了解愛因斯坦的廣義相對論，我們應該就能解釋並除掉它。

　　舉例來說，愛丁頓就堅決否定重力波的存在。在自己重新做

過愛因斯坦的演算，知道重力波會如何出現在廣義相對論之後，愛丁頓進一步主張：重力波是人想出來的東西，它們是怎麼一回事，端賴於你選擇如何描述時間與空間。重力波之所以出現，是因為相對論學者犯了一個錯誤——他們在標示時間與空間的位置時產生了歧義。所以，重力波是可以完全丟棄而無礙於物理的。重力波並不是真正的波，而且愛丁頓還很不以為然的說，和以光速行進的電磁波不一樣，重力波是以「思想的速率」[216] 在行進。

後來，事情有了出人意料的轉變，愛因斯坦自己承認他原先的計算有誤，並且在1936年和他的年輕助理羅森（Nathan Rosen, 1909-1995）合寫了一篇論文投稿《物理評論》，文中他們主張重力波根本不可能存在。

坐而言，不如起而行

邦第在1957年的教堂山研討會上，提出了一個支持重力波存在的最強而有力的論證。[217]

當時在倫敦大學國王學院負責帶領一支相對論研究團隊的邦第，提出一個簡單的想像實驗：拿一根棒子穿過兩個相距不遠的圓環。將圓環稍微固定在棒子上，讓圓環仍然能在棒子上移動，只是在過程中會與棒子發生摩擦。如果重力波從其中穿過，它幾乎不會影響棒子本身。棒子太僵硬了，以致不會感受任何波。但是那兩個圓環會在棒子上給拖著上下移動，就像海面上的浮標會隨波上下移動一樣。那兩個圓環會來回移動，在重力波從其間穿過時，一下子靠近彼此、一下子遠離彼此；而在這麼做的同時，它們會在棒子上來回摩擦，讓棒子變熱，給予棒子能量。因為這

能量的唯一來源是重力波，所以重力波必須能攜帶能量。

邦第這個論證既簡單又有效率。同樣出席那次會議的費曼，也提出一個類似的想法，而大部分的與會者覺得他們說得很有道理。重力波的確存在，只是有待我們去發現。韋伯也參加了那場研討會，並且非常著迷於這些討論。不過，邦第、費曼及其他的與會者可以坐在那裡討論重力波的真實性，但韋伯就坐不住了，他真的走到戶外去尋找重力波。

韋伯剛好就是那種會嘗試做不可能的事的人。韋伯是一位執著於技術的工匠，早在青少年時期，他就已經學會靠維修收音機來賺錢。韋伯也是一位有遠見、具藝術家性格的人，他不斷嘗試將技術推展到人們覺得不可能達到的地方，他總是用最少的資源來設計實驗並將儀器架設起來，用它們來探測物理世界的邊界。這股驅動力感染了他人生所有面向：到快八十歲時，韋伯還是每天早上跑五公里，而且從早工作到晚。

韋伯最早是在美國海軍官校受訓當電機工程師，後來在第二次世界大戰時還擔任過艦長。因為他在電子學和無線電上的專才，上級要求他負責執行及領導海軍的電子反制計畫。從大戰平安歸來後，韋伯成為馬里蘭大學的電機工程教授，而就在那裡，他決定轉換研究領域，攻讀物理學博士學位。

1950年代中期，韋伯開始對重力感興趣。惠勒也扮演推手的角色，鼓勵韋伯投身於重力研究，並帶他到歐洲待了一年，讓他好好思考，如何在廣義相對論的最新研究上做出貢獻。從歐洲回來後，韋伯已準備好開始設計並且製作儀器。在他漸漸沉浸於重力研究，一心想把重力波記錄下來時，韋伯勾勒出各種可能性，在一本本的筆記本上畫滿他的設計圖。

其中一個方法特別讓他著迷。那想法非常簡單：建造一些又巨大又重的鋁質圓柱，然後把它們從天花板懸掛下來。在每根圓柱的腰部纏繞一組非常精密的偵測器，如果那圓柱稍有振動，偵測器就會傳送電子訊號到一部紀錄儀上。很多事都可以讓那偵測器發送信號，例如電話鈴響、汽車從旁邊開過、門被大力關上等。韋伯必須想盡辦法讓那些圓柱與外界隔離，除掉所有可能的顫動來源。

韋伯進行圓柱顫動實驗

當韋伯終於啟用他的圓柱（又稱為韋伯棒）時，他馬上就偵測到顫動。那些圓柱在振動，而當所有已知的干擾都被消除後，一些振動卻還持續著：這些小干擾訊號有可能就是重力輻射。不過這些訊號有點怪。如果它們真的是重力輻射，那麼照其規模來估算，肯定是來自某種爆炸事件，而這樣的事件用望遠鏡就可以觀測到了。這些信號太強了，因此不可能是重力輻射。韋伯必須繼續改進他的設備。

為了完全確定那些圓柱的顫動是來自其間穿過的重力波，韋伯把他那四根圓柱當中的一根，放在阿崗國家實驗室，這個地點離他在馬里蘭大學的實驗室幾乎有一千公里遠。如果兩地的圓柱都同時顫動，那就是很強的跡象顯示，它們是被來自外太空的重力波噴灑到。韋伯會去比較每根圓柱上的偵測器讀數。如果有某個信號同時在一根以上的圓柱出現，那麼很有可能那個干擾源就是同一道外太空來的重力波，是這重力波同時搖晃了兩根圓柱，而不只是兩根圓柱自己隨機搖動了一下。韋伯就是要去尋找這些

他所謂的「巧合」。再一次，韋伯打開他的偵測器並耐心等待。

到了1969年，在投入圓柱顫動實驗超過十年後，韋伯終於有了某個可以告訴世界的結果：有一些巧合的顫動，不僅同時發生在阿岡實驗室與馬里蘭大學，還同時發生在他那四根圓柱上。這樣的巧合已經不可能是隨機發生的了。它們想必是同時感受到某樣東西。當時沒有地震，也沒有任何奇怪的電磁風暴，可以讓他解釋這個現象。看起來韋伯已經發現重力波了。

在接下來的幾年間，韋伯把他的圓柱顫動實驗調整得更加完美，以確保他不會總是發現自己想要發現的東西。這些圓柱的顫動其實很少，時間間隔很長，而且是埋藏在實驗的雜訊中。這些圓柱光是因為本身的熱就會晃動，因為圓柱裡面的原子與分子會來回振動，如果你不是很小心，你的眼睛還可能會自以為看到一些根本不存在的訊號模式。要避免發生這樣的事，韋伯發展了一組可以偵測顫動，並且自動找出巧合模式的電腦程式。他還決定引進一種些微延遲的機制，延遲記錄其中一根圓柱的訊號，然後才拿它與其他圓柱的訊號比較。如果巧合確實是真的，原本該巧合發生的訊號到達那個時間延遲的圓柱的時間，就會在實際的巧合已經發生之後。因此，當你比較兩根圓柱的顫動紀錄時，巧合的數目就應該要下降。的確，巧合數下降了。

到了1970年，韋伯做這個實驗的經驗已累積得相當豐富，讓他可以非常精確的鎖定儀器所偵測到的重力輻射方向。重力波似乎是來自銀河系的中心，而韋伯認為這是件好事。正如他在論文中寫的：「一個好徵兆是，有一百億顆太陽的質量聚在那裡，所以，發現重力波是來自聚集了銀河系最多質量的區域，是非常合理的一件事。」[218]

當韋伯愈來愈相信他真的用圓柱實驗儀器偵測到重力波時，其他人也開始注意他的研究。[219] 韋伯的發現，讓所有人都大吃一驚。沒有人料想到，會有人如此直接的觀測到重力波，但是人們也沒有任何先驗的理由，來懷疑韋伯的發現。相對論研究者不斷提到韋伯的觀測結果，並且嘗試解讀這些結果的意涵。潘若斯計算出如果兩道重力波彼此相撞，會發生什麼事——最終結果有可能產生爆炸性的威力，以致觸動韋伯的儀器嗎？霍金則是想出他自己的想像實驗，讓兩個黑洞撞在一起，希望它們能迸發出重力輻射，以便解釋韋伯的觀測結果。

在最初的那些年間，韋伯的聲望持續在世界傳開。他接受了《時代》雜誌的專訪，《紐約時報》以及歐美各地無數的報紙，也專文介紹他的研究。而且，韋伯的研究成果還在持續湧出。[220]

韋伯總是能發現一堆「巧合」

韋伯的實驗結果令人驚奇不已，似乎好到不可能是真的。韋伯顯然已經發現一個令人難以置信的重力輻射來源，它比原本大家所想像的還要大得多。因為不管韋伯的圓柱製造得多麼精良，不管貼在圓柱上的偵測器多麼精密，它們畢竟不是那麼靈敏的儀器。要能真正記錄到一個可偵測的顫動，韋伯的圓柱一定要受到非常強大的重力波的搖晃，那種重力波必須像一隻巨獸般朝著地球衝來。

那是一個問題，因為即使這些「重力波」確實來自銀河系的中心（在那個地方有許多物質可以發生內爆與互相碰撞，因而攪動時空），但畢竟與地球的距離長達兩萬光年，就算銀河系中心

真的潛伏了一座可以發出大量重力波的燈塔，它所發出的重力波在經過中間那麼寬廣的空間的稀釋後，到達地球時早就所剩無幾了。事實上，就如韋伯指出的，他偵測到的重力波能量就相當於在銀河系的中心，每年有一千顆和太陽一樣大的恆星遭摧毀。那真的是非常巨大的能量！

劍橋的芮斯（見第196頁）打從一開始就懷疑韋伯的觀測結果。芮斯和從前的博士論文指導教授夏瑪、以及哈佛大學的菲爾德（George Field, 1929-）一起計算出，會有多少能量以重力波的形式從銀河系中心湧出。芮斯和他的合作夥伴發現，每年頂多只會有兩百顆太陽大小的恆星遭摧毀而產生重力波。如果重力波的能量高於這個值，那麼銀河系就必須是在擴張，但是他們可以透過觀測周遭恆星的移動，而確認事情並非如此。

不過，芮斯等人的計算只是近似值，所以他們比較保守看待自己的結論。在發表的論文中，芮斯等人宣稱：「本論文所做的這些純天文學考量，尚無法完全排除韋伯實驗所提到的高質量耗損率為真的可能性，但最好是能有其他研究者也來重複做這些實驗。」[221] 韋伯不為所動，因為芮斯、菲爾德及夏瑪所提出的是根據理論而得的結果。或許那理論是錯的，而他的實驗完全正確。

繼韋伯之後，莫斯科、格拉斯哥、慕尼黑、貝爾實驗室、史丹佛及東京的研究者，也開始架設新的實驗設備。有些實驗只是完全複製韋伯的實驗，而所有的實驗或多或少都是受到韋伯原始設計的啟發。當這些實驗陸續啟動，結果就一一冒出，有一個共同的模式開始浮現：除了慕尼黑的偵測器記錄到一些事件外，似乎沒有任何一個實驗能重現韋伯的儀器所發現的那些大量巧合。似乎根本就沒有這些重力波！

　　韋伯並沒有受到影響。他比這些人早了十年開始思考這些實驗，他很清楚其他實驗的靈敏度都比不上他的儀器，所以他們偵測不到任何信號，一點也不令人驚訝。如果這些人真的想批評他的實驗結果，應該要建造一部和他的偵測器一模一樣的偵測器，也就是「完全照抄」，然後才來說話。有好幾位實驗者，包括格拉斯哥和貝爾實驗室的實驗者都反駁說，他們所建構的實驗都是完全照抄韋伯的實驗，但他們還是沒有觀測到韋伯所發現的那些事。再一次，韋伯自有藉口：他們的仿製品的品質根本不夠好。

　　然而，韋伯自己的實驗確實有些問題。首先，他的圓柱不見得比其他人的圓柱來得靈敏。在這個全新的領域裡，大家還不是很清楚該如何決定實驗的靈敏度。但是更令人擔憂的，是以下的事實：韋伯有實驗出錯卻仍然發現巧合的傾向。比方說，他先前宣稱自己所測到的重力波是來自銀河系中心。韋伯下這個結論的原因是，他發現顫動最常以一連串事件的形式發生，那一連串事件每隔二十四小時發生一次，剛好就在那些圓柱正朝向銀河系中心的時候。

　　但是韋伯忘記考慮很重要的一點：重力波可以輕而易舉穿過地球。所以，如果那些圓柱是與銀河系的中心連成一條線，那麼當地球自轉半圈後、圓柱位在地球的另一側時，韋伯也應該預期會發現同樣多的巧合。當韋伯發現自己犯了錯之後，就回頭重新分析數據，並且發現：的確，巧合是每十二小時就發生一次，只是他最早的分析沒注意到這點罷了。韋伯似乎是想要發現什麼，就可以發現什麼（一旦他知道自己想要找的是什麼）。當時還是資淺的相對論學者的舒茲（Bernard Schutz, 1946-）就回憶說：「大家都非常懷疑韋伯的實驗結果。韋伯並不願意把他的數據公布給

大家看，但他卻似乎想要發現什麼，就能發現什麼。」[222]

當韋伯與另一個在羅徹斯特大學的實驗團隊合作時，有個更明顯的問題浮現出來了。就跟他對自己的圓柱所做的那樣，韋伯比較了馬里蘭圓柱與羅徹斯特圓柱的顫動模式，果然發現了一大叢的巧合，那些振動似乎在兩個地點都發生在完全相同的時間點上，而這是重力波存在的確切跡象。

但實情是，韋伯根本就誤解了羅徹斯特團隊記錄事件發生時刻的方式，韋伯所發現的巧合，其實兩者之間相差了四個小時。趕緊修正了時間的延遲之後，韋伯再度分析那些數據，當然結果又是：他再次發現了一大叢的巧合。

韋伯的發現，似乎總是不會受到誤判及計算錯誤的影響。不管在哪裡，他都能發現巧合。而巧合的發生就代表重力波存在。韋伯那總是能堅定繞過錯誤的能力，對他的聲譽終究帶來破壞性的影響。因為沒有其他人能複製他的實驗結果，這對韋伯非常不利。一位頗受尊敬的實驗學家賈文（Richard Garwin, 1928-）在《今日物理》期刊上，寫了一篇題目為〈挑戰重力波之偵測〉的文章，賈文有系統的拆解韋伯的數據分析與實驗，直截了當說，韋伯的巧合「不是來自重力波，而且不可能來自重力波。」[223]

整個相對論學界，就此把韋伯列為拒絕往來戶。雖然韋伯曾經發表過一系列高品質的論文，但在這之後，他的論文接受率就直線下降。隨著愈來愈多的同儕，拒絕再支持他那些「成果豐碩的實驗」，韋伯的研究經費幾乎告罄。到了1970年代後期，韋伯已經完全被排擠在物理學界之外。

重力波天文學誕生了

韋伯的實驗或許已經信用掃地，但他的研究成果卻促成一件
更為重要的事情發生。在經過這一團混亂之後，一個新領域誕生
了。天文學家已經發現，與其總是透過捕捉電磁波（例如光波、
無線電波，或X射線）來觀看宇宙，他們也可以利用重力波，把
它當成一種觀測宇宙的新方式。不僅如此，他們還可以使用重力
波來觀測那些位在時空中最遙遠、最偏僻之處的東西，而使用傳
統望遠鏡是無法看到這些的。繼光學天文學、電波天文學及X射
線天文學之後，現在多了一位新夥伴：重力波天文學。

1974年有兩位美國天文學家，約瑟夫・泰勒（見第201頁）
與侯斯（Russell Hulse, 1950- ），發現了兩顆中子星以非常接近的
距離，繞著彼此運轉。其中一顆中子星是脈衝星，它每千分之幾
秒就會發射出光爆叢，讓物理學家在它繞著那顆沉默的伴星旋轉
時，可以輕易追蹤它。當這兩顆中子星繞著彼此旋轉時，泰勒與
侯斯可以無比精準的測量出他們的位置。

泰勒與侯斯已經為廣義相對論找到了一個嶄新而且完美的實
驗室。愛因斯坦先前就已經宣稱，兩個繞著彼此旋轉的天體會損
失能量，將能量釋放到周遭時空中，而它們的軌道會縮小，直到
最終兩者撞在一起。雖然愛因斯坦後來放棄了這個宣稱，但是那
些計算還在，可以隨時拿來檢驗。而泰勒與侯斯的毫秒脈衝星，
剛好可以用來做這件事。

1978年，第九屆德州會議在慕尼黑舉辦，會中泰勒宣布了新
的研究成果。在追蹤了那顆毫秒脈衝星四年之後，他可以很有把
握的說，毫秒脈衝星的軌道在縮小之中，而且縮小的輻度正如愛

因斯坦的預測。當這兩顆中子星繞著彼此旋轉時，它們會透過重力輻射失去能量。這項支持重力輻射的證據是間接的，但是它確實存在。它與理論的預測配合得非常好，泰勒與侯斯所做的測量也相當明確，沒有什麼爭議。重力波是真的！[224]

　　從韋伯重力波偵測實驗的廢墟中，實驗科學的一個新領域誕生了。世界各地的研究團隊開始建造他們自己的偵測器。有些是修改韋伯原本的設計，大幅降低圓柱的溫度，使它們在室溫下不會振動。另一些人則是改變接收器的形狀，製作了圓球狀的接收器，好偵測到來自各個方向的重力波。但是他們一心想找的訊號還是太微弱，而且難以捉摸，所以他們需要有更大、更好的偵測器——靈敏度必須細微到足以偵測到時空中的漣漪。有一種方法獨具一格，效果比其他方法好得多，但花費也相對貴得多，那就是**雷射干涉測量**（laser interferometry）。

　　雷射干涉儀所使用的是現代物理最棒的工具。首先，它使用的是雷射光。雷射光是一種無比集中的光線，這光被不斷放大，然後再聚焦在一個非常小的目標上。只要操作得當，你可以將一道雷射光射向數公里遠的地方，讓它命中目標，照亮一根鉛筆的筆尖。其實韋伯是最早想出雷射概念的幾個人之一（早在他對重力波感興趣之前）。韋伯幾乎是和哥倫比亞大學的湯斯（Charles Townes, 1915-2015）同時想出雷射的可能性，但是卻從未因為他對雷射的貢獻而獲得應有的肯定，韋伯自然也不是1964年因發現雷射而獲頒諾貝爾物理獎的三名得主之一。

　　雷射干涉測量法還使用到光的另一個性質：光的波動性。請想像海洋中的波。具有同樣波長的兩道波相遇時，它們會發生干涉。這表示，當兩個波的波峰相遇時，它們會發生建設性干涉，

合成的波峰會比原來的高（同樣的，波谷也會變得比原來深）。但是如果兩個波相遇，其中一個是在波峰，另一個在波谷，那它們就會彼此抵消，而發生破壞性干涉。當然，還有一大堆其他的干涉行為是介於這兩個極端之間。

雷射光的這兩種性質，可以用來偵測物體因受到重力波影響而產生的微小運動。操作方式如下：把兩個物體懸掛起來，讓兩者保持一定的距離，再各用一束雷射光照射它們。兩道光都會從物體反射，而與另一道光發生干涉；所發生的干涉模式會和光的波長及它所行經的準確距離有關。如果其中一個物體稍微移動了一下，那麼干涉的模式會抖動一下，並且發生變化。藉由監測干涉模式的變化，我們應該就有可能偵測到由重力波引起的微幅動作，而且精確度與準確度都會比韋伯的圓柱高得多。

重力波的可能來源之一：超新星

雷射干涉測量法是一種從事科學研究的全新方式，至少對相對論學者來說，這方式前所未見。相對論向來是靠紙與筆來做研究，很少做實驗，有的話也是久久才做一次。它不像粒子物理及核物理那樣，擁有巨大的加速器及反應爐。原本世界上僅有少數專為相對論設立的實驗室，大學及研究機構之間也偶爾有一點合作。但是現在，相對論學者必須融入一種新文化了，這文化認可科學家花費數千萬美元、甚至數億美元，來建構實驗。由少數幾個人組成的研究團隊已經成為過去式，聘任數以百計的科學家與技術人員共同從事研究的大型研究組織，已經變成常態。

這一回，重力波的偵測可不能再出狀況了。這一回，相對論

學者必須知道他們想找的是什麼。很清楚的，重力波必須來自某種會將現有理論逼到極限的東西。侯斯與泰勒的毫秒脈衝星看起來很合理，它們只不過是兩顆非常密實的恆星繞著彼此。然而這個雙星系統似乎能夠射出重力波，數量大到足以明顯的將能量從它們的軌道中吸走。中子星是已經瀕臨內爆邊緣的恆星，這樣的內爆可以扭曲時間與空間，見證愛因斯坦理論的全部光輝。

大量重力波的另一個可能來源是*超新星*（supernova）。超新星是正發生內爆的恆星，它能在幾秒鐘內，發送出比銀河系中數十億顆恆星加起來還要亮的閃光，隨後才變成中子星或黑洞。在任何時候，超新星都是天空中最亮的天體。天文物理學家知道超新星是很強的電磁波源，但他們揣測超新星的能量有可能也足以扭曲及搖晃時空，爆發出一些重力波。

1987年，一顆超新星在距離我們約十六萬光年遠的大麥哲倫星系附近爆炸，人們用一般望遠鏡就可以觀測到這壯觀的景象。令大家難堪的是，當時並沒有任何一根圓柱或其他的偵測器，正在嘗試偵測重力波——除了韋伯的圓柱以外。不令人意外的，韋伯又宣稱他接收到了一些信號，只是沒有人理會他（這早已成為慣例）。

超新星的問題是：它們太難以預測了。雖然這些巨大的爆炸的確有可能在瞬間送出大量的能量，但等到超新星的重力波抵達地球，被偵測器接收時，它們只會成為一個微小的信號。它們還可能會與透過其他管道到達這儀器的任何雜訊，混在一起，難以區別。要解決這些問題，我們需要的是一個明確的信號（即使它非常微弱），它必須有一個確切、大家所熟知的形狀與樣式，就好像在一群人中辨認出一張熟悉的面孔。

在外太空確實有一樣東西，可能可以幫助我們達成這目標。理論上來說，來自侯斯與泰勒所觀測到的那兩顆彼此繞行的中子星的重力波，可以被計算得夠精確，提供我們有用的資訊。和來自超新星爆炸的大量重力波不同，這兩顆中子星所發出的重力波信號，應該會很規律的發生，並且有週期性，就像警報聲一樣；而且在兩顆中子星失去能量而彼此接近的過程中，這重力波會緩慢隨著時間而改變。這種信號很簡單，很容易描述，甚至很容易偵測。

鎖定雙星系統

但是為什麼要滿足於此？我們的野心為什麼不更大一點？一顆繞著黑洞旋轉、最終衝進黑洞裡的中子星，應會產生更強的信號。而且想當然耳，由兩個黑洞構成的雙星系統，可以完全體現愛因斯坦理論所預測的時空扭曲現象。繞著彼此旋轉的兩個黑洞會規律性的發送出嗡嗡的重力波。當它們愈來愈靠近彼此時，嗡嗡聲的頻率就會愈來愈高，直到黑洞即將匯合在一起時，它們會突然發出一個強信號，接著產生一陣重力波，而這些波會在兩個黑洞崩潰而合而為一時，開始消散。這樣的波形正是實驗儀器需要尋找的模式：愈轉愈小的軌道、突然出現的強信號，然後信號逐漸衰退。這些由相對論所描述的雙星系統，就像是埋藏在蒼穹中的寶石，而重力波偵測器會發現它們。

這聽起來非常直接——只要去尋找軌道愈轉愈小的中子星及黑洞即可。但其實我們還缺少一筆重要的資訊。重力波偵測器實際上偵測到的究竟是什麼？當儀器偵測到那些愈轉愈小的軌道、

突然出現的強信號，以及逐漸衰退的信號時，它們會以什麼方式呈現？如果這些觀測者，也就是新一代的重力波天文學家，想要在那無可避免會干擾到重力波訊號的雜訊中，辨識出他們真正在意的訊號，那就必須知道自己該預期接收到哪一種訊號——不是大約知道就好，而是要準確知道。

要得到關於這些問題的精準答案，我們就必須再回到解愛因斯坦場方程這個老問題，這次我們要能找到一個明確的數學解，來描述重力波看起來應該是什麼樣子。數十年來的經驗告訴我們，愛因斯坦場方程似乎總是會轉過身來，狠咬那些嘗試要馴服它的人。唯一有可能有進展的做法是，使用一部運算力非常強大的電腦來求解，看看當兩個黑洞繞著彼此旋轉、最終碰撞在一起時，會發生什麼事。

早在1957年的教堂山會議上，密斯納（見第195頁）就警告過，愛因斯坦場方程非常難以馴服。按照密斯納的說法，在嘗試去馴服愛因斯坦留給我們的這群糾結、非線性的野獸時，你必須非常小心，因為最後可能只會有兩種的結果：「要不是寫程式的人開槍結束自己的生命，就是跑程式的電腦整個炸掉！」[225]，而後者是1964年真正發生的事，當時惠勒先前的一位學生，林奎斯特（Robert Lindquist），嘗試根據前述模型來跑程式，結果程式整個爆掉。當黑洞愈轉愈靠近彼此時，解的誤差就愈來愈大，很快的，電腦就開始吐出無意義的垃圾——數值的腹瀉。這些誤差幾乎無法追蹤，以致林奎斯特最終放棄了這個嘗試。[226]

在1970年代，輪到由德威特在電腦上，嘗試找出兩個黑洞碰撞時會發生什麼事。雖然量子重力一直是德威特的最愛，但是當他在加州的勞倫斯利福摩爾國家實驗室，與「氫彈之父」泰勒

（見第162頁）一起參與氫彈計畫時，他學會了如何用電腦模擬複雜的方程式。在德州，德威特派他的一位學生，史瑪爾（Larry Smarr），去研究兩個黑洞碰撞時，會發射出多少的重力輻射。他們在德州大學的大型電腦跑他們的程式，並且得以粗略猜測出重力波會長什麼樣子。接著，誤差迅速擴大到爆掉，然後就跑出垃圾資訊來了。雖然這次的模擬讓我們得以一窺重力波的波形，但是它太粗糙了，沒什麼用處。棘手的時空奇異點會接手，將這些結果毀掉。

新興領域：數值相對論

在接下來的三十年裡，一支又一支程式設計團隊嘗試模擬雙星系統，但都沒能成功。他們的研究有進展，但是就如普林斯頓的相對論學者普雷托瑞斯（Frans Pretorius, 1974- ）所回憶的：「天真的想法行不通，沒人知道為什麼，大家就像在黑暗裡，對著空氣揮拳。讓這個問題更加棘手的是，要解開整個問題所需要花費的龐大計算費用。」[227]

在1990年代，黑洞碰撞問題甚至被視為美國計算物理界的最大挑戰之一，數百萬美元的研究經費撥付給全美各地的研究團隊，讓他們去購買超級電腦、跑他們的程式。偶爾他們會有一些進展，計算的結果能多走一點，誤差才開始侵入。這問題後來自己演變成一個研究領域——**數值相對論**（numerical relativity）。

解黑洞碰撞的方程式，本身就是個無情、難解的問題，難度不會比偵測重力波來得低，而且解出它就象徵著愛因斯坦場方程已被解開。許多年輕相對論學者受到它的吸引，開始嘗試用電腦

來求解，將他們的學術生涯（通常很短暫）全投入在這件事上，卻只獲得比既有的成果多一點點的進展。這就像是在玩一種無比精緻複雜的電腦遊戲，但在遊戲過程中，你不會獲得任何獎賞，既沒有階段性通過的關卡，也沒有史詩般的最終勝利。

對某些人來說，廣義相對論就是數值相對論。每個廣義相對論研究團隊都必須至少有一位學者，負責用電腦來解黑洞碰撞問題，為重力波的偵測做好事前準備。有些研討會就以數值相對論的問題為主題，會議中大家聚在一起，展示各自的新技巧、策略及示意圖。但是那些方程式還是頑強如故。而且就算他們真的透過模擬雙星系統而推測出波形，這些重力波被偵測器發現的機會仍然微乎其微。

回想起那段黑暗時期，普雷托瑞斯說：「很有可能這問題已經困難到在（重力波偵測器）上線之前，還沒辦法被解到一定的地步。」[228] 實驗數據很可能會比電腦模擬所透露的有用預測，更早來報到。

然而，數值相對論之戰的另一個面向，也對該領域之外的世界帶來令人意想不到的衝擊。從1970年代末到1980年代初，史瑪爾發展出比之前更加繁複的數值碼，並且打算在他所能找到的最大型電腦上，來跑這些程式。在美國工作的史瑪爾發現，他的許多數值計算都是在德國進行的，對於沒辦法在本地跑自己的這些程式，他的挫折感愈來愈深。

到了1980年代，史瑪爾終於成功說服美國政府，出資建立一個由若干超級電腦中心構成的網絡，來服務需要做數據計算的各個科學領域。史瑪爾後來就成為其中一個新中心（位在伊利諾的國家超級計算應用中心）的主任，而且正是他所帶領的團隊，在

1990年代設計出全世界第一個圖形網頁瀏覽器 Mosaic，讓他們可以在網際網路上，直接透過視覺看到遠端的數據。

於是，在嘗試戰勝黑洞的那場戰役中，數值相對論催生了網頁瀏覽的文化——這文化今天已經成為我們生活中不可或缺的一部分。

LIGO搶食經費大餅

當數值相對論學者不斷揮拳、卻打不中目標的同時，建造一部有效率的重力波偵測儀的計畫，也在如火如荼進行著。這一次不應該再有超過儀器靈敏度範圍的假發現了，韋伯的時代已經過去。雷射干涉儀是物理學家的首選，但是這儀器有很嚴格的使用要求。雷射光必須走夠長的距離，以致兩塊重物因受到重力波而發生的微小偏移，能透過干涉圖案被發現。即使是使用數公里長的雷射干涉儀，雷射光都必須在固定於重物上的鏡子之間，來回反射超過一百次。這些鏡子必須非常完美，而且方向調整到完全一致。然而就算是這樣，偏移的現象還是非常微小。從軌道逐漸變小的雙星而來的一陣重力波，只會導致不及一個質子寬度的偏移。

一部能真正偵測到來自外太空的重力波的雷射干涉儀，幾乎不可能建造出來。這樣的儀器要能真正運作，雷射光就必須一次行走數公里的距離，而且路徑的偏差不能超過一個原子的寬度。這樣的裝置必須像是懸浮在空中一樣，以免受到日常噪音干擾，而且它必須配合完美的鏡子及最先進的訊號處理機制，才能偵測到那些很難觀測到的偏移。這儀器還要有辦法將其他因素所產生

的偏移區別開來，例如，地球的潮汐（它會讓物體產生幾分之一毫米的偏移）、遠處高速公路上卡車所產生的隆隆聲，以及整個實驗的電子設備本身的振動等等所產生的影響。

在每一方面它都必須是完美的，但如此一來，它就要變得非常大。在雷射干涉儀開始慢慢成為重力波領域的主流時，事情變得很清楚，它們的大小及造價會大大限制我們所能建造的雷射干涉儀的數目。在歐洲，英國與德國合作建造了一部名為 GEO600 的雷射干涉儀，臂長大約六百公尺，基地位在德國薩爾斯特鎮附近。另一部比它大得多、名為 Virgo（根據內含超過一千個星系的星團「處女座」而命名）的雷射干涉儀，臂長達三公里，是由法國與義大利一起構思，建造在義大利的卡西那市。在日本，有一部較小的雷射干涉儀 TAMA，臂長為三百公尺。

重力波雷射干涉儀的典範是**雷射干涉儀重力波觀測站**（Laser Interferometer Gravitational Wave Observatory, LIGO）。它最初是由兩位實驗物理學家，麻省理工學院的**魏斯**（Rainer Weiss, 1932-）和加州理工學院的**德瑞弗**（Ronald Drever, 1931-），以及理論物理學家索恩所領導。建造 LIGO 的想法始於1970年代初期，但是它的誕生非常困難、不順利。

在建造完成之後，LIGO 將是遠比其他雷射干涉儀都大的一部干涉儀。事實上，LIGO 不是一部、而是兩部雷射干涉儀，一部位於華盛頓州的漢福德鎮，另一部位於路易斯安納州的利文斯敦郡。因為這兩部偵測儀相距甚遠，LIGO 可以把來自當地的噪音、地震或交通的訊號排除。如果 LIGO 可以和其他偵測儀（比方說 GEO600）合作，它很有機會可以鎖定重力波來源的方向，因而成為真正的觀測站，一臺名副其實的望遠鏡。

　　那時候還沒有人準確知道他們該預期會偵測到什麼訊號，或者，這樣的儀器到底夠不夠敏感。LIGO必須要分兩個步驟來建造。首先，他們需要先建造一部「概念驗證機」，這是一部須依照相對論學者及實驗學家想要的模式，來運作的巨大原型機。這個過程預計要花十年以上的時間。只有在經過這個階段後，LIGO才能升級，並且開始搜尋有意思的東西。

　　這個計畫要花費相當長的時間，但是如果LIGO真的能觀測到重力波，那麼回報將會非常驚人。它們的偵測將讓我們可以用嶄新的方式，而不是採用光、電波或是任何其他的傳統方式，來觀測宇宙。LIGO也會成為觀測愛因斯坦廣義相對論的一扇全新窗戶，因為雖然大多數人都相信重力波存在，但是並沒有人真正直接觀測到重力波。LIGO若能發現重力波，重要性可不下於二十世紀初電子、質子與中子的發現。可以確定的，這個實驗若成功，一定可以贏得諾貝爾獎。

　　並不是所有人都殷切期盼LIGO的到來。LIGO的建造與運作，預計需要花費數億美元，因而它必須從其他研究計畫那邊，將經費吸過來。無可避免的，LIGO不僅會從其他重力波實驗計畫搶到錢，也會衝擊、侵害到其他研究領域。藉由將自己稱為一座觀測臺，LIGO也已經踩到天文學家的腳上。

　　天文學家眼看著LIGO要把寶貴的經費，從他們自己的研究計畫吸走。1991年，《紐約時報》的一篇文章中，來自貝爾實驗室、早期曾參與重力波研究的泰森（Tony Tyson）這麼說：「天文物理學界大半的人似乎都覺得，就算真的偵測到重力波信號了，我們也很難從其中獲得任何重要資訊。」[229] 奧斯崔克（Jeremiah Ostriker, 1937-）是普林斯頓的知名天文物理學家，他告訴《紐約

時報》，全世界「應該等待某人想出一個比較便宜、也比較可靠的重力波偵測法再說。」[230]

天文物理學家勇於發聲，而且幾乎是很憤慨的表達對LIGO計畫的反對。在1990年代初期，由普林斯頓高等研究院的巴寇（John Bahcall, 1934-2005）擔任主席的一個天文學家評審團，被要求為當時的天文學研究計畫排名，來做為美國研究經費優先補助的參考，結果他們連把LIGO納入排名內，都不願意。

美國國家科學基金會拒絕了LIGO的前兩次申請案，在它第一次提出申請案的五年後，才通過它的第三次申請案，補助的總預算為二億五千萬美元。對於一個很可能根本就不會看到任何東西，而且乍看之下，在技術上幾乎不可能建造出來的儀器來說，這樣的金額似乎是太多了。然而1992年，在構思、設計及夢想了將近二十年後，一項完美的實驗計畫終於可以開始執行了。

普雷托瑞斯敲開愛因斯坦場方程

當普雷托瑞斯（見第250頁）於南非出生時，索恩和他的研究夥伴早就在討論關於LIGO的想法了。普雷托瑞斯在美國及加拿大長大，在溫哥華的英屬哥倫比亞大學拿到博士學位——在這個全世界數值相對論的重鎮之一，他學到了這領域的基本學識與技能。隨後加州理工學院，也就是索恩天天出沒的地盤，提供他獎學金，讓他做任何他想做的事。

普雷托瑞斯決定用自己的方法，挑戰軌道愈來愈小的雙黑洞*旋近*（inspiral）問題。普雷托瑞斯完全是獨自做研究，這和那些以電腦程式師為主要成員、嘗試直接用電腦來「模擬非常難解的

黑洞旋近、唧聲及振盪衰減現象」的大團隊，形成強烈對比。照普雷托瑞斯的說法，他是自己一人「不想引人矚目」[231] 在做研究，沒有參與任何專門設計電腦程式來解問題的大型研究團隊。普雷托瑞斯是先後退幾步，回顧過去幾十年間所有失敗的嘗試，然後在不同的想法中，挑出那些有成功機會的點子。接著他從頭開始，用自己的方式寫了一套數值計算程式，把這些點子全都納進去。對於什麼做法行得通，什麼行不通，他有驚人的直覺。在他最後寫出來的程式碼中，愛因斯坦場方程變得簡單許多，簡單到看起來幾乎就像電磁學的方程式一樣。而電磁波的方程式很容易解，其演變也很容易掌握。

接著，普雷托瑞斯開始跑這個程式。這程式跑了好幾個月，根據他的回憶，那段時間「真是煎熬」[232]。但是出乎普雷托瑞斯意料的，他的程式竟然可以一路執行下去，從兩個黑洞開始向內旋近，直到它們合而為一，爆發出一陣重力波，接著整個系統穩定下來，成為一個快速自旋的黑洞。

擺在大家眼前的，已是一個關於重力波的既精確又準確的描述——大家已經想盡辦法要得到這樣的描述很久了，只不過從來沒有人成功過。普雷托瑞斯終於在電腦上解出愛因斯坦場方程。沒錯，普雷托瑞斯的做法是奠基在許多前輩的點子上，但真正關鍵的還是，他對這問題有一個全新觀點，以致他能將這些點子以正確的方式組合起來。

2005年1月，在加拿大亞伯達省班夫度假勝地舉辦的廣義相對論研討會上，普雷托瑞斯宣布他的研究成果。愛因斯坦場方程終於被敲開了，相對論學者有史以來第一次，可以用電腦模擬兩個黑洞繞著彼此運轉，把對方吸進自己無情的重力場中，直到兩

者合併成一個黑洞，吐出一陣猛烈的重力波，然後重力波再逐漸隨著時間而消逝。「這讓大家感到非常興奮，」普雷托瑞斯這麼回憶道：「大家對那結果很感興趣，以致在我的演講結束之後，他們又額外安排了一個場次，讓有興趣的人可以詢問更細節的問題。」[233]

半年之後，另外兩個團隊宣布他們也解開了這個問題，而且他們是使用完全不同的方法，來模擬黑洞雙星系統的演化。就像普雷托瑞斯一樣，他們也有辦法從頭到尾追蹤一對黑洞的災難性崩陷。這就彷彿在普雷托瑞斯宣布了他的發現之後，其他團隊在研究上的心理障礙都給移開了，許多研究成果開始不斷湧入，確認普雷托瑞斯的計算無誤。

這時候，很明顯的，有一片欣欣向榮及壓力舒緩的氣氛。終於、終於，我們有可能可以描述那令人難以捉摸的波形。觀測者也因而會知道：如何在雷射干涉儀所測量到的一堆雜訊中，挑出那些真正重要的幽靈信號。

韋伯已逝，LIGO上場

韋伯在晚年，變成一個有點苦毒的人。只要討論到重力波，他就會怒氣大發。在他參加的少數研討會或工作坊中，聽眾經常成為他那壓抑了數十年的怒氣的投射對象。即使你只是用最溫和的方式質疑他，他也會暴跳如雷。

韋伯比所有人都更早看到重力輻射，沒有人可以把這個功績從他身上取走。弗里曼‧戴森（見第133頁）是韋伯早期的支持者之一，在韋伯晚年時寫信給他，請他退讓，承認錯誤。戴森這

麼寫道:「偉大的人是不怕公開承認自己曾經犯過錯、但已經改
變想法的。我知道您是一位人品端正的人。您夠堅強,可以承認
自己錯了。如果您願意這麼做,您的敵人會很高興,但您的朋友
會更高興。您還可以維持您身為一位科學家的聲譽。」[234]

韋伯沒這麼做。相反的,他成了重力波研究的阻力,積極的
投入反LIGO的活動。韋伯在媒體上被報導的時間夠長,以致在
物理學界以外的人眼中,他仍然是重力波專家。當韋伯發表意見
時,握有權力的人有時候還真的會聽他的。

1990年代初期,當LIGO第三次申請經費補助、幾乎快要絕
望時,韋伯寫信給美國國會,說資助興建如此昂貴的儀器是在浪
費大家的錢。韋伯宣稱,他的圓柱棒已經看到重力波了,而他頂
多只需要花幾十萬美元,國家不需要花數億美元來補助LIGO。
但這一次,他的咆哮並沒有帶來太大的衝擊;在韋伯的學術生涯
中,他已做過太多次可笑的宣稱了,以致,根據舒茲(見第242
頁)的回憶:「等到他挺身反對LIGO時,沒有人想要跟他站在同
一邊。」[235] 如果韋伯覺得自己被忽視,那麼他其實是咎由自取,
現在他已經成為這個他自己所開創的領域的敵人了。

韋伯於2000年過世——在LIGO開始運作之前。物理學家幾
十年的熱忱與堅持,終於讓這部被調校到最為完美的儀器,可以
開始運作了。這一路上,它歷經一次又一次的延期。在1980年代
及1990年代,索恩和同事多次打賭,他打賭在跨進二十一世紀之
前,重力波就會被發現,結果他全都賭輸。

就算到了二十一世紀初,LIGO還是遭遇了許多挫折:從路
易斯安納州森林裡的樵夫用電鋸伐木時,讓利文斯敦基地的偵測
器接收到一堆信號,到華盛頓州漢福德基地附近的核反應爐,出

現神祕的嗡嗡聲等等。但是當LIGO在2002年終於啟動，並且運作了幾年之後，LIGO確實有辦法達到大家期盼的靈敏度。這是1990年代初期計畫中，所勾勒的實驗進程第一階段。LIGO的偵測器可以偵測出不到一個質子寬度的振動，正如幾十年前就已經預測的那樣。事實上，LIGO團隊宣布，這儀器比他們原本預期的還靈敏。

從各個角度來看，LIGO都非常成功，即使它實際上並沒有偵測到任何信息。正如我們對它的初登場所預期的，LIGO還沒有靈敏到足以偵測到重力波，但它確實已經讓我們看到了往前走的路。LIGO團隊現在繼續在增進現有儀器的效能，好讓它能在未來的某個時間點上，看到愛因斯坦早年所預測的時空漣漪。

這是一場長期的遊戲。LIGO和韋伯的圓柱很不一樣，當年韋伯把儀器打開之後，很快就得到結果，而且信號很穩定，但是LIGO卻需要數以千計的技術人員，在數十年的時間內全心投入偵測工作，才能真正偵測到重力波。

創建LIGO的鐵三角團隊，德瑞弗、索恩及魏斯，現在年紀大約都是七、八十歲了，到那時候不見得都還健在，有可能他們的一生是投入在一件他們自己看不到結果的事業上。但是他們非常相信，重力波真的在那裡：愛因斯坦的理論預測了重力波的存在，而透過毫秒級脈衝星那逐漸縮小的軌道，重力波已經間接被觀測到。

重力波被直接偵測到，只不過是時間早晚的問題罷了。到那個時候，一個由韋伯鳴槍起跑的研究領域，最終會結束在一陣嗚咽——那是時空的嗚咽，在它掠過地球時，有如微光閃爍。

第10章〈看見重力〉附記

　　韋伯的悲劇，在這個領域中盡人皆知，但不常被以文字記錄下來。Collins（2004）從社會學家的觀點，詳細探討了重力波物理學的發展；在韋伯還處於學術生涯高峰時，這本書的作者就開始訪問那些參與重力波研究的學者，書中充滿許多專訪及引述。如果你想要掌握這領域發展的全貌，並了解那些支持興建LIGO的人，歷經多少次奮戰才達到目的，那麼這是一本必讀的書。

　　Thorne（1994）是由重力波物理學最早的發言人索恩，親自敘述的圈內人觀點。Kennefick（2007）相當成功的探討了這個領域的根源，並且補上許多與它發展相關的背景資料。Bartusiak（1989）及比較近期的Gibbs（2002），整理了這個領域在不同時期的進展。Appell（2011）則是相當簡潔的回顧了數值相對論的歷史。

　　一些原始的文件也頗值一讀。舉例來說，教堂山會議中關於重力波真實性的討論非常熱烈，相關資料可以在DeWitt & Rickles（2011）找到。韋伯的一系列論文：Weber（1969）、Weber（1970a）、Weber（1970b）與Weber（1972），是確定性逐步增加的過程。接下來，在Garwin（1974）書裡，韋伯就被粗魯的打入冷宮。

暗宇宙

匹柏士身上那股不服從的勁兒，
已帶領宇宙學演變出當今這個奇特模型：
在這個宇宙中，百分之九十六的能量是
由暗物質及宇宙常數共同組成。

在1996年普林斯頓宇宙學研討會的「關鍵對話」場次中，這個領域的知名學者針對宇宙的狀態，展開一對一的辯論。研討會主辦者挑選了一系列有爭議的開放性議題，來舉辦公開辯論，擺明了就是要挑起對立。一對對的受邀講員（頂尖的天文學家、物理學家及數學家）走上講臺時，都放棄了一般研討會協議遵循的儀式。他們主動出擊，嘗試把對手的論點撕裂扯碎。這是一種古怪但非常棒的討論科學的方式。

芮斯帶頭挑起敵意。在當時，他已經在黑洞的理解以及大霹靂理論上做出非常重大的貢獻，而且已成為相對論天文物理學界的大人物之一。芮斯主張宇宙學是一門基礎科學，而且是「環境科學中最偉大的一支」[236]。

宇宙學替愛因斯坦、狄拉克及另外許多人在二十世紀發展出的優美數學與物理，找到了終極的應用場域。不僅如此，宇宙學必須正視那為數眾多、關於星系、類星體及恆星的觀測，並嘗試解釋這些現象背後那看似非常複雜的機制，要如何才能納入整個宇宙的大圖像中。宇宙學的任務相當困難、有爭議，而且尚未完成，但是就如芮斯所主張的，它也具有終極的重要性。

暗物質充斥宇宙

在普林斯頓研討會舉辦時，宇宙學所揭露的宇宙圖像相當怪異。情形似乎是：我們對宇宙的了解，比我們原先想像的還少得多。事實上，宇宙有很大的比例，看起來是由我們在實驗室中不曾看過的奇異物質所構成。它們被取名為**暗物質**或**暗能量**。暗物質位在宇宙中，影響著時空，卻又非常難以捉摸，而且無法被偵

測。某一天下午，當大家討論到宇宙的大尺度結構時，開始有人認真提出**暗宇宙**的主張。最早吸引我、讓我決心投身宇宙學研究的，就是這個主題。

當我們望向宇宙，會看到一面圖案繁複、像織錦般炫麗的光毯，星系聚在一起成為星團、光絲以及光牆，並且留下一片又一片空無一物的大範圍空間。這面天幕富饒豐盈，充滿資訊及複雜性。宇宙的這個大尺度結構是從哪裡來的？對那場研討會的與會者來說，這是最亟待解決的問題，因為這問題的答案仍然懸在空中，等著有志者將它抓下，而研討會的籌備委員也因此安排了整個下午的時間，來探討這個主題。

高特（J. Richard Gott, 1947- ），一位來自普林斯頓、身材瘦長、帶著濃厚南方口音的天文學家，站起身來為常識辯護。乍看之下，宇宙非常空曠，所以高特提出一個幾乎沒有物質的宇宙模型，只是這宇宙會緩慢演化而形成由星系及星系團構成的織錦，這些星系及星系團接著會布滿我們的夜空。

另一位年輕而且有活力，同樣來自普林斯頓的天文學者史普傑（David Spergel, 1961- ），認為宇宙其實一點也不空曠，相反的，它充滿一種看不見的暗物質。史普傑的暗物質是由粒子物理學標準模型無法解釋的一種基本粒子所組成，而這種粒子到目前為止，也沒有在任何實驗中被觀測到。

最後一位講者是來自芝加哥、非常聰明的一位理論宇宙學家邁可‧透納（Michael Turner, 1949- ），正是他提出了那個下午最奇特的想法：為什麼我們不假設宇宙被一個宇宙常數的能量所滲透？根據透納的宇宙觀，宇宙所有能量當中的大約三分之二，是由愛因斯坦在將近七十年前就已堅定拒絕的宇宙常數來解釋。臺

下的聽眾對透納的提議不以為然。「什麼都沒有，只有一個宇宙常數！」他們喊道。那可是愛因斯坦所犯的最大錯誤哪！

擔任這場宇宙模型格鬥賽的主持人，是匹柏士（Phillip James Peebles, 1935- ），當時他是普林斯頓大學的愛因斯坦講座教授。他的身材修長，臉上總是帶著深思熟慮的表情，就像是從莫迪里安尼（Amedeo Modigliani）的肖像畫上走下來的人物。

匹柏士是一位標準的紳士，彬彬有禮的主持這場辯論。雖然他一直很小心讓大家的對話不要離題，但他偶爾還是會因為講臺上交互穿插的嘲諷及評論，而幾乎像小孩子一樣咯咯笑出聲來。安排這場「關鍵對話」的部分原因是要慶祝匹柏士的六十大壽。這種致意方式，的確非常合適。在過去的三十年間，匹柏士一直是現代宇宙學的核心主題**宇宙大尺度結構理論**的主要推手及建築師。

1971年，匹柏士出版了一本很薄、名為《宇宙物理學》的教科書，書中整理了1969年他在普林斯頓講授的研究所課程。惠勒也去聽了那些課、做筆記，並且，照匹柏士的說法，霸凌他，要他將課程內容出版成書。在《宇宙物理學》的前言，匹柏士簡短提到了宇宙常數，他只說「宇宙常數 λ（希臘字母lambda，是宇宙常數的數學符號）在這些筆記中，很少會提到。」[237]

對匹柏士來說，宇宙常數只是會把事情弄得複雜、完全不必要的東西，它是宇宙學的「骯髒的小祕密」[238]。每個人都知道在數學上這行得通，但因為它會讓物理學變得很奇怪、而且很難處理，所以每個人都假設宇宙常數不存在。現在，經過四分之一世紀之後，雖然匹柏士的大多數同事仍然咒罵它，但是宇宙常數已經準備好復出了，而且它會帶著復仇的快意這麼做。

匹柏士投身重力物理研究

1958年才剛從加拿大曼尼托巴大學工學院畢業的匹柏士，來到普林斯頓，他發現當時惠勒研究團隊正在動手解決黑洞及終態問題。惠勒並不是普林斯頓大學唯一的廣義相對論重要推手；狄基（見第174頁）也是。和在1950年代中期的惠勒一樣，狄基很清楚愛因斯坦理論身陷的困境，在理論的驗證上很少成績，甚至完全沒有進展。狄基在普林斯頓創立了自己的重力研究團隊，在其中，廣義相對論可以獲得充分討論，並且更重要的是，得到測量與檢驗的機會。

「我的學術生涯很快就演變成以狄基為中心，繞著他旋轉，並且做那些令人興奮的研究。」[239] 匹柏士說道。他加入狄基的團隊，成為博士研究生，並且在取得博士學位後，把他的研究集中在檢驗重力物理上。之後的五十年，匹柏士都待在普林斯頓。

匹柏士回憶，在1960年代，宇宙學仍然是一門「有限的學科 —— 也就是一門只有二或三個數[6]的學科。」匹柏士還說：「一門只有二或三個數的科學，總是讓我覺得很可悲。」[240] 很少有人跨入這領域積極從事研究，也僅有很少的研究計畫在進行。這卻剛好適合匹柏士。他可以按照自己的步調，私下靜靜挑戰令他感興趣的問題。

以量子物理的研究完成博士學位之後，匹柏士全心投入為宇宙學充實內容的工作。他從所謂的**太初火球**（primeval fireball）問題著手，研究在宇宙最初期，當它還很熱及稠密時，原子及原子

---

[6] 譯注：匹柏士指的是哈伯常數（Hubble's constant）、減速參數（deceleration parameter）及密度參數（density parameter）。

核到底發生了什麼事。匹柏士像工匠一樣奮力工作，自己一個人關在研究室裡，在一頁又一頁的紙上寫滿方程式，再逐一檢查自己的計算，並琢磨自己的處理方式。

匹柏士的導師狄基的做法，跟他很不一樣。根據匹柏士的回憶：「對他來說，物理學當然是理論，但是它必須能導致一個可以在不久的未來執行的實驗。」[241] 所以狄基要求他的團隊，去尋找從太初火球時期殘留下來的遺跡輻射。他們發展了一種可以從物理系館的屋頂掃描天空的新式偵測器，但是他們沒有即時發現輻射。1964 年末的一個星期二，當狄基的團隊一起坐在研究室裡進行每週例行討論會時，電話響起。狄基拿起話筒，跟某個人講了幾分鐘的電話。放下話筒後，他說：「我們已經被別人搶得先機了。」[242] 潘奇亞斯剛才打電話來說，他和貝爾實驗室的威爾遜，可能已經發現遺跡輻射存在的證據。

在幾個月內，狄基和他的團隊也證實了貝爾實驗室的結果，但已經太遲了。潘奇亞斯和威爾遜兩人後來獨得諾貝爾物理獎。

對匹柏士來說，1960 年代的物理課本中，所描繪的宇宙圖像有問題。在那個時候，有兩個完全不一樣的主題。其中一個是宇宙的歷史及其演化，也就是傅里德曼和勒梅特所描述的故事。它解釋了在最大可能的尺度上，時間、空間及物質是如何演化的。另一個主題則是天文學家所觀看的那些東西：星系以及星系團。雖然這些星系是宇宙的一部分，但它們的存在卻似乎和宇宙結構的基本發展，沒有什麼關連，甚至是可有可無，就像是彩繪在時空畫布上的多采多姿的光漩渦。

沒錯，這些星系告訴我們許多關於宇宙的事，例如宇宙擴張的速率有多快，以及宇宙實際上包含了多少東西。但是抬頭仰望

天空，匹柏士感覺星系應該扮演更多的角色才對。他相信星系必須在宇宙的演化及其大尺度結構上，扮演關鍵角色，而且星系的起源肯定也與這角色有關。它們總不可能憑空出現：一大團又一大團由光、氣體和恆星所構成的星系，是在某些事情發生後，才被突然丟進時空中？這就表示，星系也必須在愛因斯坦的廣義相對論中，扮演一定的角色。

問題是星系如何扮演這些角色？這對匹柏士而言是個再完美不過的挑戰：一個相當困難、目前仍未解決，而且幾乎沒有人想去研究的問題。[243]

早期宇宙是星系的繁殖場

重力在個別星系的形成過程中，所扮演的角色是很顯著的。一大堆物質會在它自身的重力吸引下崩陷，但如果物質的數量夠多，也有足夠的動能來避免崩陷到超過一定的地步，那麼所得到的一大團東西就形成了星系——它靠的還是重力，將許許多多的恆星聚攏在一起。當匹柏士在研究這個主題時，他比較不清楚的是：個別星系形成過程中的重力效應，與整個宇宙擴張過程中的重力角色，有什麼樣的關係？

勒梅特神父早就指出二者之間一定有關連，俄國理論物理學家加莫夫也曾經思考過，星系如何在一個擴張的宇宙中形成；但是兩個人都沒辦法提供正確的計算，來支持他們的猜測。在1946年，利夫希茲（蘭道的門生之一）以愛因斯坦場方程為基礎，嘗試把宇宙尺度上所發生的事，與規模小得多、在個別星系的尺度發生的事，連結起來。利夫希茲的研究結果，提供了我們有關宇

宙的大尺度結構是如何出現的線索——根據他的方程式,時空中的小漣漪會演化而且增大,因而在高曲率的區域形成一簇簇的星系,並創造出到今日還能被觀測到的大尺度結構。[244]

當匹柏士研究出早期宇宙中,原子與光會有什麼行為時,他發覺:他對於高熱的早期宇宙的這個新認識,有可能可以解釋星系何以在大霹靂發生後不久就形成。匹柏士代入宇宙年齡、原子密度,以及遺跡輻射溫度等的粗略估計值之後,他發現:當質量介於十億顆太陽質量與一百兆顆太陽質量之間(比方說,銀河系就在這範圍內)時,崩陷後的結構就可以形成星系。就如加莫夫先前推測的,早期宇宙儼然是星系的理想繁殖場。

當匹柏士繼續研究星系如何形成的細節時,他並不孤單。哈佛有一位年輕的博士生席爾克(Joseph Silk, 1942-)主張,那些最終會演化成星系的崩陷物質團,應該也會在太初火球上留下印記——在最近才被潘奇亞斯和威爾遜發現的遺跡輻射裡,可隱約看出由熱與冷的區域拼湊而成的樣式。薩克斯(Rainer Sachs, 1932-)及他在德州奧斯汀的學生沃爾夫(Arthur Wolfe, 1939-2014)也呼應了席爾克的研究結果。而沃爾夫還發現,就算是在最大的尺度上,遺跡輻射也會受到宇宙中所有物質的重力崩陷的影響。在蘇聯,澤多維奇的團隊也發現了同樣的事。他們的研究結果顯示,藉由審視遺跡輻射(來自宇宙只有幾十萬年老時)的漣漪,我們就有可能看到導致星系形成的最初時刻。

雖然這些研究成果看似零散、不連貫,但是加莫夫與匹柏士的宇宙物理學,畢竟已開始結出果實了。

匹柏士想要用教科書裡最基本的物理學,把廣義相對論、熱力學以及光的定律結合在一起,來解釋宇宙的擴張,包括起初的

高熱、太初火球、原子形成、重力崩陷等等。匹柏士曾和一位來自香港的博士生虞哲奘（Jer Tsang Yu），合作寫下一組完整的方程式，讓他可以解釋宇宙的整個演化過程，從大霹靂之後的最早時刻一直到今天。

匹柏士的宇宙起始於一個平滑、高熱的狀態，只有非常少量的漣漪在干擾這團由氣體與光所構成的太初爛泥。當這些干擾持續下去，它們就會遭遇來自電漿的壓力阻擋，而這雜亂黏稠的電漿是由自由電子與質子所組成。此時宇宙就像起了漣漪的池塘一樣隨波振盪，直到後來電子與質子結合形成氫與氦。接著，第二個階段開始：原子與分子開始聚集在一起，並因為受到重力的拉扯而崩陷，製造出許許多多的質量塊與光源，散布在時空各處。這些就形成了星系及星系團，源頭都是高熱的大霹靂。

宇宙大尺度結構

在匹柏士與虞哲奘的宇宙模型中，星系散布在太空中以形成宇宙大尺度結構的方式，應該會保存一些關於宇宙初期的高熱的記憶。從大霹靂留下來的遺跡輻射（根據潘奇亞斯和威爾遜的測量，它的溫度只有3K），應該會保有導致星系形成的那些微小漣漪的回聲。藉由以一致、融貫、整體的方式來解宇宙的方程式，匹柏士與虞哲奘發現了一個研究愛因斯坦廣義相對論的新穎而且相當有力的策略：去觀測星系在空間中是如何分布以形成宇宙大尺度結構，再利用它來研究時空是如何開始及演化。

這是一個強而有力、頗具說服力的說法，但是匹柏士與虞哲奘的研究結果所得到的回應，卻是一片沉默。「沒有人注意我們

的論文，」[245] 匹柏士回憶道。在將物理學的不同領域拉攏在一起時，匹柏士與虞哲獎不知不覺的，走到一處知性上的無人之地。他們的研究並不全然是天文學，也不全然是廣義相對論或基礎物理。對匹柏士而言，沒有人回應沒什麼大不了的。他仍繼續研究宇宙，偶爾招攬一、兩位古怪的學生或年輕的合作夥伴，但是大半時間都是一個人安靜平和的，做他自己的計算。

現在，匹柏士既然已經有了宇宙的模型，他需要找一些數據代入模型中，看看自己的想法是否正確。

1950年代初期，在德州大學奧斯汀分校任職的法國天文學家德沃庫勒（Gérard de Vaucouleurs, 1918-1995），查閱了夏普利—艾姆斯目錄（Shapley-Ames Catalogue），這份目錄裡面有超過一千個星系的資料。德沃庫勒發現有一條「星系流」延伸穿越天空。它比任何星系團都還大，比較像是一個超星系團（supercluster）或超星系（supergalaxy）[246]。

但是，德沃庫勒的研究成果沒有受到重視。加州理工學院的天文學家巴德（Walter Baade, 1893-1960），就對德沃庫勒的結果不以為然，他說：「沒有任何證據顯示超星系存在。」[247] 茲威基（Fritz Zwicky, 1898-1974）的態度也是一樣，他直接說：「超星系團並不存在。」[248] 匹柏士對於德沃庫勒的發現也持懷疑的態度，但是正如他的一個學生所回憶的，匹柏士呼應他的導師狄基的看法：「好的觀測比一個新的平庸理論更有價值。」[249] 於是匹柏士決心，在學生的幫助下，自己去查出宇宙的大尺度結構。他們有時候還真的得到一些出人意外的結果。

當兩位哈佛的年輕研究人員，戴維斯（Marc Davis, 1947- ）和修茲勞（John Huchra, 1948-2010），發現匹柏士所提出的、遠比

先前更加清晰明確的星系調查中，確實出現一些非常巨大的結構時，匹柏士一時「目瞪口呆」。正如匹柏士自己所說的：「我寫過幾篇非常刻薄的論文，用過去的例子說明這種……從雜訊中挑出模式的傾向曾經如何誤導過天文學家。很清楚的，你需要一個形成模式的機制。」[250] 但是隨著時間演進，匹柏士發現星系的確就像是點綴在一整幅由牆面、細絲及叢簇所構成的大片織錦上，這樣的模式後來就被稱為**宇宙網**（cosmic web）。匹柏士之前在他的電腦模型上所預測的大尺度結構，開始在真實世界中出現了。

大霹靂理論有缺憾

1979年，霍金和來自南非的相對論學者伊斯拉耶（見第223頁），為了慶祝愛因斯坦百歲誕辰，合編了一本相對論的回顧論文集。他們收錄了宇宙學、黑洞及量子重力方面的重量級學者的論文。狄基與匹柏士貢獻一篇題為〈大霹靂宇宙論 —— 謎與祕方〉的論文。這是一篇很短的評論，在幾頁之間，狄基和匹柏士就針對「大霹靂」這個無比成功的理論，把他們心目中所認為的幾個根本問題，鋪陳在讀者面前。

那麼，他們到底認為大霹靂理論哪些地方有缺憾了？首先，宇宙看起來太平滑了。雖然天文物理學家過去曾經嘗試去解釋，但狄基和匹柏士對那些解釋並不滿意。

其次，為什麼和時空幾何相較之下，空間的幾何看起來這麼簡單？空間的幾何似乎並沒有整體的曲率，所以高中程度的歐氏幾何學定理就足以處理，例如「平行線永遠不會相交」及「三角形的內角和為一百八十度」等的定理似乎一定為真。一個沒有空

間曲率的宇宙，在廣義相對論中是允許的，但那是一個非常特別的狀況。愛因斯坦場方程預測，宇宙的演化很可能會很快就讓曲率變成不再是零。所以，如果現今的宇宙幾乎沒有曲率，那麼宇宙在過去的曲率想必更小。然而，我們所居住的宇宙實在非常不可能是這個樣子。

最後，分布在天空中的星系以及由星系建構的結構，一定是來自某個地方。條件必須被調校得非常完美，我們的宇宙才會看起來像它目前這個樣子。在大霹靂時，宇宙擴張的傾向必須強到剛好足以彌補重力的拉扯，避免整個時空往內崩陷成一點；但也不能強到讓時空朝著廣袤的虛空飛散而去。

狄基和匹柏士的論文說穿了，就是在問一個簡單的問題：在宇宙之初到底發生了什麼事情？

緊接在狄基和匹柏士論文後面的，是澤多維奇的短論文。在這篇短論文中，澤多維奇仔細考慮了最早期宇宙的問題，他採用的是勒梅特在討論他的太初原子時最早的想法。在高熱的早期宇宙中，有一大堆非常複雜的有趣現象，足以對宇宙的演化帶來衝擊，也影響宇宙如何演化成我們今天所看到的這副模樣。澤多維奇呼籲粒子物理學家與相對論學者一起研究，看看這些到底是什麼效應。

宇宙暴脹理論開啟新路

狄基與匹柏士的論文及澤多維奇的論文，的確有先見之知。僅僅一年之後，宇宙學就因為一個關於早期宇宙如何演化的簡單提議而完全改觀。這個想法之前就已經存在了，只是並未完全成

形，最後是史丹佛線性加速中心的博士後研究員谷史（Alan Guth, 1947-）於1981年具體提出宇宙暴脹（inflation）的根本概念。

谷史發現，在某些大一統場論（嘗試把電磁力、弱作用力及強作用力整合成一個大一統的力的理論）中，宇宙可能受困在某種狀態：其中一個場的能量特別高，因而主導了其他的一切。在這樣的狀態下，宇宙會快速擴張，或照谷史的命名——暴脹。雖然谷史的原始想法後來被人發現其實有錯（如果宇宙受困在這樣的狀態，那麼它就無法從中逃脫），但其他人也很快就提出讓宇宙暴脹的新方式。

宇宙暴脹的概念為宇宙學開啟一條新的大道，它揭開了宇宙過去某個時期的面紗，讓我們第一次有機會去探索它。現在我們終於有一個理論，可以精準預測當結構開始形成時，宇宙會發生什麼樣的事，而這似乎回答了狄基與匹柏士所提出的三個問題。

首先，暴脹理論讓空間幾乎一下子就擴張到沒有什麼曲率。想像拿一顆氣球放在你的雙手之間，用一部巨大的打氣機非常快速將它吹大，以致氣球幾乎立即就脹大到地球的大小。從你的觀點來看，在你面前的那片氣球表面會變得非常平坦。同理，暴脹也會把宇宙推向一個無比平滑、質樸的狀態。任何會自然分布於時空景觀中的大塊物體或大片的空無，都會被推到遙遠之處，讓我們無法看到它們。暴脹還會在極早期宇宙中，啟動大尺度結構的成長：在劇烈擴張期間，時空結構中的微觀量子起伏會向外延展，並且在宇宙的最大尺度上留下記號。

芝加哥的天文物理學家為「暴脹」下了一個簡潔的注解：它建立了「內在空間與外在空間之間」[251] 的連結。內在空間是量子及基本作用力的空間，而外在空間則包括整個宇宙，那裡是由廣

義相對論自己當家。所以，匹柏士在過去十年間所發展的研究主題，以及澤多維奇與席爾克等人的研究，這時多了一個新的研究目的：宇宙的大尺度結構、星系的分布以及遺跡輻射的觀測，應該能提供我們關於內在空間與外在空間如何連結的線索。從此之後，其他學者也開始對他們的研究感興趣了。

暗物質不可或缺

1982年，匹柏士又在嘗試建構一個新的宇宙模型。他與虞哲奘先前發展的那個由原子與輻射所構成的宇宙，行不太通。當匹柏士比較那個模型所預測的結果，與天文學家做出的天空星系分布圖時，兩者並不相符。真實的宇宙和他那簡潔計算所做的預測不一致。不只如此，在過去十年間，這些星系本身似乎變得比以往複雜許多。星系內部所發生的事，正為我們勾勒出一幅奇怪的圖像。

美國天文學家薇拉·魯賓（Vera Rubin, 1928- ）已經發現，這些星系似乎是以莫名其妙的高速在自旋著，就像是一些被某種神祕的力量聚集在一起、瘋狂旋轉著的風火輪煙火。魯賓把她的望遠鏡對準仙女座星系，在那裡，恆星與氣體呈漩渦狀的、以每秒數百公里的速度在自旋著。至少當你用望遠鏡對準它看時，它看起來就是這個樣子。在星系的中心，也就是恆星聚集的區域，光比其他地方多得多，所以魯賓預期，將這個星系維繫在一起的重力拉力是來自星系的中央核心。

但是當魯賓去觀測那些離星系中心愈來愈遠的恆星區塊時，她發現它們移動的速度太快了。事實上這些恆星移動速度之快，

讓魯賓根本無法理解恆星中心的重力拉力怎麼能將它拉住。這就好像地球突然將它繞太陽運轉的速度，變為原來的兩倍或三倍，除非太陽以某種方式增加它的重力拉力，否則地球會直接飛離太陽的軌道而射向太空。魯賓推測，應當有另一種巨大而且看不見的東西，在拉住那些外層的恆星，讓它們維持在軌道上。

在1930年代，茲威基也曾經觀測到一個類似的現象，但他的發現被忽略了將近四十年。茲威基觀測了后髮座星系團，並且把他在其中所看到的總質量加起來。接著他測量了星系在該星系團內的移動速率，發現這些星系移動得實在太快了。正如1937年他在發表於瑞士的一篇論文中所說的：「在后髮座星系團中，發光物質的密度和某種暗物質的密度比較起來，顯然是小巫見大巫。」[252]

匹柏士必須面對他自己所提出、關於星系的那些問題。他和來自普林斯頓的年輕研究夥伴奧斯崔克（見第254頁）合作，著手建構簡單的電腦模型，來了解星系如何形成。他把星系想像成一批透過重力而彼此吸引、並像漩渦那樣快速自旋的粒子，以模擬這些星系。但是每當他讓他的模型開始自旋，星系就會瓦解。星系的中心會鼓起來，並且順著旋轉臂向外延伸，進而將星系撕裂。奧斯崔克和匹柏士嘗試將他們的自旋粒子，浸泡在由看不見的物質所構成的球體中，好讓他們的模型可以穩定下來。這個球體（他們稱之為**暈輪**）可以補足重力，將整個星系維繫在一起。這個暈輪必須是暗的（也就是看不見的），因此不被望遠鏡偵測到。弔詭的是，這個模型告訴我們，這種暗物質的數量必須比我們在恆星裡所觀測到的那些原子還來得多。

　　1970年代末期，加州大學聖塔克魯茲分校的珊德拉‧費珀
（Sandra Faber, 1944-）和伊利諾的學者加拉赫（Jay Gallagher）合
寫了一篇評論，在該文中，他們整理了天文學家觀測星系時所得
到的一些古怪發現，以及匹柏士和同事在模擬星系時所發現的怪
事。他們做出以下結論：「我們認為看不見之物質的發現，很可
能會持續成為現代天文學的重要結論之一。」[253]

匹柏士提出冷暗物質模型

　　所以在1982年，匹柏士建構宇宙新模型時，他決定把原子
與暗物質都包括進去。事實上，他假設幾乎整個宇宙都是由一種
神祕的物質組成的，這種物質是由很重的粒子所構成，但我們看
不見它，因為它與光並不會有交互作用。匹柏士的**冷暗物質模型**
（cold dark matter model）很簡單，而且這模型能讓他預測星系的
分布看起來會是什麼樣子，以及遺跡輻射的漣漪會有多大。

　　事實證明，這樣的做法後來對宇宙學的發展，帶來巨大的衝
擊，但是誠如匹柏士回憶的：「我當時並不是那麼認真看待這個
模型……我之所以將它寫下，只是因為它很簡單，而且能符合觀
測結果。」[254]

　　雖然匹柏士並沒有談到新近才由谷史提出的**暴脹期**，但是他
的新模型卻非常符合時代精神。匹柏士假設存在一種來自基礎物
理、可以將內在空間與外在空間連接起來的大質量粒子。這個冷
暗物質模型，簡稱為CDM，被一支由天文學家及物理學家組成
的小軍團所採納，他們開始探究星系形成的細節。

　　加州大學柏克萊分校的戴維斯（見第270頁），與兩位英國

天文學家艾弗斯塔修（George Efstathiou, 1955- ）、懷特（Simon White, 1951- ）以及墨西哥天文學家弗蘭克（Carlos Frenk, 1951- ）一起合作建構電腦模型，在虛擬宇宙中追蹤個別星系與星系團的形成。在他們的模擬中，這四人幫（後來大家這麼稱呼他們）追蹤成千上萬個粒子互動之後的行為，藉此了解它們如何一起構成宇宙的大尺度結構。

雖然CDM很受歡迎，而且許多人急於擁抱它，但這模型似乎有太多地方弄錯了。在匹柏士提出的CDM模型中，宇宙有可能只有七十億年老，這實在是過於年輕。天文學家這時已經發現一些稱為**球狀星團**（globular cluster）的高密度恆星團，在星系中搖擺著。這些明亮光團裡淨是一些年老的恆星，它們應該在宇宙成形的初期（當時宇宙幾乎都是氫與氦）就已經形成，這就表示球狀星團的年齡至少有一百億年。

不僅如此，如果宇宙主要是由冰冷的暗物質組成，那麼暗物質相對於原子的比例大約會是25：1。然而，不論天文學家多麼努力去觀測，他們還是查不出暗物質在哪裡。從星系旋轉的速度或是從天文學家觀測到的星系團溫度，他們可以推論出某處有多少重力（星系團愈熱，就需要更多的重力來拉住它們），以及需要有多少暗物質，才能產生那麼多的重力。天文學家不斷修正而得的暗物質／原子比例，已經接近到6：1了。

沒錯，估算暗物質質量的方法仍然相當粗糙及不確定，但是這樣的缺失似乎已經大到不能用誤差範圍來解釋。幾乎在一提出CDM後，匹柏士就感覺到他必須放棄這個模型，並且尋找其他的模型。根據他的說法，「在1980年代及1990年代初期，有許多撒網的工作要做。」[255]

四人幫也沒有好到哪裡去。他們使用電腦模型創造一些虛擬宇宙，並且拿它們與真實宇宙比較，看看兩者看起來是否相似。結果兩者並不相似。首先，在大尺度上，真實的宇宙看起來比虛擬宇宙更有結構、更加複雜。再者，在CDM宇宙模型中，星系在小尺度上聚集成簇的現象，比真實宇宙明顯得多；而當你把鏡頭拉遠來看更大尺度的圖像時，虛擬宇宙卻又比真實宇宙更快速的均勻散開。我們有可能藉由閃避一些結果，來減輕虛擬宇宙中某些問題的嚴重性；但事實是，匹柏士的CDM模型沒辦法完全行得通。

雖然CDM模型與最基本的觀測結果相違背，但是這個模型還是被大多數天文學家及物理學家採納。CDM模型在觀念上很簡單，而且與宇宙暴脹以及有關星系暗物質的證據，配合得相當好。支持CDM的人於是繼續尋找更進一步發展及修正這個模型的方法，其中一種修正CDM的方法是讓愛因斯坦宇宙常數重新復活。對許多人來說，那是一種咒詛。

不能再對宇宙常數視而不見

自從愛因斯坦在1917年引進宇宙常數以來，反對它的理由就愈來愈強。雖然在宇宙擴張現象被發現之後，愛因斯坦很快就把宇宙常數從他的理論中丟棄，但他的某些同事卻還是緊抱著不放。愛丁頓與勒梅特神父仍把宇宙常數納入他們的宇宙模型中，勒梅特甚至推論，宇宙常數只不過是真空的能量密度。

1967年，澤多維奇證明了宇宙常數可能是個頗嚴重的問題。他把所有可能在宇宙中出現或消失的虛粒子的能量都加起來，發

現所得到的能量看起來就像一個宇宙常數，應該會是一個超級巨大的數值。嚴格來講，我們所得到的宇宙常數會是無限大，理由就跟牽涉到量子重力的每樣東西都是無限大一樣，但我們可以避重就輕，把它弄成有限大。即使如此，它還是個很大的數，比曾經在宇宙中被測量到的能量，都要高上好幾個數量級。

澤多維奇的計算[256]證明了如果宇宙中真的有真空能量（也因此有所謂的宇宙常數），那麼它的值會大到與觀測的結果不合。唯一能讓我們繼續往前走的方式就是：假設有某個到目前為止尚未發現的物理機制會介入，使宇宙常數等於零。實際上，宇宙學家選擇忽略宇宙常數，假裝它不存在。

然而一次又一次，只要有人嘗試用冷暗物質模型來化解這個問題，宇宙常數（就是所謂的λ）就會再冒出來，成為可能的解之一。在1984年，匹柏士自己也發現，一個有冷暗物質而還能存活下來的宇宙，需要有宇宙常數，來構成宇宙總能量的百分之八十。當四人幫（戴維斯、艾弗斯塔修、懷特及弗蘭克）嘗試模擬一個帶有λ的宇宙模型時，他們發現：之前提出來反對CDM模型的許多問題都消失了。

1990年，當時在牛津大學任職的艾弗斯塔修，在《自然》期刊發表了一篇題為〈宇宙常數與冷暗物質〉的論文。在論文中，艾弗斯塔修和他的合作夥伴考慮了一種帶有宇宙常數的模擬宇宙的大尺度結構，並拿它與真實宇宙的觀測結果做比較。這一次，他們使用的是一份過去幾年間蒐集到、裡面包含了數百萬個星系的目錄。在論文的前言中，他們宣稱：「我們主張，在一個空間上平坦、有將近百分之八十的臨界密度是由一個正值宇宙常數來提供的宇宙模型，可以保留CDM理論的優勢，也能成功解釋新

的觀測結果。」[257] 他們接著就著手證明，這樣的宇宙似乎符合當時的所有觀測數據。

奧斯崔克和史坦哈德特（Paul Steinhardt, 1952-，暴脹理論的開創者之一），在1995年的《自然》期刊發表了一篇論文，他們主張：「一個有臨界能量密度及很大的宇宙常數的宇宙，看起來是個比較好的選項。」[258]

一切似乎都指向 λ 了。

雖然在宇宙大尺度結構中有 λ 存在的跡象，每個人卻還是避免去談論它。正如匹柏士在1984年所寫的：「這個選項的問題……是它看起來不太可能。」[259] 艾弗斯塔修和他的同事在論文的結論說：「一個非零的宇宙常數，對於基礎物理學會有深遠的影響。」[260] 在另一篇論文中，加州大學聖塔克魯茲分校的布魯門塔（George Blumenthal, 1945-）、德克爾（Avishai Dekel, 1951-）及普利馬克（Joel Primack, 1945-）主張，要容許宇宙常數存在，「就必須對這個理論的參數，進行數量多到不切實際的微調」[261]。的確，就如奧斯崔克和史坦哈德特所寫的，觀測上的證據開啟了一個不可能的挑戰：「我們如何能從理論的觀點，來解釋這個非零的宇宙常數？」[262] 這個問題已經不再能被當成一個骯髒的祕密隱藏起來。

宇宙背景探索者計畫

時間來到本章一開頭描述的1996年普林斯頓宇宙學研討會，芝加哥大學的透納（見第263頁）緊接在高特與史普傑之後登臺報告，他為宇宙常數辯護時，迎來在場聽眾的叫囂攻擊。觀測上

的數據對透納有利，但是對他的同儕來說，宇宙常數還是太難以下嚥。宇宙常數在概念上太不可能，而且從美學的角度來看也不討人喜歡。如果透納所訴諸的是上帝介入自然，或許還容易脫身一點。在這場辯論會議結束時，沒有宇宙常數的CDM被宣告為勝利者。匹柏士興致盎然的觀看了整場精采的辯論。

可是到了1996年底，情勢逆轉，宇宙學已經轉型到匹柏士始料未及的地步。最初，和澤多維奇、席爾克及某些人一樣，匹柏士是少數幾位建構起宇宙大尺度結構理論的開創者之一。匹柏士實際上也發展出那些不僅可用來建構理論、也能用來分析觀測數據的技巧。現在，新一輩的理論學者將他的想法以驚人的幅度往前推展，天文學家也以愈來愈高的精確度，畫出宇宙的全圖。

在這個新紀元，匹柏士發現自己的處境相當尷尬：在這個他曾經協助創立的領域中，他竟然成為一位反對者。匹柏士看不慣同事們那麼熱烈採納CDM、卻又持續推出新模型來與它競爭。但是就如匹柏士的導師狄基所說的，好的數據最終會戰勝一切。CDM的支持者及匹柏士，都即將面臨戰敗的命運。

宇宙背景探索者（Cosmic Background Explorer, COBE）計畫主持人之一的史慕特（George Smoot, 1945- ）在1992年宣稱：「如果你有宗教信仰，這感覺就像是在看著上帝。」[263]

COBE是一項人造衛星實驗，目的是用前所未有的精確度，來偵測大霹靂所殘留的遺跡輻射，並且記錄遺跡輻射的明亮度會如何隨著你對準天空的不同方向而有所改變。史慕特所談論的是有史以來天文學家第一次，針對遺跡輻射中那難以捉摸的**漣漪**所做的測量。那漣漪也就是匹柏士、席爾克、諾維可夫、蘇尼亞耶夫（Rashid Sunyaev, 1943- ）等人過去二十五年來，一直認為存在

於宇宙中的微弱訊號。這是一段漫長而且幾乎令人難堪的搜尋過程。時間逐漸流逝，但那些漣漪卻還是一直沒被觀測到，於是理論學者重新計算他們的預測，向下修正他們的期待。

1992年，COBE人造衛星終於使用根據狄基的想法而設計的一組偵測器，製作出一份遺跡輻射的地圖，這讓大家都鬆了一口氣。史慕特也因為COBE研究，獲得2006年諾貝爾物理獎。

宇宙正在加速擴張

COBE的發現還只是起頭而已。關於遺跡輻射中的漣漪，它所提供的圖像仍然相當模糊，無法聚焦。這些漣漪需要被聚焦審視，因為就如匹柏士、諾維可夫及澤多維奇已經證明的，在遺跡輻射中應該會有由冷、熱區塊所構成的繁複織錦，我們可以利用它來繪製出空間的幾何。如果空間的幾何真的是歐氏幾何，那麼那些區塊應該會在天穹中，張開大約一度的角度。透過廣義相對論的解釋，測量出空間的幾何，就相當於測量出整個宇宙能量的多寡。

不過，我們需要更精確的實驗。全世界的幾十支研究團隊，已經發展出各種能更精確、更聚焦的測量遺跡輻射的儀器。這就好像一批無畏的探索者已經出發，去為一塊才剛被發現的新大陸繪製地圖。在邁入二十一世紀之際，當一切終於可配合起來時，一小群實驗學家宣布：他們發現那些冷熱區塊，的確是張開大約一度的角度，因此空間的幾何應該是平坦的。這個結果正好符合暴脹理論的預測，也進一步支持由CDM模型及宇宙常數所刻畫的宇宙大尺度結構。

最後一批明確將天平往「傾向支持宇宙常數存在的那一側」推的數據，不是來自匹柏士花了多年心血所建構的宇宙大尺度結構領域，而是來自宇宙遠處那些爆炸中的超新星。最早的線索出現在1998年1月的美國天文學會年會上，當時美國西岸有一支由天文學家與物理學家組成、名為**超新星宇宙學計畫**（Supernova Cosmology Project, SCP）的團隊，他們宣稱暗物質或原子無法產生足夠大的重力，來拉住或減緩宇宙的擴張。事實上，超新星宇宙學計畫發現，宇宙的擴張很可能是在加速中。這就表示宇宙要不是比我們先前所以為的還要空曠，就是有一個宇宙常數在將空間推開。

超新星宇宙學計畫在一定程度上，只是重複哈伯及赫馬森在1920年代所做的事：測量遠處天體的距離及紅移。不過這些觀測者這次不是去觀測星系，而是去尋找個別的超新星，也就是那些會爆發出超強光芒的恆星。這樣的恆星所發出的光，就跟整個星系全集中在針尖一樣明亮，以致即使它們是位於比哈伯及赫馬森觀測的範圍還要遠得多的地方，也能觀測到。

雖然就基本精神來說，超新星宇宙學計畫其實呼應了哈伯與赫馬森的研究，但它已經不再是單靠兩個人就可以完成的計畫，而是一場大型的行動，參與的團隊分布在三個大陸，使用許多架設在地球上的望遠鏡、以及哈伯太空望遠鏡，來得到數據。測量的方法非常困難，研究人員花了十年的時間，才讓自己熟練各種技巧。

緊跟在超新星宇宙學計畫之後的是**高紅移超新星搜尋計畫**（High-Z Supernova Search project），它發現了一些類似的結果：似乎支持宇宙加速擴張、也因此支持宇宙常數存在的證據。

　　兩支研究團隊都不敢宣布他們從數據中看到的結果。在美國天文學會 2008 年 1 月於華盛頓舉行的研討會中，他們的簡報都非常小心謹慎，幾乎像是很痛苦的忍住公布真相的衝動。與會的學者在走廊上竊竊私語，討論起這些研究成果的真正蘊涵，這蘊涵隨後也在報紙上給報導出來。兩支超新星團隊發表研究成果的隔天，《華盛頓郵報》是這麼報導的：「這些發現似乎也為主張宇宙常數存在的理論，注入了新生命。」[264]

　　幾個星期之後，《科學》期刊走得更遠了，它刊登一篇標題為〈爆炸的恆星告訴我們存在一種萬有的排斥力〉[265] 的文章。在文章中，超新星宇宙學計畫的主持人珀爾馬特（Saul Perlmutter, 1959- ）並不願意做這麼強的宣稱，只說：「這還有待更多的研究來證實。」

　　只再過了一個月，高紅移超新星搜尋計畫的研究團隊就確認了他們的結果，並且對外宣布：他們的數據支持了 λ 的存在。宇宙不僅非常空曠，沒有太多原子與暗物質，它還充滿某種會讓它加速擴張的東西。

　　接下來，高紅移團隊的成員受邀到世界各地上電視，向社會大眾解釋他們那奇特、難以理解的發現。CNN 宣布，科學家「對於宇宙可能在加速，感到相當震驚」[266]，而《紐約時報》引用高紅移計畫主持人施密特（Brian Schmidt, 1967- ）的話說：「我自己的反應大概是介於驚奇及恐懼之間。驚奇是因為我根本就不預期這樣的結果，而恐懼是因為大多數天文學家很可能不會相信這個結果，就和我一樣，他們對於不預期的結果，總是抱持極度懷疑的態度。」[267]

　　超新星宇宙學計畫的研究團隊也很快跟進，發表自己的研究

結果。這成為正式的官方說法了：λ真的存在。因為這個發現，這兩支團隊的主要領導人物，珀爾馬特、施密特及黎斯（Adam Riess, 1969- ）獲頒2011年諾貝爾物理獎。

宇宙學的標準模型：整合模型

幾年來，甚至幾十年來，關於宇宙的組成、年齡、幾何、以及基本成分，科學家有許多的不確定。各種不同的提議都各有優點與缺點，而宇宙學的考量已經變成不只是科學，也是美學了，參與其中的人員就根據各自的品味，來選擇自己所喜好的理論。但是現在，當中最不討喜的理論——宇宙常數，已經勝出了。在幾個月內，一個嶄新的宇宙學標準模型，也就是所謂的**整合模型**（concordance model）或直接稱為λ-CDM，已經生根成長。

這個宇宙學新模型就像一池由原子、冷暗物質及宇宙常數所構成的雞尾酒。這正是大尺度結構理論暗示了十年之久，只是幾乎沒有人準備好要接受的結論。即使是不願意跟著大家一起走的匹柏士，也很驚訝一切最後會是如此整合在一起。但其實最大的功臣是數據，正如匹柏士的導師狄基之前所說的。匹柏士不得不承認：「關於這些數據告訴我們的事，最佳的解釋就是存在一個宇宙常數。或者，是一個看起來像宇宙常數的東西。」[268]

2000年，匹柏士從普林斯頓的教職退休後，他花更多時間在健走及拍攝野外生態上。他很喜歡駐足欣賞在健走途中巧遇的那些鳥類的美麗、甚或奇異，而現在他有更多時間可以這麼做。他這時已經不再把焦點放在天空中星系移動的模式，或個別星系自旋的方式上，相反的，他選擇忘情於周遭的樹木與森林之美。正

是這種謹慎的觀測及對細節的留意，讓他得以看著宇宙學從猜想
而逐步轉變成一門堅實、精確的科學。

廣義相對論的另一個支派已然成熟，展現出自己的生命力。
匹柏士默默持續的努力，也就是他自己戲稱的「塗鴉」，已經幫
助宇宙大尺度結構的研究，在物理學及天文學的中央舞臺站穩一
席之地。匹柏士身上那股不服從的勁兒，已經帶領宇宙學演變出
當今這個奇特模型：在這個宇宙中，百分之九十六的能量是屬於
某種暗成分，由暗物質及宇宙常數共同組成。跟匹柏士在將近
五十年前、剛開始投入這領域時的狀況比較起來，這實在是非常
離奇的轉變。

揭示了一個奇特的宇宙

學界現在已經普遍接受宇宙常數。但根本的問題依然存在：
澤多維奇將宇宙中虛粒子的能量全加起來而做的預測，和實際觀
測到的結果完全不一致，相差了一百個數量級。雖然在過去，這
個不一致曾經讓宇宙學家完全不考慮宇宙常數的可能性，現在他
們卻是擁抱它。宇宙常數確實是在那裡，在數據中，無可避免。

在澤多維奇及諾維可夫寫於1967年的相對論天文物理教科
書中，他們這麼說：「在一個精靈從壺中被釋放出來後……根據
傳說，要想再把這個精靈追回來塞進壺內，那就是很困難的事
了。」[269] 這個比喻有它的道理。現在，既然大家已經傾向採用整
合模型，宇宙常數必須被好好面對。

或者，事情不見得是如此。還有另一個仍然嘗試避免宇宙常
數的努力，是訴諸於一種可以將空間推開的全新東西。這種奇異

的新場、新粒子或新物質，行為非常類似宇宙常數，但大家很快就開始用**暗能量**[270]來稱呼它。

從過去一直到現在，人們對於暗能量，以及它將**觀測宇宙學**的成功與粒子物理及量子的創造結合起來的可能性，都抱持相當高的期待。年輕及年長的宇宙學家成群聚在一起研究這個主題；譬如在某個研討會的一場演講中，有位講員放了一張投影片，裡面列出超過一百種不同的暗能量模型，這見證了新世代宇宙學家的創造力。

然而，暗能量的發明仍然無法解決澤多維奇所提出的問題：真空的能量實在大到令人無法接受。再一次，宇宙學家的處理方式是：假裝這樣的差異並不存在。接下來我們需要等待量子重力的一場革命，來提出某個頗具爭議的解。

過去四十年間，宇宙物理學的崛起，轉變了我們對時空及宇宙的看法。在最大尺度上開採廣義相對論的珍寶，並謹慎梳理出宇宙的大尺度性質的同時，匹柏士與同時代的學者已為我們開啟了一扇觀看真實世界的全新窗戶。配合天文物理學家在製作星系及遺跡輻射分布圖上的偉大成就，他們的研究揭示了一個奇特的宇宙，其中充滿一些我們到目前仍然不太了解的怪異物質。

這和1960年代的宇宙學天差地遠，照匹柏士的說法，當時的宇宙學是一門「非常可悲」的科學，裡面只有三個數。現代宇宙學是愛因斯坦廣義相對論（甚至是整個現代科學）的偉大成就之一，而且它所挑起的問題，就跟它所回答的問題一樣多。

第11章〈暗宇宙〉附記

現代宇宙學超級成功的故事，在文獻中有豐富的記載。

Peebles, Page, and Partridge（2009）收錄了一系列的親身證詞與論文，並且描述了這個領域的興起。在這個發展過程中出版的一些書，很值得一讀，例如 Overbye（1991）或收錄在 Lightman and Brawer（1990）中的那些訪談。Smoot and Davidson（1995）屬於個人回憶錄，描述了 COBE 的發現，Lemonick（1995）則比較是從記者報導的角度來看待它。Panek（2011）對於1990年代晚期，宇宙學轉而朝著宇宙常數存在的方向邁進，有相當精采的描述，並且如實記下在追尋超新星的過程中，是誰做了什麼樣的貢獻等等的細節。美國物理學會與匹柏士所做的幾次訪問——Harwitt（1984）、Lightman（1988b）以及 Smeenk（2002），是有助於了解匹柏士的宇宙觀的很好資訊來源。

要更詳細了解我們當前關於宇宙的理論，讀者可以去讀 Silk（1989）與 Ferreira（2007）。而 Bernstein and Feinberg（1986）收錄了早期關於現代宇宙學的一些重要論文，很值得讀者花點時間瀏覽。愛因斯坦百歲紀念研討會論文集 Hawking and Israel（1979）以及「關鍵對話」論文集 Turok（1997），也很值得一讀。

第
12
章

時空的終點

從弦論到迴圈量子重力，

再到所有其他將廣義相對論量子化的

小規模嘗試，幾乎所有的理論

都已不再堅持時空是根基。

　　1979年，霍金獲聘為劍橋大學盧卡斯物理數學講座教授。這是全世界理論物理學界聲望最高的講座之一，之前擔任過這個講座的物理學家包括牛頓與狄拉克，而現在它竟交給一位還不到四十歲的相對論學者。

　　其實霍金是實至名歸。在截至當時還不到二十年的研究生涯中，他已經為相對論做出長遠的貢獻，探討的主題包括宇宙的誕生及黑洞物理。毫無疑問的，霍金最重要的貢獻是：證明了黑洞會輻射，有熵與溫度，而且最終將會蒸發。霍金輻射讓全世界的物理學家都大吃一驚。黑洞照理應該是黑而且簡單。但是奠基在貝肯斯坦（見第223頁）的猜測上，霍金卻證明了黑洞必須包含大量的混亂無序，而那樣的混亂無序是與黑洞的面積有關，而不是像我們熟悉的其他物理系統那樣，與體積有關。大家心中共有的一個疑問是：黑洞有什麼地方可以容納這熵？在心底，每個人都認為，毫無疑問的，量子重力應該能提供這問題的答案。

　　當時對量子重力的追尋，似乎已經停了下來。1975年，霍金在牛津會議上宣布他關於黑洞輻射的發現時，事情已經很明顯：廣義相對論無法重整化，而且它會受到一些無法隱藏起來的無窮大的糾纏。廣義相對論和其他基本作用力理論截然不同，物理學家先前用來建構粒子與力的標準模型的那些傳統方法，根本拿它沒轍。我們必須做截然不同的處理，而霍金和他的夥伴這時就面對好幾個令人莫衷一是的選擇。

　　到了1970年代末期，量子重力領域突然湧入許多新想法與技巧，讓這個領域在接下來的幾十年間，出現了很深的裂痕。彼此對立的各個陣營，都緊緊擁抱屬於他們自己的、將廣義相對論量子化的法則，在教義上拒絕接受其他陣營的處理方式。研究量

子重力的物理學家竟分裂成對立的族群，陷入一場有人稱為真正
戰爭的戰爭。然而，在這個狂暴而且有時候很難處理的環境中，
大家逐漸得到一個共識：把時空看成是一個連續體的這種老舊想
法，必須放棄，我們必須對於「實存」採取激進的新想法。

尋找理論物理的終點

霍金向來就是喜歡提出大膽且有爭議的主張的人，他經常很
有遠見，但有時也會惡作劇一下。在接受盧卡斯講座一職時，霍
金就利用他的就職演說〈我們看到理論物理學的終點了嗎？〉[271]
來表達他對物理學之未來的看法，並且宣布「理論物理學的目標
有可能在不太遙遠的未來就會達到，比方說，在這個世紀結束之
前。」在霍金的心中，物理學定律的大一統以及量子重力，都已
經在附近了。

霍金有很好的理由做出這樣大膽的宣稱，因為他已經看到一
個稱為**超對稱**（supersymmetry）的新領域的發展潛力。超對稱想
像在大自然中有一種深層的對稱性，它可以用人們很難理解的方
式，將宇宙中所有的粒子與力連結起來。超對稱認為每一個基本
粒子都有一個與它相反的雙胞胎：每個費米子都有一個孿生玻色
子，反之亦然。

有一個在1976年首次被提出的理論，把超對稱再往前推進一
步，將它也用在時空本身，因而創造出**超重力**（supergravity）。
在霍金發表他的演講時，超重力似乎是每個人期待的答案：量子
重力最具潛力的候選者。但是事實證明，超重力異常笨重。超重
力將時空推展到新的維度，需要用到一組比愛因斯坦場方程還複

雜許多的方程式。計算任何東西都要花上好幾個月的時間,而且計算結果飽受無窮大及無法被納入框架中的粒子的困擾。雖然有一小群死硬派還是堅持繼續研究超重力,但是它很快就失去了競爭力。霍金必須到別處尋找理論物理的終點。

黑洞資訊悖論

雖然1979年霍金在劍橋的就職演說中,態度相當樂觀,但其實他已經很認真思索過一個奇怪的問題,這個問題是他在發現黑洞會發出輻射時碰到的。這個問題凶兆般的籠罩在所有將重力量子化的嘗試上方,而且它會將物理學的一個最重要的信念徹底粉碎。霍金選擇在一位有錢企業家葉哈德(Werner Erhard)的豪宅聚會上,將這問題偷偷傳遞給一小群特別受邀的同事。

葉哈德靠著在美國各地舉辦自我激勵課程,賺得了金錢與名聲。他受到許多博學之士及宗教(禪、佛教、山達基)的影響,但是他對物理學特別熱中。每年葉哈德都會安排一系列物理學的演講,並邀請像霍金與費曼這樣知名的物理學家來演說。當1981年霍金受邀作一場演講時,霍金決定談論某個他最早發表於1976年的怪異結果——從那年開始,這個結果就一直困擾著他。這場演講其實是由霍金的一位年輕研究生發表的,那時候霍金的身體狀況已經不容許他親自演講了。演說的標題為〈黑洞資訊悖論〉(Black Hole Information Paradox)。[272]

這場演講探討了物理學的一個神聖信念:當你擁有某個物理系統的完整資訊時,你總是有可能重新建構出那個系統的過去。想像一顆球從你的頭旁邊飛過。如果你知道它的移動速率以及飛

行方向，你就有可能重新算出它是從哪裡來的，以及它一路上經過哪些地方。或者，考慮一個充滿氣體分子的盒子。如果你可以測量盒中每個氣體分子的位置與速度，那麼你就可以決定每個粒子在過去的任何時刻是在哪裡。

　　比較實際的情況通常會複雜很多。就以我用來寫這一章的筆電為例吧，我需要知道許多關於這個世界的資訊，才能準確重新建構出這臺筆電的形成過程，但是原則上，物理定律告訴我這件事是可能的。因此，在一個更複雜的情況中，知道關於某個量子態的所有資訊，應該就能讓你重建這個量子態的過去。事實上，這樣的情形已經內建到量子物理的定律中：資訊一直是守恆的。資訊是可預測性的基礎，而物理學家一直堅守資訊不滅的基本定則。

　　資訊永遠不會毀滅——直到它碰上一個黑洞。如果你把這本書丟進一個黑洞，它會從你眼前消失。黑洞的質量及表面積會有些微的增加，而且它會輻射出光。最終那個黑洞會完全蒸發而消失不見，只留下一團沒有任何特徵的輻射。如果你是將質量和這本書一樣大的一袋空氣丟進去，也會發生完全相同的事：黑洞的面積會增加，它還會輻射出光而最終消失不見，到頭來你得到的是同樣一團沒有任何特徵的輻射。在這兩個情形下，最終的產物都完全相同，雖然你是以相當不一樣的方式開始一切。事實上，我們甚至不需要等到黑洞消失，就知道有這樣的結果。當黑洞輻射出能量時，它們看起來都一樣，你根本不可能重新查出我們一開始是丟這本書、或是一袋空氣進到黑洞中。資訊已經消失了。

　　霍金發現了一個悖論：如果黑洞存在，它們會發出輻射而蒸發，但那就表示宇宙是無法預測的。牛頓、愛因斯坦及量子物理

的一個基本假設「因與果之間有直接連結」，就必須丟棄了。

霍金的宣布讓他的同儕非常震驚。許多人根本就拒絕接受他的說法。一旦資訊會失去，那麼做為一種預測的科學，物理學就已經沒有將來了。唯一可以解救它的方式，就是讓黑洞擁有比我們原先以為的更豐富的內涵，某種型態的微觀物理學能夠在一方面容許黑洞儲存資訊，另一方面又確保當黑洞生命期結束時，這些資訊能夠再次被釋放到外在世界中。而這樣的解，只可能由量子重力來提供。

德威特三部曲

早在1967年，德威特即詳細提出兩個將廣義相對論量子化的宣言，而兩者的立場其實互相衝突。當時德威特已經四十幾歲，而且已花了將近二十年的時間，挑戰這個不可能的任務，他手上有三篇總結他的研究工作的論文。這三篇論文後來被稱為「三部曲」[273]，對許多人來說，它們儼然就是量子重力的神聖教條。德威特很小心翼翼的肯定了在他之前所有關於量子重力的研究，但是他的論文以自給自足的方式，為量子物理與廣義相對論的聯姻打下根基。基本上這三篇論文總結了德威特自己的研究，以及在他之前任何其他人嘗試過的研究。

三部曲的第一篇論文描述了德威特所謂的**正則法**（canonical approach）。這是其他人（包括伯格曼、狄拉克、密斯納及惠勒）之前就提議過的方法。和廣義相對論的情形一樣，幾何在這個理論中扮演重要的角色。正則法把時空拆解成兩個不同的部分：空間與時間。在這裡，廣義相對論不再是關於時空（做為一個不可

分割的整體）的理論，而是成為一個解釋空間如何隨時間演化的理論。德威特接著證明了：我們有可能藉由找到一組可用來計算「某一空間幾何的**機率**會如何隨時間演化」的方程式，而將量子物理引進我們的架構中。就如薛丁格為尋常系統的量子物理所做的那樣，德威特為空間的幾何找到了一個波函數。

雖然德威特自己不久之後就拒絕了這樣的做法，但惠勒卻很快擁抱這個方法。他們兩人在北卡羅萊納州的羅利達拉姆機場碰了面，德威特跟惠勒分享他的方程式。根據德威特的回憶，「惠勒感到非常興奮，開始在每個場合都跟人談論這個方程式。」[274]有許多年之久，德威特稱這方程式為惠勒方程，而惠勒則稱它為德威特方程。其他人則直接稱它為**惠勒－德威特方程**。

德威特三部曲的第二篇及第三篇論文，才真正是他的心之所繫。這兩篇論文提出另一條路徑：**協變法**（covariant approach）。在這個方法中，幾何學完全被忘掉，重力只不過是另一種作用力罷了，由它的信差粒子「重力子」來攜帶。這個方法嘗試複製量子電動力學（QED）及標準模型的成功，但卻因而帶來了一些破壞性的無窮大，在1975年於牛津的量子重力大會，這些無窮大戲劇性阻礙了這理論的進展。

正則法及協變法具體呈現了兩種非常不同的哲學，以兩種非常不同的態度來處理量子化重力的問題。正則法的核心是幾何學，而協變法則全在談論粒子、場、以及大一統。這兩種方法讓兩個非常不同的研究社群彼此對抗。

協變法的旗幟最終是由一個新而激進的統合理論所承繼，這個理論就是所謂的**弦論**。事實上，弦論一開始只是1960年代末期一小撮人在做的研究，他們嘗試提供理論，來解釋從粒子加速實

驗中冒出來的那一大堆五花八門的古怪新粒子的行為。弦論的基本想法是：這些像點一樣微小的粒子，最好是用一小段一小段微觀的、扭動的弦來解釋。不同質量的粒子說穿了，只不過是這些飄浮在空間中的小弦的不同振動方式。這戲法的奧妙在於：只要有一個這樣的東西，一條弦，我們就可以描述出所有的粒子。一條弦扭動得愈厲害，它就愈有活力，它所描述的粒子就愈重。弦論是將各種東西統合的一種嘗試，但是它採用的方法迥異於先前曾被提出的任何理論。

基本弦的想法的確很棒，但一開始它其實是錯的。只要任何人嘗試算出物理上的預測值，無窮大的數值就會不斷冒出來，而這些無窮大無法像在QED或標準模型裡，那樣重整化。不僅如此，這個用弦來解釋粒子行為的理論，預測了某個行為表現完全就像重力子的粒子的存在，而重力子被認為是重力的來源。雖然這樣的粒子在量子重力中可能很有用，但是它在弦論設定要去完成的使命，亦即解釋在加速器中發現的那些怪異粒子，卻沒有任何用處。

弦論無法做出唯一的預測

弦論在一開始受到許多關注，但是從1970年代中期開始沒落，被主流物理學否決。弦論的少數幾位支持者之一，諾貝爾物理獎得主葛爾曼（Murray Gell-Mann, 1929- ），把自己描述成「弦論的某種贊助者」及「保育者」。根據葛爾曼的回憶，「我在加州理工學院為瀕臨絕種的超弦理論學者，建立了一個自然保護區，從1972年到1984年，許多弦論的研究工作都在那裡完成。」[275]

　　1984年，葛爾曼所謂「瀕臨絕種的加州理工學院弦論學者」之一的施瓦茨（John Schwarz, 1941-），和倫敦的年輕英國物理學家格林（Michael Green, 1946-）合組團隊。他們兩個人提議：把弦論當成量子重力，也許還比較有用一點。他們證明了十維度宇宙的弦論可以將量子重力也納入理論框架中，只要它能滿足某些限制，並遵循某些對稱性。那年稍後，一些粒子物理學家及相對論學者，諸如普林斯頓的維騰（Edward Witten, 1951-）、德州大學奧斯汀分校的康德拉斯、以及加州大學聖塔芭芭拉分校的斯楚明格（Andrew Strominger, 1955-）與霍洛維茲（Gary Horowitz, 1955-）都走得更遠。他們證明了：如果宇宙這六個額外維度有一種特別的幾何，即所謂的**卡拉比－丘（丘成桐）流形**（Calabi-Yau manifold），則弦論方程式有一些解，看起來完全就像是標準模型的超對稱版。距離真正的標準模型，想必只差幾步之遙。

　　到了1980年晚期，弦論已經成為一位超級英雄，它似乎讓每個人都有一些期待。弦論的數學似乎是新穎而且令人興奮，就像愛因斯坦使用非歐幾何來了解廣義相對論時，對非歐幾何的感受一樣。數學家使用他們最新的工具（不僅是幾何學，也包括數論及拓樸學），來看看弦論能帶出什麼新結果。

　　在二十世紀即將結束時，弦論進入成熟期，它變得更加吸引人且一致同調，但它同時也變得更加複雜而令人困擾。在1995年於加州舉辦的年度弦論研討會中，維騰宣稱在過去十年間開始陸續出現的各種弦論模型，全都彼此相連，而且事實上它們只是一個更加基本且豐富的理論的不同面向，他稱這理論為**M理論**。照維騰的說法，「M可以代表Magic（魔術）、Mystery（奧祕）或Membrane（膜），就看你喜歡哪一個。」[276] 的確，維騰的M理論

不僅包括弦，還包括更高維度的物件，這些物件被稱為膜，英文簡稱為 brane，它們可在高維度宇宙中四處飄移。

雖然沉浸在一片歡欣與自傲的氣氛中，但弦論還是無法避免一個幾乎是關乎存在意義的問題：弦論的版本似乎太多了，就算你死忠於單一版本的弦論，它還是有許許多多個可以對應到真實世界的可能解。粗略的估計告訴我們，每一版本的弦論都有可能存在 10^{500} 組的解，這是關於所有可能宇宙的一幅超誇張的全景圖，後來它就被稱為地景（landscape）。弦論仍然無法做出唯一的預測。

有一些對弦論持懷疑態度的重要人物主張：弦論承諾得太多了，但給得太少。「我認為所有這些關於超弦的事物都太瘋狂，而且它們走錯方向了，」費曼於 1987 年（過世前不久）在一場訪談中這麼表示：「我不喜歡他們什麼計算都不用做。我不喜歡他們不用檢驗自己的想法。我不喜歡當任何的預測與實驗結果不符時，他們就想出一個新解釋……一個好理論不應該這樣。」[277]

格拉肖也呼應費曼的想法，他曾經和溫伯格及薩拉姆合力建構了非常成功的標準模型。格拉肖寫道：「超弦理論物理學家還沒有證明他們的理論真的行得通。他們無法證明標準模型是弦論的邏輯後果。他們甚至不確定在他們的理論框架中，有沒有關於質子與電子之類東西的描述。」[278]

弦論學者傅瑞登（Daniel Friedan, 1948-）是 1980 年代首次弦論革命時的重要角色。他承認弦論有弱點。他說：「長久以來，弦論的危機一直是：無法完全解釋或預測任何大距離的物理……弦論無法對關於真實世界的既有知識，提供任何確切的描述，也沒辦法做出任何確切的預測。弦論的可靠性無從評估……要成為

一個物理學理論，弦論毫無信譽可言。」[279]

　　然而，這些持懷疑態度的人仍然是少數，輕易就被其他人的聲音淹沒。如果你是在1980年代或1990年代進入量子重力領域，那麼就算你以為協變法已贏得勝利、而弦論是唯一的理論，也不會有人怪你。

迴圈量子重力

　　有一件事令許多廣義相對論學者對弦論非常感冒：就像任何協變量子重力一樣，在弦論中，時空幾何似乎完全不見了，而時空幾何可是廣義相對論的中心要素啊。弦論所在意的只是如何去描述一種作用力（也就是重力），就像另外那三種已經一起納入標準模型的作用力一樣，以及如何將重力量子化。

　　對於某一小撮相對論學者來說，繼續往前進的正路應該是另一條，那就是惠勒所擁抱、而德威特放棄的法門：正則法。在這個法門的架構中，我們應該可以建構出一個屬於幾何本身的量子論。

　　1980年代中期，印度相對論學者艾虛德卡（Abhay Ashtekar, 1949-），找到了一條往前走的路。在雪城大學任教的艾虛德卡是一位全心投入相對論研究的學者。他想到一個非常巧妙的方法，來拆解糾結不清的愛因斯坦場方程。他重寫這些方程式，使其中大多數惡魔般的非線性現象消失，而廣義相對論看起來也變得簡單許多。艾虛德卡的把戲以一種沒人預料到的方式，來為愛因斯坦場方程解鎖，他為三位年輕的相對論學者開啟了一扇門，讓他們得以梳理出愛因斯坦場方程的量子本質。

　　和德威特一樣，施莫林（Lee Smolin, 1955-）在1970年代剛
到哈佛讀研究所時，就愛上了量子重力。施莫林的指導教授柯爾
曼（Sidney Coleman, 1937-2007）讓他去跟麻州布蘭戴斯大學的戴
瑟（見第220頁）學習，真正動手去研究量子重力，體會其困難
之處。做為學生，施莫林慘敗在量子重力腳下，但是他仍然對解
決這個問題非常熱中。一直等到他要前往耶魯大學擔任助理教授
時，他才發現艾盧德卡的把戲，可以讓他的工作變得容易許多。

　　在耶魯，施莫林和雅各布森（Theodore Jacobson, 1954-）合作
進行研究。雅各布森是德州相對論研究群的德威特莫瑞特（見第
166頁）過去的學生。施莫林和雅各布森發現，與其去談論在空間
中各個獨立點上的幾何的量子性質，並看它們如何隨時間演化，
倒不如去探討一大堆的點的幾何（也就是把注意力集中在任何特
定時刻的一塊塊空間上），還比較容易些。在施莫林和雅各布森
的理論中，量子論的自然建構單元是空間中的迴圈（loop），它們
就像緞帶一樣，可以用來建構惠勒—德威特方程的解。

　　一切似乎都已經進入狀況，一整套思考量子幾何的新方式出
現了。這些迴圈可以連接起來，如金屬鏈或有趣的編織品一般，
彼此穿插。就像一面編織品一樣，從遠處來看，它的織法及鍊結
都消失不見，我們只看到愛因斯坦理論所說的那種平滑、彎曲的
時空。施莫林和雅各布森的理論，後來就被稱為**迴圈量子重力**。

　　施莫林在探索這問題的過程中，一位敢於對抗舊思維的年輕
義大利物理學家羅威利（Carlo Rovelli, 1956-），加入了他們的團
隊。羅威利早期也是因為研究量子重力那幾乎無法解出的代數，
而踏入這領域的。羅威利喜歡當一個反叛者。還在羅馬求學時，
他就搭建了一個另類的無線電臺。義大利官方一直在追查他的政

治立場，他還曾因拒絕徵兵而差點入監服刑。另類的想法對羅威利來說，再適合不過。

施莫林和羅威利把迴圈的想法再往前推進，去研究這些迴圈可以如何鍊結起來、編成辮狀，或穿插成結。在這麼做的時候，他們離原本的出發點，亦即空間的幾何，愈來愈遠，反倒走向一個更加碎裂的幾何觀。在1990年代中期，他們在不經意間接觸到潘若斯先前就有的一個想法。潘若斯提議用一個簡單的數學框架——潘若斯稱為**自旋網絡**（spin network），來描述量子系統。就像兒童遊戲場裡的一座奇特攀爬架，這結構是由連線與頂點所構成的網絡，每一連線與頂點都各自帶有某些特別的量子性質。羅威利與施莫林證明了這些網絡是惠勒—德威特方程更棒的解。然而這些網絡和相對論學者心中關於時空的直觀圖像，一點也不像，以致沒有任何一位自重的相對論學者願意研究自旋網絡。

羅威利與施莫林的自旋網絡，是一種看待量子重力的全新方式。在他們的模型中，空間在量子層次上並不存在，空間其實是由原子或分子所構成的，就像水一樣。水在巨觀上看起來平滑且連續，但它其實是由分子構成的——分子是飄浮在空曠空間中的一小簇一小簇的質子、電子與中子，分子之間靠著電力而鬆散的維繫在一起。根據羅威利與施莫林的說法，同樣的狀況也適用於空間，雖然空間看起來很平順，但如果你用非常高倍率的顯微鏡來看它，你就會發現它其實並不存在。在羅威利與施莫林的理論中，如果你能看到一兆兆分之一公分那麼短的距離，那麼就沒有空間，只會看到那個自旋網絡。

在將重力量子化的嘗試上，迴圈量子重力是弦論的一個大膽競爭對手。相對於弦論的協變法，迴圈量子重力和它的後繼者提

供了另類的正則法。熱中迴圈量子重力研究的學者，並不嘗試將所有的力大一統，相反的，透過以幾何學為出發點，他們嘗試保留廣義相對論中愛因斯坦原始想法之美。諷刺的是，在過程中他們卻放棄了時空是該理論之根基的想法。

弦論是贏家？

2004年，在德威特去世前不久，他在一場演講中對於量子重力的進展，表達了驚嘆之意：「回顧弦論的發展，你會很驚訝在五十年間，情況有了多麼大的改變。重力曾被認為只是單純的背景，與量子場論完全不相干。但是在今天，重力卻扮演起一個中心角色。它的存在讓弦論得到它的價值！英語中有一句諺語：『豬耳朵做不出絲綢錢包。』在1970年代初期，弦論是一只豬耳朵。沒有人認真把它視為一個基礎理論……在1980年代初期，圖像整個給翻轉過來。弦論突然開始需要重力，以及一大堆當時已有或尚未發現的其他東西。從這個觀點來看，弦論是個絲綢錢包。」[280]

德威特從來沒有研究過弦論。他所效忠的是什麼樣的理論，其實很明顯。關於正則法，德威特一點也不熱中。雖然他創造了惠勒—德威特方程，但他討厭它。德威特認為「它應該一直待在歷史的垃圾筒中」，因為它「違背了相對論的基本精神」[281]。事實上，根據德威特的說法，「惠勒—德威特方程是錯的……你不該把它當成量子重力的定義，或是做為更進一步、更詳細的分析的基礎。」[282]

德威特承認，艾盧德卡在惠勒—德威特方程上的研究「很優

雅」，但他說：「除了在所謂的『自旋泡沫』上有某些看來相當重要的研究成果之外，我傾向於把他的研究視為浪得虛名。」[283]德威特的不表苟同，反映出理論物理學界大多數人的看法：弦論才是贏家。

弦論學者把他們認為是自己陣營成就的研究結果揭露出來。這時已經回到倫敦的達夫（見第221頁）這麼宣布：「我們已經運用弦論及M理論，獲致了重大的進展……而這是針對大一統所做的唯一嘗試。」[284]

許多弦論學者相信，超弦及額外維度很快就會被發現，而且弦論是唯一可被接受的理論。霍金自己曾經說過：「M理論是宇宙的完備理論的唯一候選人。」[285] 在被問到關於對手陣營「正則法」（許多人視為惠勒量子化重力哲學的正宗傳人）的看法時，達夫指責他們老是喜歡宣稱「量子重力」與「迴圈量子重力」是同義詞。[286] 達夫不是唯一有這想法的人，固守在弦論陣營裡的康德拉斯這麼主張：「他們甚至沒辦法計算出重力子會做什麼事。他們怎麼能知道自己是對的？」[287]

在2000年代中期，矢志追求量子重力的兩個不同陣營之間根深蒂固的對立，已經攤開在世人眼前。那幾年間，一些意見領袖型的學者所寫的專欄文章，突然也出現在部落格及大眾物理雜誌上，質疑弦論在理論物理學界的稱霸。約莫在2006年出版的兩本書，宣稱弦論事實上是在摧毀物理學的未來。這兩本書的作者分別是：施莫林，迴圈量子重力的領袖人物之一，以及沃伊特（Peter Woit, 1957- ），哥倫比亞大學的物理數學家。

沃伊特宣稱，易受影響的年輕物理學者，成批被吸引去投身一個已經成立了將近三十年，卻還沒有提出過任何「切實可靠、

足以將各種作用力大一統、並解釋量子重力現象的研究成果」的領域。根據他們的說法，學術界被弦論學者所主導，他們聘用更多的弦論學者加入陣營，而將那些不聽從指導的優秀年輕學者拒於門外。

施莫林在2005年這麼說：「許多人都感到很氣餒，這個將自己塑造成是主導物理學方向的社群[288]，而且在美國許多地方確實占有主導地位的社群，對於其他領域的優秀研究成果，一點都不感興趣。你看，當我們舉辦量子重力會議時，我們會嘗試邀請每個主要對立理論的代表來參加，包括弦論。這不是因為我們非常有道德；只是我們就是會這麼做。但在年度國際弦論研討會上，他們卻從來沒有這麼做。」[289]

在部落客圈充斥著這樣的爭辯的同時，支持弦論的陣營因為遭受到這些攻擊而非常激動，他們決定要出面澄清。這麼一來，張貼在物理網站上的陳述，下面都緊接著數以百計的評論，其中混雜了各種技術上的細節、權威人士的意見，以及全然外行的留言。每個人都有他的話要說。

到了2011年，物理學界對弦論的敵意已經非常明顯。當時，已取代霍金成為劍橋大學盧卡斯講座教授的格林，來到牛津發表一場關於弦論的公開演講。格林曾經和施瓦茨一起在1984年開啟了弦論的成長，而且我曾經在1990年代初期，看過他在倫敦發表了一場大受稱讚的研討會演講，當時弦論的行情可謂水漲船高。但是這一次，在牛津大學，氣氛冷淡得多。雖然大多數的問題是針對他的演講細節，但還是有一些是刻薄的譏諷。現在，沒有任何一場公開的弦論演講可以順利結束、而沒被問到這個不可避免的問題：「這個理論禁得起驗證嗎？」這個問題總是出自於支持

反弦論陣營的人。

照目前的情況看來，要判斷研究量子重力的幾個不同陣營之間的對立，最後會有什麼樣的演變，還嫌太早。有一陣子，那些研究「非以弦論表述的量子重力」的學者，發現很難有進展，但是現在，研究量子重力的弦論學者似乎也遇上麻煩。

這場爭辯所帶出的一個重要結果是：更多人聽過量子重力。正則法與協變法之間的戰爭，甚至上了電視。在熱門影集「宅男行不行」（*The Big Bang Theory*）中，有兩個角色分手的原因是，他們對於要教小孩哪一種方法，得不到共識。正如劇中萊斯麗氣沖沖衝出房間時，對雷諾所說的：「不同意，就拉倒！」[290]

時空不再是根基

在霍金預言物理學的終點、並且發表那著名的〈黑洞資訊悖論〉的三十年後，仍然沒有一個大家同意的量子重力理論，更別說是把所有基本作用力都統整起來的完備大一統場論了。然而，雖然在追尋量子重力的路上出現許多尖酸與刻薄，但兩個陣營還是有共同的立場——關於時空的本質，有一個全新而且幾乎是雙方都同意的看法出現了。從弦論到迴圈量子重力，再到所有其他將廣義相對論量子化的小規模嘗試，幾乎所有的理論都已不再堅持時空是根基。

這樣的洞見，與霍金發現黑洞輻射有直接的關連，而且它可以幫助我們化解黑洞的資訊消失問題、以及物理可預測性之終結的問題。化解霍金悖論的關鍵步驟之一是：去了解黑洞實際上是如何儲存它們所吞噬的資訊，以及黑洞會如何將資訊釋放到外在

世界。這需要一幅更複雜的黑洞圖像，而不是像廣義相對論那幅天真的圖像所說的：只有一個事件視界，沒有其他東西。

有點出人意料的，迴圈量子重力與弦論，以及其他更神祕、更非主流的量子重力主張，似乎都能幫助我們對這個問題有些新想法。

在迴圈量子重力中，時空是被原子化的——存在某個最小尺度，在那尺度之下，連去談論面積及體積都變得沒有意義。施莫林、羅威利、以及諾丁罕大學的克拉斯諾夫（Kirill Krasnov），各自證明了這個理論可以把黑洞的面積再細分為微觀的小片，每一片都像數位資訊的螢幕那樣，儲存了一些資訊。照這些迴圈量子重力的指標人物的說法，這些資訊全加在一起，剛好就等於黑洞的熵。

弦論學者的看法卻有點不一樣。哈佛大學的斯楚明格和瓦法（Cumrun Vafa, 1960- ）證明了靠M理論（弦論目前的版本），他們也有可能推導出熵、資訊及黑洞面積之間準確的關係。針對某個特定類型的黑洞，他們證明了你可以藉由將特定類型的膜組裝起來，而讓黑洞儲存數量恰恰好的資訊。膜能提供黑洞正確的微結構，來解決霍金悖論。普遍而言，他們相信黑洞可看成是由一團沸騰混亂的弦與膜所構成，就像是一顆糾結不清的球，其中的端點與邊緣就像在事件視界上手舞足蹈。在事件視界上蹦跳著的這些膜與弦，就可以用來重新建構包含在黑洞之內的所有資訊。而且再一次，這些數加在一起，剛好就是正確的熵。

雖然兩個理論截然不同，但迴圈量子重力與弦論似乎在解決資訊悖論上，都走在正確的路途。因為如果資訊真的居住在事件視界上，它就可以提供資訊給黑洞正在逐漸發射的霍金輻射，在

黑洞緩緩發出微光時，將資訊釋放給外面的世界。所以，等到黑洞最終蒸發時，就會釋放出原先吸進的所有資訊，並沒有任何資訊會消失。

我們已來到愛因斯坦理論的極限？

弦論學者甚至更大膽、更具冒險精神，他們宣稱自己所發現關於霍金輻射的現象，其實是物理學理論中更深刻的性質。黑洞看起來很奇怪，因為一個黑洞所能儲存的資訊量與它的熵有關，而這個值其實是它面積的函數，而非如一般人以為的，是體積的函數。的確，貝肯斯坦和霍金早在1970年代中期，就已經提出這樣的主張了。但是這就表示，可被儲存在任何體積中的最大資訊量，一定是有上限的。要找出最大可能的資訊量，只要去假想有一個黑洞剛好包含如此大的體積，然後去算出在這個黑洞的表面上能夠儲存多少資訊。

所以，我們不需要去描述一大塊空間內的物理，只需要知道在包覆這空間的曲面上，會發生什麼事即可——就像是一幅二維全像圖，可以把三維景象的資訊全都編碼記錄下來。而如果這對於一小塊空間來說是真確的，那麼它就應該在任何地方都真確，也就是對整個宇宙來說也是真確的。在這樣的一個全像宇宙中，時空在宇宙的任一點上到底在做些什麼事，就變得一點也不重要了。這個性質如此令人震驚，以致維騰和他的一些做弦論研究的同事就主張，時空是一個「近似的、暫時的、古典的概念」[291]，它在量子層次上是沒有意義的。看起來，對任何一個量子重力理論來說，在最根本的層次上，時空都可能並不存在。

　　1950年代，當惠勒和學生開始思考時空與量子等主題時，他揣測如果一個人能夠用一臺你想像不到的超高功率顯微鏡，非常近距離的觀看空間，那麼他就有可能發現「小尺度下的幾何，似乎必須被想成具有泡沫般的特質。」[292] 惠勒的確是相當有先見之明，但是從我們現在已經漸漸了解的情況來看，連惠勒都有可能過於保守，因為泡沫也無法捕捉到時空形成的複雜度。

　　看起來，愛因斯坦的偉大理論最根本的概念之一，時空的幾何本身，也需要重新接受審視。量子似乎已經將廣義相對論推到超過它所能描述的範圍了，我們可能需要發展出一套全新的思考方式。但是，另一些徵兆似乎又暗示，我們已經來到愛因斯坦理論的極限了，關於空間、時間、甚至整個宇宙的事，它所能告訴我們的，就只能到此為止。正如惠勒曾指出的，當一個理論被推到了極限，我們就能學到一些新穎而且令人吃驚的事。在那樣的情境下，我們有可能會瞥見某個更大、更好，最後甚至超越愛因斯坦的偉大發現的圖像。

第 12 章〈時空的終點〉附記

　　量子重力的近代史，充滿張力而且高潮迭起。要看到整個發展的大圖像，讀者可以參閱 Rovelli（2010）的附錄，那裡記錄了各個主要發展階段、重要的發現、以及研究方向的轉移。DeWitt-Morette（2011）描述了「三部曲」的誕生，以及德威特對這個領

域的發展的看法。想要找寫得超級棒，而且清楚整理出弦論要點的書，那麼 Greene（2000）是你的首選。Yau and Nadis（2010）是一本從數學家的角度來看弦論的書。從其他路徑來探討量子重力的嘗試，例如迴圈量子重力，在 Smolin（2000）書裡有很清楚的介紹。那兩本導致許多物理學家對弦論進行惡意反擊的書，是 Smolin（2006）與 Woit（2007）。有興趣的讀者可以去看看某些與這爭辯有關的部落格，並追蹤底下的評論與留言，就會知道氣氛有時候可以演變到多麼火爆。我會去瀏覽以下的網站，然後再回溯到那兩本書剛出版時的狀況：

http://blogs.discovermagazine.com/cosmicvariance/

http://asymptotia.com/

http://www.math.columbia.edu/~woit/wordpress/

　　黑洞資訊悖論是一個還在發展中的故事，雖然本書沒有討論到「黑洞互補性」（black hole complementarity）理論，但我高度推薦 Susskind（2008），這本書從個人觀點，充滿熱情的介紹了黑洞資訊悖論在過去幾十年來的發展過程。這悖論的解仍然不斷在產生中：在我快要寫完本書時，物理學家正熱烈討論另一個提議——「防火牆」（firewall）理論的可行性，它也修改了廣義相對論的某個基本教條。關於這個提議的介紹，請參看：

http://blogs.scientificamerican.com/critical-opalescence/2012/12/14/when-you-fall-into-a-black-hole-how-long-have-you-got/

猜測性的推斷

有數十種一個比一個還怪異的理論，

都各自對廣義相對論做出詭計般的修正，

而且經常能產生出人意料、

但又非常符合事實的結果。

　　我剛做完演講，這時正和聽眾一起站在劍橋大學天文學研究所的中庭，用塑膠杯喝著便宜的紅酒。我們三五成群、聚在一起閒談，偶爾前後移動腳步，嘗試讓對話活絡起來。我那天受邀演講的主題是關於**修正版重力理論**。我介紹了一系列的理論，這些理論都提議讓廣義相對論遜位，不再用來詮釋某些宇宙之謎。那場演講很平和的結束了。我在演講中反駁某個關於暗物質的評論時，講得有點結結巴巴，還好後來我又重拾自信。沒有人跟我說我講錯了，聽眾的問題也沒有拖太久，現在我已經可以準備回牛津大學了。

　　這時，天文學研究所的所長艾弗斯塔修（見第277頁）大步走向我，眼睛露出光芒，他手上的白色塑膠杯就像武器般的揮舞著。「謝謝您的演講，」艾弗斯塔修說，「這是個有趣的演講。我必須說，你針對一個超爛主題，給了一場好演講。」在他展現熱情的拍拍我的背時，我禮貌性的露出微笑。

　　這不是我第一次面對這樣的反應，而且我一點也不意外。天文學家已經研究出暗物質在宇宙大尺度結構的形成過程中是如何演化，而艾弗斯塔修在其中扮演關鍵的角色。他也是最早宣稱「在星系的分布中可以看到宇宙常數存在的證據」的人之一。因為學術事業平步青雲，艾弗斯塔修有成功者的氣質，而且相當有自信。他告訴我：「當我接掌這間研究所時，我嘗試讓它成為一個不探討『修正版重力理論』的地方。大體而言，我認為自己還算做得相當成功。」

　　他笑容滿面，而我們身旁的那一小群人卻都低頭看著地上。「你怎麼會想到去做這種研究哪？」他問我，雖然他並不真的期待聽到我的回答。

推翻廣義相對論？

　　幾個月之前，我才參加了在愛丁堡皇家天文臺舉辦的一場小
型工作坊，那場工作坊的焦點全都擺在探討另類重力理論上。那
天的與會者是天文學家、數學家及物理學家的某種奇特組合。那
次會議和我在劍橋的演講很不一樣：只要有某位講員完成他的演
講，就會有一陣溫暖的掌聲來支持他，就像自助團體中常見的情
形那樣。此外，空氣中還會有一陣嗡嗡的討論聲，就好像當天每
一場演講都是劃時代的物理「神律」。每個人都是先知，每個人
都是愛因斯坦。（這樣的友情支持，讓我想起年輕時，我曾經和
一個托洛斯基[7]式組織有短暫的接觸，當時我和同好們都經驗到
一種非常強的團體歸屬感，而且我隱約同意其他同好的看法：世
界是處在天生的腐敗狀態中。）

　　那場工作坊的傳教般的熱情，讓我感到非常不自在，彷彿
自己正身處於自我欺瞞的祕教中。在我的報告結束時，我幾乎因
為會眾的掌聲與讚許而作噁，不得不離開那個房間。我的這種反
應對他們其實不公平；房間裡的這些人已經在另類重力理論上面
研究多年，想盡辦法要對抗虔誠相信愛因斯坦的物理學主流。這
些科學家的論文一次又一次遭到期刊拒絕，只因為他們的論文是
關於一個非常不流行的主題。他們很習慣碰到充滿敵意的聽眾。
但在這場工作坊中，富有同情心的聽眾願意聽他們充滿熱忱的演
講，而且他們可以無拘無束的討論他們的目標：推翻愛因斯坦的
廣義相對論。

[7] 譯注：托洛斯基（Leon Trotsky, 1879-1940），蘇聯革命家及政治思想家，主張社會主義要透
　　過全世界的持續革命來建立。

　　我大多數的同事，都不希望去更動愛因斯坦畢生的偉大理論——俗話說，如果它沒壞掉，不要去修理它。尤其是如果你曾經參與 1960 年代相對論的榮耀復興的話。當時廣義相對論從它過去的幽暗停滯之中，走了出來，踏進聚光燈的照射中，成為奇特美妙、可以解釋每件事（從恆星的死亡、乃至於宇宙的命運）的理論。那一個年代的天文物理學家，仍然能感受到愛因斯坦理論的神奇力量。

　　我在另一個場合，也清楚體會到這種忠誠度的深度。那是 2010 年英國皇家天文學會的一場會議。多年前，就在那些會議室中，愛丁頓宣布了日食觀測隊的驗證結果，也為召喚出重力崩陷之幽靈的錢卓塞卡背書。此時此刻，會議室中聚集了一群天文物理學家與天文學家，他們被問到一個問題：「有誰相信愛因斯坦的理論是正確的？」不少人舉起手來。仔細端詳一下，你就會發現，這些人正是 1960 年代將廣義相對論拉進物理學主流的那些人。在這群人的想法中，廣義相對論太特別、太優美，所以不需要改變。

　　沒有人可以否認廣義相對論在二十世紀的巨大成就，但現在是該重新看待它的時候了。接受廣義相對論今天就扮演著「牛頓重力說」當年扮演的角色，可能會讓科學因而得益。牛頓的理論現在還活著，而且還活得好好的；它在解釋地球上的彈道力學、行星的運動、甚至星系的演化上，都仍然非常有用。這理論只有在非常極端的狀況才會失靈。事實證明，當重力很強時，愛因斯坦的廣義相對論非常好用、而且很精確。但現在，也許應該再往前走一步，尋找一個可以在廣義相對論本身的極端狀況下超越它的理論。

我們把廣義相對論應用在「非常大或非常小的尺度、或是非常強或非常弱的情形時」所碰到的挑戰，或許正告訴我們，這個理論會在某些情況下失靈。廣義相對論與量子物理的難以聯姻，或許是一個徵兆，告訴我們這兩個理論在它們理應表現一致的極小尺度上，卻展現了稍微不同的行為。廣義相對論預測宇宙的百分之九十六是暗的、奇特的，這有可能只是提醒我們，我們的重力理論不靈光了。現在，在愛因斯坦提出廣義相對論將近一百年之後，或許是重新評估它真正適用性的好時機。

當量子物理被帶進這場遊戲

歷史上充滿各種企圖修正廣義相對論的嘗試。幾乎從愛因斯坦發表他的理論那一刻開始，愛因斯坦就覺得廣義相對論是個未完成的事業，它只是某個更大理論的一部分而已。一次又一次，愛因斯坦嘗試把廣義相對論放進他的大一統場論中；一次又一次他失敗了。愛丁頓也花了他人生最後的幾十年，嘗試發展出自己的基礎理論——以神奇的方式將數學、數字及巧合匯集在一起的理論，它可以解釋每樣東西，從電磁學到時空。毫無疑問的，愛丁頓對基礎理論的追求，逐步侵蝕了他的聲望。

劍橋物理學家狄拉克認為，愛因斯坦的廣義相對論是理論的完美典型。就如狄拉克在人生晚期所說的：「大自然所提供的方程式之美……能給人帶來一種強烈的情緒反應。」[293] 而愛因斯坦場方程有那樣的美。然而有某件事一直纏擾著狄拉克，如果那些基本方程式真的優美，那麼大自然中某些數之間的巧合，就不應該真的是巧合。在大自然中有某些非常、非常大的數，不可能是

碰巧在那裡。比較電子與質子之間的電力以及兩者之間的重力，你會發現電力比重力大，而其倍數是1後面接了39個0。這是個非常大的數，像是與一個很大的量有關，例如宇宙的年齡。

外勒（見第14頁）及愛丁頓也曾主張，這些大數之所以如此類似，背後必定有很深刻的理由。狄拉克更往前走一步，他猜測重力的強度（它由自然界的一個常數——牛頓的萬有引力常數所決定）必須隨時間而演進，但這與廣義相對論的預測相違背。

狄拉克是在1930年代後期提出他的想法，但他並沒有真的再把它往前推進。在1950及1960年代，狄基、他在普林斯頓大學的學生卜然斯（Carl Brans, 1935-），以及漢堡的喬登（Pascual Jordan, 1902-1980）為狄拉克的想法帶來新生命，他們創造了一個愛因斯坦理論的另類理論，某個程度上來說，它是廣義相對論的完美對照版。

照卜然斯的說法，「實驗學家，尤其是在NASA的那些人，對於有藉口來挑戰愛因斯坦的理論，可是高興得不得了，長久以來，這個理論一直就被認為沒有進一步的實驗可做了。」[294] 不過不見得每個人都這麼想，正如卜然斯回憶的，「過了一段時間之後，許多理論學者似乎也開始因為愛因斯坦理論被一個新領域汙染了，而感覺受到侵犯。」

狄拉克退休之後，移居到佛羅里達州立大學，在那裡他可以專心探索他的某些古怪想法。狄拉克有時候會把心裡的想法告訴他的同事，狄拉克說他很確信一定存在某種更好、更貼近自然的方式，來解釋重力。不過他還是維持一貫的謹慎態度，不去多談他在修正版重力理論上所做的工作，因為他覺得，有些人一定會認為他只是在搞怪及臆測。

那時候已經有不少修正廣義相對論的嘗試，當中大部分都是因為在發展一個美好、有限的量子重力理論時，碰到了困難，所以決定拿廣義相對論開刀。當量子物理被帶進這場遊戲，一些奇特的事就可能發生在重力理論身上，正如蘇聯物理學家沙卡洛夫（Andrei Sakharov, 1921-1989）在1960年代後期指出的。

「蘇聯氫彈之父」沙卡洛夫

沙卡洛夫和澤多維奇、蘭道及其他許多人一樣，都是柯加托夫（Igor Kurchatov, 1903-1960）及貝利亞之前所籌組、想要在核武競賽趕上美國的團隊的一員。身為物理教師的兒子，沙卡洛夫在1938年十七歲時進入莫斯科國立大學，在第二次大戰期間擔任技術助理，最後於1947年拿到理論物理學博士學位。就和澤多維奇一樣，沙卡洛夫被視為蘇聯科學界的金童。雖然史達林一過世，蘭道就不再為蘇聯賣命，沙卡洛夫卻花了將近二十年，比澤多維奇還久，為蘇聯發展原子彈及熱核武器。

澤多維奇有創意、豁達而且直觀力很強，沙卡洛夫則是技術上較嫻熟，對抽象問題也較感興趣。這兩個人都非常稱讚對方。沙卡洛夫認為澤多維奇是「一個興趣廣泛的人」[295]，澤多維奇則讚許他這位同事獨特、怪異的解決問題方式，他說：「我不了解沙卡洛夫是如何思考的。」[296]

從1965年開始，沙卡洛夫就把焦點放在宇宙學與重力理論上，但他是照自己的步調在走。澤多維多寫了非常多充滿新點子的論文，但沙卡洛夫在論文的發表上，則是有紀律得多，沙卡洛夫的論文集只是薄薄的一本。

　　在沙卡洛夫為數不豐的出版品中，有一些是真正的珍寶，這些論文探討的主題是宇宙結構的形成、物質的起源及時空的本質。在一篇簡潔有力的論文中，沙卡洛夫主張，那些掌管時空的定律，只不過是一種幻覺，它們其實來自真實世界複雜的量子本質。他主張，觀看時空以及它的行為模式，就像是看著水、水晶或其他複雜的系統如何運作一樣。你自認為看到的東西，其實只不過是某些更根本的實存的粗略圖像。正是水分子的量子性質，以及它們鬆散維繫在一起的方式，使水看起來像水——清澈、可以潑濺及流動的液體。

　　雖然在細節上有些許出入，但是整體而言，沙卡洛夫當年的想法已經像先知一樣，預見到四十多年後的今天，量子重力的進展將為我們帶來的新時空觀。

　　沙卡洛夫仔細審視愛因斯坦理論，並且揣測時空的幾何不真的是那麼根本，就像水的黏滯性或水晶的彈性並不是那麼根本。這些性質都是來自對實存的更基本描述。同樣道理，重力也是來自物質的量子本質。在沙卡洛夫一篇簡潔、僅有三頁的論文中，他得到一個出人意料的結果：愛因斯坦場方程可以從前述假設，很自然的得出。換句話說，量子世界會很自然的誘發（induce）時空幾何。

　　沙卡洛夫的「誘發重力」理論看起來有點像廣義相對論，但事實上，它會把我們導引到一組更複雜的方程式。愛因斯坦場方程已經是一種折磨了，沙卡洛夫的誘發重力更令人不敢領教。它與愛因斯坦理論的差異，只有在時空變得非常彎曲時，才會看得比較明顯，比方說：在靠近黑洞的地方，在一切都還很熱及緻密的極早期宇宙，或是在惠勒的量子泡沫扮演重要角色的微觀尺度

下。當物理定律被推到極限，這些較舊的物理定律就會崩解，而新的定律就出現，來涵蓋舊的定律。

時空不再是四維時空

沙卡洛夫在1967年發表他的論文，當時還有一些別的事盤繞他的心。多年來在核計畫上的研究，讓他得到從蘇聯政權而來的讚許。就和澤多維奇一樣，沙卡洛夫也因為扮演了樞紐角色，而三度獲頒「社會主義勞動楷模」勳章。但是成天與核彈研究為伍，讓沙卡洛夫對於蘇聯與美國的核武競賽將會帶來的災難性後果，有非常深刻的體悟。隨著沙卡洛夫愈來愈反對核武，他發現自己開始失去原先的地位，逐漸被蘇維埃政權忽視了。

1968年，沙卡洛夫公開反對自己參與的計畫，發表了一篇名為〈關於進步、和平共存及心智自由的反思〉的文章，明確宣布他反對蘇聯的一項國防計畫，也就是反彈道飛彈防衛系統的研發。這終結了沙卡洛夫做為蘇聯模範公民的身分。這位高調表達反對意見的傢伙，被剝奪了他的特權及獎賞，被限制不得再參與機密計畫，並且被放逐到高爾基城。澤多維奇對於沙卡洛夫自己所謂的「社會工作」不以為然，澤多維奇曾跟他身邊最親近的同事說過：「像霍金這樣的人是把一生都投入科學研究，沒有任何事物會讓他們分心。」[297] 然而，正如沙卡洛夫在他的回憶錄中所寫的，因為他對蘇聯處境的強烈感覺，「我覺得我不得不站出來大聲說話，採取行動，把其他的事都暫時放下，在某個程度上，連科學也包括在內。」[298]

沙卡洛夫的個人科學生涯或許因此受挫，但是他關於量子如

何可能改變廣義相對論的初步想法，卻在接下來的幾十年間，一次又一次浮出檯面。沙卡洛夫的論文在相當程度上已經預料到，新的量子概念會在整個1970年代猛烈轟擊廣義相對論。有些相對論學者認為，只要照著沙卡洛夫所建議的方式來修改廣義相對論，就可以讓它與量子世界更一致，並且治好向來一直纏擾廣義相對論的無窮大問題。但是在1970年代結束之際，溫伯格與維騰已經證明了，廣義相對論中的各種無窮大是不會彼此抵消的。光是稍微調整一下廣義相對論，並不足以治好它的病——我們必須對它採取更實質、更大的動作。

那些「超」理論（超重力及超弦理論）的確是更實質、更大的動作，而且它們對愛因斯坦理論所做的修改，似乎真的有可能成功解決問題。修改版的廣義相對論背後，基本想法仍然沒有改變，時空幾何仍然在理解重力理論上扮演主要的角色——不過，它已經不是愛因斯坦原先所想的那個四維時空了。在超理論的十維或十一維時空中，方程式看起來都很相似，但是實際上，那些額外的維度會產生一整批新的、能影響我們周遭四維世界的額外基本粒子與力場。

仍然有一些孤單的聲音，在努力抵擋這種對廣義相對論的攻擊，但是大家一面倒的感覺是：當廣義相對論遭遇到量子，在靠近奇異點或大霹靂的高密度或高曲率區域，它確實需要修正。

拿大鎚敲打經典名車

如果你駛離量子重力的地雷區，也無需去研究宇宙一開始的高溫、高密度、極其混亂的狀態，那麼愛因斯坦理論仍然非常成

功。在天文物理及宇宙學等大尺度的場景，廣義相對論持續為我們做出貢獻。

如果天文學界是一家企業，那麼一年一度的國際天文聯合會就是它的年度大會，幾乎每個參與者都有些新產品想要來推銷。2000年在英國曼徹斯特的那次年會上，超過一千人聚集在一起，志得意滿的分享他們的最新發現，並且揭露出一些關於即將啟動的研究計畫的消息。

參加那一年會議的宇宙學家非常風光，包括我在內。證明了宇宙正在加速擴張的超新星觀測結果，已經在幾年前宣布。而關於宇宙幾何的測量也在當年宣布。觀測結果似乎告訴我們，我們有一個簡單但怪異的宇宙，裡面有暗物質及宇宙常數。已經不再有彼此意見不合及辯論的理由了，個人的喜好與傾向已經變得無關緊要。宇宙學已是一門好的、堅實的科學，數據清楚明確而且一致，你似乎沒辦法不接受這一切。

匹柏士是其中一場主題演講的講者。這次的會議從某個角度而言，就是在慶祝匹柏士的想法成功，並看看這些想法已經帶領我們走到什麼境地。之前幾年的所有發現，或多或少都是源自於匹柏士與另外幾個人所創建的這個領域。但是匹柏士是一個對樂隊花車避之唯恐不及的人，即使他自己是這場慶祝遊行的主角。

在匹柏士的演講中，他藉由問大家：「為什我們要對宇宙進行精確的測量？」來克制住大家興奮的情緒。然後匹柏士說出他的回答：「要檢驗我們的假設。」匹柏士已探測了大霹靂模型的每個面向：它一開始為什麼是熱的？大尺度結構是從哪裡來的？星系如何形成？在演講當中，匹柏士指出某件很明顯的事。正如他稍後在論文集中所寫的：「廣義相對論的優雅邏輯，以及它的

精確度測試，在在告訴我們：廣義相對論是宇宙學可行模型的第一選擇。」[299] 但是匹柏士也警告，或許宇宙學家不應該就這麼跳到結論。雖然廣義相對論已經被證明，在太陽系的尺度上非常精確（水星的進動就是個美好的例子），但我們完全不知道：我們是否可將它應用在宇宙的尺度上，並且得到同樣程度的精確度？匹柏士說：這是「一個猜測性的推斷。」匹柏士說得沒錯，雖然研討會的與會者整體而言，並沒有真的把他的關鍵話語聽進去。

法國天文學勒威耶（見第 31 頁）曾經熱切主張，要解釋水星軌道的偏移，就必須有一顆新的、尚未被發現的行星，在太陽系的中央徘徊，他稱之為「火神星」。勒威耶對「牛頓重力說」的信心，導致他去預測某種新的、外來的、未見的事物。如果沒有火神星，牛頓的模型就行不通。當然，勒威耶的想法已經被證明是錯的。要修正牛頓模型，我們需要的不是一顆新行星，而是一個新的重力理論。

現在，在二十一世紀的開頭，我們似乎又處在一個類似的情況。我們有一個很棒的重力理論，但是要解釋宇宙，它需要假設宇宙的百分之九十六，都是由某種我們沒辦法看到或偵測到的東西所構成。這有沒有可能是愛因斯坦於將近一百年前，所建構的這棟大建築的另一個裂縫？

廣義相對論有可能需要因應量子物理的發展而修正，這一點大家已經接受，沒有太多異議。但是去質疑廣義相對論在大尺度下的適用性，卻是另一回事。如果要將宇宙的暗物質及暗能量從這幅圖像中刪除，愛因斯坦的美妙理論就必須進一步修正。這樣的前景對許多天文物理學家來說，一點吸引力也沒有，因為那就像是拿一把大鎚來敲打一輛經典名車，好讓它可以停進車庫中。

米爾葛隆提出「修正版牛頓動力學」

　　1970年代初期，以色列相對論學者貝肯斯坦還在普林斯頓當惠勒的研究生時，就開始思考如何修改愛因斯坦理論的問題了。在貝肯斯坦思考熵及黑洞的同時，他也對狄拉克所提議的另類理論很感興趣。「有時候，」貝肯斯坦說：「我覺得自己並不了解為什麼在廣義相對論中，人們總是以某種方式在做研究，為什麼某些議題是重要的，以及為什麼我們要跟隨大家走廣義相對論這條路。我覺得我們需要拿它與其他不同的嘗試，來做個比較。」[300]

　　貝肯斯坦選擇去研究的「不同的嘗試」，是他的同胞、以色列天文學家米爾葛隆（Mordehai Milgrom, 1946- ）在1980年代所提出的想法。米爾葛隆採取釜底抽薪的全新方式，來看待重力在星系中的行為表現。他指出，在星系的旋轉中，暗物質存在的證據似乎是發生在邊緣，也就是重力非常微弱的區域。如果「牛頓重力說」要應用在那個重力極其微弱的區域，那麼，訴諸於某些看不見、卻可以施展出重力拉扯的物質，是很有道理的事。但是有沒有可能問題是出在：你不應該在那裡使用「牛頓重力說」？

　　所以，米爾葛隆做了一個大膽的宣稱：在星系尾端那些距星系中心最遙遠的恆星，感覺上會比較重，以致星系中心的那些恆星對這些外圍恆星所產生的吸力，會比我們原先以為的，來得有效率得多。因為重力變得更有效力，外圍的恆星就可以移動得更快。這個效應可以解釋魯賓（見第274頁）和其他人所觀測到的現象：星系外圍繞中心旋轉的速度，遠比預期的還來得快。米爾葛隆把他的新做法，稱為修正版牛頓動力學（Modified Newtonian Dynamics, MOND）。

　　然而，有許多天文物理學家認為，米爾葛隆提議對重力做的這種修正，走得太過頭了。它缺少一個指導原則，因而從合理的猜測變成了任意遐想。當貝肯斯坦在1982年的國際天文聯合會中，描述到MOND這個想法時，他說：「有些人看著我的那種表情[301]，就好像是我剛剛跟他們說我看到了幽浮……幾乎每個人都認為，新近出現的關於暗物質的想法，才是最值得關注的，而且幾乎每個人都非常支持暗物質的想法。」

　　在接下來二十年的時間，絕大多數天文物理學家及相對論學者都忽略米爾葛隆的想法，或是嘗試從空中把它打下來。偶爾會有一篇論文把米爾葛隆的法則，應用在其他的天文物理問題上，並證明它行不通。這些論文通常都是拼湊而成，很不完整，但只要論文的目的是要證明MOND行不通，就會被認為是好科學，而且很容易就能刊登。如果投稿的論文是要為MOND辯護，那它就會被視為壞科學，而想讓這樣的論文獲得刊登機會，就像是爬上陡坡一樣艱難。正如某位天文學家所說的：MOND是一個「髒字眼」[302]。

　　匹柏士一直置身於這個爭議之外，但是在2002年，他卻為米爾葛隆及他的同伴說話，指責其他人說：「我們根本還沒有完全排除MOND做為重力理論的可能性，而那些從事MOND研究的人，應該受到多一點的鼓勵。」[303]

　　貝肯斯坦在批判那些MOND研究者受到的不公平對待時，用詞就不客氣得多：「我們必須注意到，MOND對上暗物質的這個議題，並不只是學術上的爭論而已。有許多金錢已經投入在暗物質的搜尋上……而且這樣的趨勢無可避免；許多人的學術事業全都投入在暗物質的研究上。很明顯的，如果某個像MOND的

東西值得大家重視，那麼暗物質研究計畫所得到的經費就會大幅縮減，而與暗物質相關的工作機會也會變少。」[304]

貝肯斯坦的 TeVeS 重力理論

自從 MOND 的想法問世，貝肯斯坦就一直嘗試研究如何可使它變得更好。因為他有一種探究物理理論深層根基的傾向，他無法接受 MOND 僅能以目前的面貌繼續下去。他希望有某個可以跟廣義相對論做比較，並且可應用在各個尺度上（從地球一直到宇宙）的理論。「我認為，」貝肯斯坦說：「現在是提出一個相對論性物理理論的實例，來正面迎戰前述論證的時候了。」[305]

2004年，貝肯斯坦發表了一篇論文，在其中他建構了一個可以對抗愛因斯坦理論的新理論。貝肯斯坦稱之為 TeVeS（tensor-vector-scalar theory of gravity，**張量-向量-純量重力理論**）。這不是一篇很討人喜歡的論文。論文的標題隱約訴諸一大堆的場，這些場結合在一起後，可以讓我們得到一組全新的場方程，而這些方程式遠比愛因斯坦的廣義相對論更加複雜，而且糾結不清。

TeVeS 的確非常複雜，但是，貝肯斯坦這個理論行得通！應用在星系上時，它不僅表現得就像 MOND 一樣，它還可以用來計算出宇宙是如何演化，以及大尺度結構是如何形成。[306]

大多數宇宙學家與相對論學者都鄙視 TeVeS。他們把它看成一部不值得一顧的拙集（kludge）——沒能掌握到問題關鍵、只是暫時避開問題的笨拙方案。但是，這可是由一位信譽無可挑剔的相對論學者，所發明的高性能拙集。貝肯斯坦的黑洞熵是現代廣義相對論以及量子物理最深刻的洞見之一。沒錯，年紀大的知名

物理學家有時候會傾向於去研究一些怪異的想法，被自己過去的成就所蒙蔽。但是，貝肯斯坦並非如此。

此外，在抨擊廣義相對論的路上，貝肯斯坦並不孤單。在他提議挑戰暗物質時，其他人也正嘗試要除掉宇宙常數與暗能量。於是，廣義相對論的對手理論的全景圖，就變得更複雜、但也更豐富了，關於何者才是正確重力理論的爭論也愈演愈烈。在宇宙物理學的爆發期所發展出來的新望遠鏡及儀器，讓天文學家做出了許多令人驚訝的觀測，這也對前述爭論產生火上加油的效果。每當有一筆新的宇宙學數據，被提出來證實廣義相對論，就會出現以下的特定模式：無可避免的，發布新觀測數據的場合，會與記者會結合，以確保得到媒體報導；接下來，同樣無可避免的，會出現一大批的論文，指出那看似毫無爭議、完全支持廣義相對論的證據，其實並不真的是那麼堅實。

2008年1月，《自然》期刊上的一篇論文傳遞了一則訊息：某種典範轉移正在悄悄發生。在那篇論文中，一支義大利觀測團隊分析了某次星系普查所得到的數據。這是匹柏士和他的跟隨者已經做了將近四十年的事。藉由研究星系如何一簇簇的聚集在一起，這支義大利團隊得以測量出那些「沉浸在重力場中的星系受到重力吸引，而掉向彼此的速率」。

這不是什麼新鮮事，天文學家之前就已經針對不同次的星系普查，做過很多次這樣的事。但是這篇論文有意思的地方，是他們呈現研究結果的方式：在呈現數據的圖上，這些義大利學者不僅加上了廣義相對論的預測，也加上了另外幾個另類重力理論的預測。有些理論的預測值直接通過數據點，另一些理論的預測值卻完全與數據不合。這是理所當然早就該做的事：去比較理論的

預測與觀測的結果。

　　這篇刊登在《自然》期刊的論文，帶來了一波改變，它改變了宇宙學家的態度與關注重點。自從1990年代末期以來，從事宇宙觀測的學者所關注的重點，都只是去測量、刻畫、以及鎖定暗能量，但是這篇論文卻是使用宇宙學的觀測結果，來檢驗廣義相對論。它再次讓我們回歸到對「宇宙物理學的基本假設」的檢驗之路。

　　在接下來幾年間，檢驗廣義相對論就一直是**觀測宇宙學**的核心問題。我們仍然想要知道暗能量是不是存在，它是由什麼所構成，以及星系是如何將自己組合起來，成為宇宙的建構單元。但是一次又一次的，在申請補助的研究計畫中，在研討會及主題演講中，廣義相對論的檢驗都已經占據了中央舞臺。

應當正視「修正版重力理論」

　　許多相對論學者（甚至是所有相對論學者），在聽到修正版重力理論的時候，都還是會皺起眉頭。雖然大家已經默默接受了廣義相對論在碰上量子物理時需要做些修改，但是修改時空，讓它與觀測的結果相符，卻是另一回事。在愛因斯坦的理論中，還有許多等待我們去理解及發現的事，而且對相對論學者來說，改變它只是把事情弄得更複雜，既不必要也不優雅。但是大自然不見得同意這樣的想法。隨著天文學家再次對愛因斯坦的理論感興趣，我們現在有機會探索時空的基本律了，並在宇宙中看得更深、更遠。

　　狄拉克、沙卡洛夫、以及貝肯斯坦等人的想法，在受到觀測

宇宙學的新研究成果鼓舞後，提供了我們一種相當令人振奮、不該被忽視的新思考方式，也為宇宙學的發展賦予新意義。我在牛津及諾丁罕的幾位同事，和我最近決定要寫一篇文章，來回顧修正版重力理論這個領域。我們覺得自己像是叢林裡的探險者，想要在叢林裡發現一些新奇的物種。有數十種一個比一個還怪異的理論，都各自對廣義相對論做出詭計般的修正，而且經常能產生出人意料、但又非常符合事實的結果。我們這篇回顧文，宛如是一本內容豐富的重力理論寓言集，其中許多理論都可能與廣義相對論有緊繃的競爭關係。

有如此多的學者在思考廣義相對論的替代理論，以致在今日的大型廣義相對論會議（德威特的教堂山研討會與席爾德的德州會議）中，都會安排好幾個平行進行的場次，讓來自各個世代及各大洲的許多講員，得以發表他們關於如何拆解及分析廣義相對論的想法。這仍然是屬於周邊的活動，但已然是有許多人熱烈參與的活動。

我那天下午在劍橋演講時，艾弗斯塔修完全不把我的演講內容當一回事。然而，如果新的天文觀測數據揭示了新物理學的存在，我想連艾弗斯塔修也一定會感到很興奮。他是一位優秀的學者，而且是當今宇宙學標準模型的開創者之一（在那模型中，廣義相對論、暗物質及暗能量都扮演它們各自的角色）。一個新的重力理論會帶來深遠的影響，而且肯定可以算是新物理。現在，我們就等著新的天文數據來告訴我們，是不是真的有些新事物存在宇宙中。

第13章〈猜測性的推斷〉附記

　　沒有太多關於修正版重力理論的著作，讓我可以推薦。Barrow and Tipler（1988）及Barrow（2003）很深入的探討了令狄拉克感興趣的大數問題，同樣的問題在Farmelo（2010）也有討論。

　　沙卡洛夫的研究興趣在Lourie（2002）及他的自傳Sakharov（1992）中有介紹，雖然書中內容是經過審查的版本。我建議讀者翻閱他的論文集Sakharov（1982），感覺一下他的論文是多麼精簡。

　　要了解米爾葛隆及貝肯斯坦理論的歷史，或許最好的方式是去讀貝肯斯坦自己寫的回顧文章，比方說，Bekenstein（2007）是一本技術性相當高的書，但它能讓你對事情的發展，有個大概的認識。Peebles（2004）是一本不卑不亢的綜合評論，它嘗試告訴讀者，為什麼將目光放在比廣義相對論更遠的地方，可能是件好事。至於較平易近人的介紹，讀者可以參考我的上一本書Ferreira（2010）。

某些神奇的事即將發生

雷射干涉儀太空天線、

事件視界望遠鏡、平方公里陣列⋯⋯

都將以前所未有的精確度,

檢驗愛因斯坦理論是否有任何裂縫。

　　我最近花了一些時間擔任歐洲太空總署（ESA）的顧問。
ESA負責將執行科學任務的人造衛星送上太空，經常與NASA合
作。它最有名的實驗之一是哈伯太空望遠鏡，這臺望遠鏡是用來
拍攝一些最清楚、最明晰的深太空圖像。

　　人造衛星是科學的新前哨站，它們就像是一座座無比複雜的
實驗室，飄浮在太空中，在我們無法到達的邊界處，進行一般人
幾乎無法想像的實驗。人造衛星很貴，每顆的造價從五億美元到
數十億美元，都有可能。你不是把這些怪獸丟進太空就好了，你
需要花幾年、甚至數十年的時間，來進行規畫與設計，然後才能
做出最後決定：是否真的值得把它們送上太空。

　　在ESA，我們討論人類未來的太空計畫應該是如何，也討論
了大型國際團隊所提出的各種研究計畫。在那些冗長的會議中，
我們被計畫書投影片簡報、計畫進度圖、以及讓我看得都快哭出
來的經費需求，輪番轟炸，這經常讓我有點失去活下去的意志。
這樣的科學，似乎和我身為研究生時非常吸引我的那種科學（自
由的探索、不受拘束的創意，以及美妙的數學）非常不同。同樣
令人震驚的是，我們在討論這些影響深遠、讓人屏息期待的研究
計畫時，就好像它們是大型企業，就好像它們是想要到某些遙遠
的地方開設新工廠一樣。

　　在這一堆與審查有關的苦差事、以及科學術語的對談之間，
讓我深受震撼的是：在如此多的衛星計畫申請案中，廣義相對論
經常都在計畫中扮演核心角色。是的，廣義相對論在所有的申請
案中，都可以很明顯的被看到，它頗威嚴的飄浮在我們討論的細
節及技術問題之上。在那裡，在那時，ESA被要求補助數十億美
元等級的計畫，它們要不是想要去測試愛因斯坦的理論，就是想

使用它來探索外太空的偏僻處，以及大質量且密實的天體的內部結構。這是二十一世紀太空科學的未來。並不是所有的申請案都會得到補助，不是所有人造衛星都能升空飛行，這樣的篩選令人既興奮又緊張。

雄心萬丈的科學衛星計畫

其中有一項研究計畫，提議去偵測時空的漣漪——也就是黑洞之間爆炸性的碰撞，所釋放出來的重力波。它將會是 LIGO 及 GEO600 的後代，一部巨大的雷射干涉儀。它將由不是一顆，而是三顆繞著太陽轉的人造衛星所構成，它們發出的超級精準的雷射光，會在相距數百萬公里遠的反射鏡之間來回反彈。這部干涉儀稱為**雷射干涉儀太空天線**（Laser Interferometer Space Antenna, LISA），它會接續在目前已經開始運作的地面版實驗之後，接收 LIGO 與 GEO600 收不到的微弱訊號，更全面的偵測重力波。

不僅如此，另有一項計畫提議測量空間的擴張史，回溯到宇宙只有目前年紀百分之一的時候。它會採用宇宙物理學的方法，並推展到極限，勘察一區又一區的太空，以建構內含數億個星系的電波源目錄。接著，藉由觀測星系如何拼組成龐大的宇宙網，並仔細研究那些光叢與光絲如何透過重力崩陷，而匯聚到空隙區域的周圍，它就有可能研究出暗物質與暗能量的效應；或者，正如某些人現在似乎相信的，發現愛因斯坦的廣義相對論在最大尺度下會瓦解。

還有另一項計畫想要申請發射一具人造衛星，對準黑洞的內在核心，以尋找在 1960 年代末期及 1970 年代為我們開啟一扇驚人

的宇宙之窗的強大X射線發射源。這一次,它有可能走得比從前更遠,能夠去了解在靠近黑洞中心那非常彎曲的時空,如何能把物質與光扭碎分離——就如澤多維奇、諾維可夫、芮斯、以及林登貝爾所宣稱的那樣。這是第一次,我們有可能測量到發生在非常靠近那惡名昭彰的事件視界(那個已經困惑許多人的施瓦氏包覆面)之處的物理過程。

在那些審查會議中,我開始明白廣義相對論將會是二十一世紀物理學與天文學的核心,我們只是在等待某一件非常奇特的事發生。

這不會是一條好走的路。現實世界日益緊縮的預算、貧窮、以及經濟蕭條,讓許多人會更慎重考慮,花數十億歐元或美元在衛星計畫上,是否合宜。雖然美國政府最終決定不再資助LISA計畫,這件事本身並不令人意外,但是後果還是相當嚴重。

LISA原本受期待是發現重力波的最後一個步驟。它不僅會發現這些難以捉摸的漣漪,它也會是一座巨大完美的天文臺,可以利用這些重力波來觀看黑洞的碰撞,以及中子星繞著彼此旋轉。LISA還能讓我們得到許多關於愛因斯坦相對論所預測的怪異事物的知識。第一階段的LIGO非常成功,雖然它什麼都沒看到。但它證明了將雷射、量子物理及精確的工程混雜在一起的瘋狂想法確實行得通,而且裝置已經都上軌道了,只等著進一步調整得更好。下一個階段的LIGO,又稱為進階LIGO,有可能會看到東西,並且為LISA鋪好路。但是現在,在美國退出LISA計畫後,這計畫就像是站在鋼索上。有誰會願意在這個資金欠缺的時候,挺身出來資助一隻目標如此奧祕的龐然大獸。

重力波的追尋實在太重要了,不應該放棄。所以歐洲決定,

由 ESA 負責主導，繼續往前走。這部新干涉儀會比原先規畫的來得小一點，但仍然相當壯觀。它仍然要花數十億歐元，只是沒有原先規畫的那麼昂貴罷了。

而那些心痛的美國相對論學者，也已經進行重組，拒絕直接放棄。一些散在美國各地的研究團隊，正默默的嘗試提出屬於他們自己的，較便宜、較精簡、野心也較小的計畫，讓他們仍然可以看到時空的偏遠區域。如果歐洲改變心意或者遭遇財務危機，那麼至少還會有個備用的計畫。

可以真正看見黑洞的望遠鏡

其實我們並不需要等到衛星升空，有一些非常美妙的事已經發生了。先前我們已經提過，奇異點的研究史非常多變，而且對於許多偉大心靈來說，從愛因斯坦及愛丁頓、乃至於惠勒（在他回神過來之前），奇異點的想法多麼討人厭。隨著類星體、中子星、X射線源的發現，以及惠勒、索恩、澤多維奇、諾維可夫、芮斯、林登貝爾及潘若斯等人的創意接連爆發，黑洞的概念已經牢牢植入我們的意識中。在1960及1970年代、那個索恩稱為廣義相對論黃金年代的末期，黑洞已經變成真實的天體了，就和恆星與行星一樣，是天文學及物理學的一部分。

我的書架上有兩本在黃金年代結束時出版的教科書。[307] 其中一本《重力》（*Gravitation*）是惠勒和他兩位非常優秀的門生，密斯納和索恩合寫的。許多讀者根據三位作者的姓氏首字母，暱稱此書為MTW。全書超過一千頁，厚厚的一大本，而且書皮是黑色的，就像一本可怕的電話簿。書中附有非常精美的插圖，內文

裝載了任何你可能想知道的關於時空的知識，還收錄了一份奇特的內容——惠勒在演講及研討會裡曾說出口的惠勒名言。

另一本教科書是粒子物理的標準模型創始人之一，溫伯格所寫。雖然溫伯格是量子物理的標竿人物之一，但他對廣義相對論也頗有涉獵，他的書《重力與宇宙學》很謹慎且客觀的介紹了愛因斯坦的理論。書裡有MTW的大部分內容，但沒有MTW的那種瘋狂的激情。雖然在書出版之前的十年間，有那麼多令人振奮的發現，溫伯格的書對於黑洞卻沒有太多著墨。事實上，溫伯格只在書中某一小節的結尾處，非常保留的提及黑洞——照他的說法，黑洞是未來我們可以留心觀測的一個現象。而這就好像，黑洞只是將廣義相對論推廣得有點過頭之後，所得到的結果。

你可以看到，為什麼有些人的態度仍然很保留。是的，所有的證據似乎指出，在遠處及近處都有一些密實、極重的天體。你很難解釋它們，除非你將它們解釋成黑洞。但是說實話，沒有人真的看過黑洞。直接看黑洞這件事有點弔詭，那裡沒有東西可以讓你看，因為在施瓦氏包覆面背後的黑洞是看不到的。不過，我們看不見它，並不表示它們不值得我們一顧。事實上，有一個超級大的黑洞，就位在我們銀河系的中央。它的質量是地球的一億倍，半徑則大約一千萬公里。它很大，但是它也遠在數萬光年外的地方，這表示它在天穹中的視角只有一億分之一度，讓它看起來比針孔還小，遠小於我們現有的望遠鏡所能解析的尺度。只有透過最優秀、最有毅力的天文學家的努力，我們才能確認真的有個黑洞在那裡。

兩支研究團隊，一支在慕尼黑，另一支在加州，已經非常有耐心的追蹤：在接近銀河系中心之處飄移的一些恆星的運動。歷

時十餘年的光陰中，他們記錄了那群一遍又一遍快速繞著圈的恆星的運動，而且他們發現，這些恆星的軌道非常彎曲，很顯然是被一個超級巨大的重力所吸引。謹慎測量這些恆星的軌道之後，他們不只計算出那個區域的重力有多強，還推斷出那些引力是從哪裡來的。將這些觀測數據結合在一起後，這兩支團隊就以非常高的精確度，測量出黑洞的質量，並且準確定出時空中奇異點之所在。

不僅如此，天文學家與相對論學者還一起動員起來，建構可以真正看見黑洞的望遠鏡。這臺**事件視界望遠鏡**（Event Horizon Telescope）[308] 的視角解析度，可達十億分之一度，是那個黑洞在天穹中的視角的幾分之一，所以它將真的可以看見施瓦氏包覆面——正如歐本海默及史耐德所說，那像是凍結在時間裡的一張快照。施瓦氏包覆面會是一個黑暗的陰影，周遭是澤多維奇及諾維可夫所猜測的，會包圍著黑洞、像漩渦般移動的各種物質。這個由恆星、氣體及塵粒所構成的吸積盤，會因受到奇異點的重力吸引，而被撕成碎片。

累積下來的證據非常具有說服力。雖然溫伯格的謹慎不無道理，但是現在已經很難找到有人主張銀河系中心沒有黑洞了。和銀河系一樣，所有其他星系也都有一個黑洞穩穩居於星系中央，就像一部質量非常巨大的引擎被恆星的漩渦環繞著。

廣義相對論依然是媒體焦點

媒體覺得，任何跟廣義相對論及愛因斯坦的偉大想法有關的事物，都非常吸引人、而且有新聞性。天文學家拍攝到的銀河系

中心的圖像，讓BBC與《紐約時報》分別下了〈銀河系的黑洞已被證實〉[309] 與〈證據顯示銀河系中央的黑洞存在〉[310] 的頭條標題。在我寫這段話的那天，BBC新聞網站刊登了我在牛津的一位同事，對於最近觀測到的一個類星體的評論，這個類星體現在已被發現是一個質量超級大的黑洞，它有十億顆太陽的質量。[311] 令我感到訝異的是，在施密特的觀測及第一次德州會議的五十年後，黑洞依然可以引起這樣的騷動。

每個月在新聞報導中，都會有關於宇宙學、黑洞、宇宙起源或其他宇宙回音的報導。像是黑洞、大霹靂、暗能量、暗物質、**多重宇宙**（multiverse）、奇異點及蟲孔等字眼，已經滲透到大眾文化的每一個角落，從百老匯音樂劇及歌曲，到脫口秀及好萊塢電影。此外，廣義相對論還以無數種方式被放進科幻小說中，甚至從小說轉移陣地到電視影集和電影。不論從想像力及創意來看，它們都已經比惠勒最瘋狂的夢，還要瘋狂。每個人似乎都覺得自己是廣義相對論的專家。

大家對廣義相對論這麼感興趣，的確令人欣慰，但這現象有時候也真的很荒唐。我兒子曾說我不負責任，因為我很希望（間接希望）大型強子對撞機LHC能夠建造完成。不少人也有跟我兒子一樣的想法，因為媒體反覆宣傳說：根據弦論（量子重力的可能理論之一）預測，大型強子對撞機一啟動，就會製造出黑洞來——當質子束真正對撞時，會有各式各樣的物件噴出來，飛進偵測器裡，其中也包括微型黑洞，它們是進入其他維度的小型入口。我兒子還知道，黑洞會把周遭的每樣東西都吸進去。每個人都知道這點。那麼為什麼我，或任何神智清楚的人，會想去製造這些無比危險的東西？這很明顯是一件很蠢的事。[312]

最特別的是，有一位不太能算是物理學家的物理學家，嘗試阻擋LHC啟動。當他去上史都華（Jon Stewart）的《每日秀》，被問到真正發生災難的機率有多少時，他以令人印象深刻的方式即興思考了一下，然後說：「百分之五十。」

他錯了。LHC已經啟動了，而我們還在這裡。很不巧，沒有出現微型黑洞。

大霹靂之前，發生了什麼事？

每次我做公開演講、介紹我所做的研究時，聽眾總是喜歡問同一件事：「在大霹靂之前有什麼東西？」我可以求諸以下各種的解釋。「在大霹靂之前，根本就沒有所謂的『之前』，也沒有時間。」這是一種回答。或者，我的劍橋同事約瑟琳·貝爾（見第19頁）提供了一個比較像禪宗式的回答：「這就好像是在問，北極的北邊是什麼。」[313]

如果我可以訴諸數學，事情會容易得多，但是我不能這麼做，因為我怕聽眾會摸不著頭緒。這幾十年來，因為有霍金及潘若斯的幾個奇異點定理，我們已經相信在大霹靂之前，的確沒有任何東西。這是一條來自廣義相對論黃金年代的真理，是那些數學真理當中的一個，我們到如今仍然無法將它解釋清楚。

最近我發現，針對大霹靂問題，我所給的回答愈來愈歧異，也愈來愈不確定。過去幾年間，由於量子重力及宇宙學的發展，時間起源已成為一個可以開放討論的問題。當你把時鐘往回調，讓宇宙變得更密實、更熱、也更混亂，這時候，量子泡沫、弦、膜、甚至迴圈，就扮演關鍵的角色。某些人覺得在這狀況下，時

空就會崩潰，我們不再能有意義的談論關於初始奇異點的事。

那麼，在大霹靂之前發生了什麼事？一種可能是，我們的宇宙是從真空中突然出現的一個時空泡泡，它愈長愈大，以致變成我們今天所在的這個宇宙。就和我們的宇宙一樣，另有許多的宇宙都是這樣從真空中突現。

另一種猜測則是源自於弦論及 M 理論中的想法，它們假設宇宙有超過四維的空間，而我們是住在這個時空中的一個三維的「膜」上，並跟著這個膜一起翻轉。我們的住處、我們的膜，感覺上就像一個三維的宇宙，它會不時和另一個與我們一樣的膜碰撞。當兩者碰撞時，它們會變熱，結果我們的宇宙感覺上就會像經歷了一次高熱的大霹靂。沒有奇異點，只有無限多次接連發生的熱大霹靂，這樣的**循環宇宙**（cyclic universe）會讓那些蘇維埃正統哲學家（甚至包括霍伊爾和他的好夥伴們）感到自豪。這個模型的發明者，把每一次新的大霹靂命名為 *Ekpyrosis*，這是古希臘的用詞，意指宇宙的週期性毀滅，而這樣的毀滅無可避免的，也會帶來宇宙的重新誕生。

當然，大多數的量子重力理論似乎都告訴我們，如果我們用能看見任何東西的顯微鏡來看時空，就會發現時空是片段而非連續的。如果我們把時鐘往回調，以致時空集中在一起成為一點，那麼我們就一定會碰到那些構成空間紋理的片片段段。在到達任何最初的奇異點之前，在那些塊狀物件要開始扮演它們的角色之際，我們現有的物理學就已經不適用了。那些相信迴圈量子重力是最終答案的人會主張：的確有所謂的「之前」，那就是在宇宙正崩陷、但尚未到達**量子牆**（quantum wall）的時候；等宇宙到達量子牆之後，它會神奇的再次開始擴張。根據他們的說法，宇宙

會進行大家所謂的**反彈**（bounce）。

我們甚至不需要訴諸量子重力開始運作的那個奇特的黑暗時代，因為關於那時代，太多不同的意見導致了太多不同的猜測。一個更大格局的可能是：時空比我們先前想像的還大得多，而我們的宇宙只不過是構成**多重宇宙**的無數個宇宙當中的一個。在多重宇宙的各處，宇宙開始生成，每個宇宙都按自己的步調，以各自獨特的方式，成長到宇宙的規模。如果我們回溯到自己這個宇宙一開始存在的時候，就會發現它像一顆小膿包，鑲嵌在一個更加寬闊、永恆存在的時空中。多重宇宙是一個不受羈限、廣大的、但終究是靜態的領域：一個由創生與毀滅所構成的穩定態宇宙。

「多重宇宙觀」是科學嗎？

多重宇宙，以及某個稱為**人本原理**（anthropic principle）的想法，逐漸成為最受青睞的宇宙常數問題之解。眼見觀測宇宙學的偉大成就，許多人已經相信：宇宙常數確實存在於真實的宇宙中，雖然根據量子論的預測，這會是一個非常大的值，而且比我們所觀測到的值還大很多。

弦論學者現在就利用弦論在預測能力上的欠缺，預設了一整批不同的可能宇宙，每個宇宙都有它自己的對稱性、能量尺度、粒子及場的類型，以及更關鍵的，它自己的宇宙常數。這些宇宙當中的任何一個都是可能存在的宇宙，甚至包括那些宇宙常數非常小的宇宙。

最早由狄基提出、後來又經卡特（見第207頁）進一步發展

的人本原理，主張我們的宇宙之所以是目前這個樣子，是因為如果它不是這樣，我們就不會存在，也就不會有辦法來觀測它。我們之所以能存在、而且有感覺，是因為我們這個宇宙的各個常數（包括宇宙常數在內）、粒子及能量尺度，都剛剛好足以讓我們存在。有無限多種可能宇宙，但是只有每個物理常數（包括宇宙常數）的數值都剛剛好的那種宇宙，才能讓我們存在。既然這樣的宇宙有可能存在，那麼很自然的，它就會是在多重宇宙的所有宇宙中，被我們觀測到的那一個。

有人主張，宇宙學已經變得如此豐富及複雜，或許我們已經來到一門「科學」的最前哨。艾利斯（見第 199 頁）對此持懷疑的態度，他認為多重宇宙理論走得有點過頭了。艾利斯是一位相對論學者，在 1960 年代末期，他和霍金與潘若斯一起證明了宇宙中存在著奇異點。在這方面的研究上，艾利斯一直都走在最前端，把整個宇宙當成愛因斯坦理論的巨大實驗室及測試場。「我不相信那些其他宇宙的存在性已經獲得證明，也不相信它將會被證實。」[314] 艾利斯說：「多重宇宙的論證是個有其根據的哲學主張，但因為它無從被檢驗，所以它不全然屬於科學領域。」[315]

在這幅由各種可能性所構成的地景圖中，任何東西都有可能被預測會出現在某個地方。即使是弦論學者當中，也有人覺得多重宇宙理論走得太過頭了。這個新理論放棄了現代物理的終極目標：為所有的作用力（包括重力在內）尋找唯一且簡單的解釋。接受多重宇宙就相當於放棄這目標。即使是現代弦論的「教皇」維騰，也對於事情的發展感到不高興，他說：「但願目前關於弦論的這些討論是走偏了。」[316]

但是多重宇宙的追隨者愈來愈多。它解開了某些之前懸而未

解的大問題，例如為什麼會有宇宙常數？為什麼自然界的常數剛剛好被調成我們所測量到的數值？每隔一段時間，就會有記者會或媒體的報導談到平行宇宙或多重宇宙，或是提到有證據顯示時空是無比浩大且多元。當然，這是一個可以讓我們好好發揮想像力的場合，它就像是一張空白的巨大畫布，供我們在畫布上描繪吸引人的故事。但是對艾利斯而言，它根本就不是科學。

「穿過雲。有望。」

2009年，我到普林西比去訪問，它是位在非洲腋窩處的一座蒼翠翁鬱的小島。九十年前，愛丁頓就是從那裡發電報給當時皇家天文學會的主席戴森，電報內容只有寥寥幾個字：「穿過雲。有望。」愛丁頓在那次日食期間針對星光所做的測量，讓愛因斯坦廣義相對論成為唯一的現代理論。那次的日食觀測任務，也使愛丁頓及愛因斯坦成為國際超級巨星。

我到聖多美－普林西比這個小島國參訪，與我同行的還有英國、葡萄牙、巴西及德國等國的學者，我們要把由英國皇家天文學會及國際天文聯合會所捐贈的牌匾，放置在愛丁頓及卡丁罕當年進行觀測的地點。聖多美－普林西比已在幾十年前脫離了長達幾世紀的殖民地統治，成為非洲另一個社會主義國家。它加入自由貿易市場後，為有錢的英美遊客預備的那些東一處、西一處的耀眼新房舍，與殖民地時期留下的一整片破舊農舍，形成強烈的對比。

桑迪農園的主要宅邸，也就是愛丁頓當年從事觀測之處，和散布在蒼鬱市郊的大多數廢棄殖民地時期房舍比起來，情況好很

多。普林西比（一座居民不到五千人的小島）的總督，之前想把它當成他的別墅。但結果這只是他一廂情願的想法；那宅邸仍然是搖搖欲墜、銹蝕而且沒辦法住人。

我發現地球的這個完美小角落非常令人感動。我的祖母在二十世紀初，出生於聖多美－普林西比，我從她那裡聽到很多關於這地方的事。但更重要的是，我覺得我見證了歷史的一個轉捩點。這是愛因斯坦的理論被證明為正確（以科學理論被證明為正確的標準來衡量）的地點。這是廣義相對論成為事實的地點。

零星分布在房屋四周的，是那個過往世代的一些遺跡，愛丁頓當年就從其中經過。我看到了那座網球場，龜裂的水泥地顯然完全不是努力從地面找縫隙鑽出的植物的對手。放眼望去，到處都是一片青綠。這迥異於愛丁頓幾乎花了一輩子居住的那種荒涼、但經整飭的英格蘭沼澤地貌[8]。現在，隨著我們的參訪，我們帶來了一面閃亮的牌匾，來標記愛丁頓的成就。我們希望這面牌匾能向任何經過這偏僻地點的路人解釋，當初這裡曾經發生過一個多麼重大、撼動了整個世界的事件。

回首1919年愛因斯坦理論及愛丁頓實驗想法的發展過程，實在令人讚嘆。「光線會受到彎曲時空的影響而偏折」這個簡單的想法，是測試愛因斯坦理論的關鍵，而在九十年後的今天，它已經成為天文學最強而有力的工具之一。

在過去二十年間，藉由觀測光線如何受時空的影響而偏折，來探究宇宙結構，已經成為天文學家的標準做法。藉由觀測周遭星系裡的恆星，等著看它們的光會不會因為某個黑暗、質量巨大

---

[8] 譯注：愛丁頓大半生都居於劍橋。

的天體從它們面前經過，而突然聚焦，天文學家就有可能找到銀河系中的暗物質。一塊一塊的暗物質，如果它們存在的話，將會扮演愛丁頓實驗中太陽的角色，像透鏡一樣讓星光偏折，這就是我們所謂的**重力透鏡效應**。在更大的尺度上，我們現在也利用重力透鏡效應來觀測星系團——那是由數十個到數百個星系所構成的星系聚落。這些巨獸會陷在時空中，創造出非常強大的時空扭曲，而這樣的扭曲可以讓從遠處星系而來的光，被散射或連成一線。天文學家現在就是利用這些遠處星系星光的扭曲及偏移，來測量星系團的質量。

天空美得令人屏息

這樣就滿意了嗎？帶著慣常的自大，天文學家、宇宙學家及相對論學者現在已經把目標設定成：要盡一切可能看得更遠，去勘查宇宙的所有扭曲，並將它們全記錄下來。藉由觀測一片又一片的宇宙切片，並且看看那些星系的光會如何受到時空的干擾，我們應該就有可能詳細描述出，環繞在我們周遭的時空的真實樣貌。將愛因斯坦及愛丁頓的想法推展到一個新層次，我們就能駕馭宇宙，知道它是由什麼東西所構成，也知道我們目前關於時空行為的定律是否正確。

在那一整天中，隨著普林西比慶典活動的進行，每個人的口中，都不時提到愛因斯坦及愛丁頓的名字。在這個少有人造訪的小島角落，你不能預期會有人真的知道我們在談論些什麼。當地居民及參加典禮的達官顯貴的頻頻點頭，並沒有太大的意義，典禮進行時，一群小孩及青少年還在旁邊奔跑嬉鬧。他們不知道這

個立碑儀式的目的，但他們當然聽過愛因斯坦。有些人甚至知道多年前來到這裡的那位有名的英國人愛丁頓。他們一致認為這是件好事——讓這座小島變得舉世聞名。

我看著群眾加入這場古怪、神祕的慶祝活動，把它當成是另一個獨特的徵兆，告訴我們愛因斯坦的相對論已經變得多麼普世化、多麼民主。雖然愛因斯坦的理論艱澀而且經常難以駕馭，但在這同時，它卻又非常民主，可以用幾頁的精簡方程式就輕易被記述下來。廣義相對論的歷史橫跨各大洲，其中的幾位主角真的是國際化且背景殊異：一些英國天文學家、一位俄國氣象學家、一位比利時神父、一位紐西蘭數學家、一位德國軍人、一位印度神童、一位美國的原子彈專家、一位南非的貴格會信徒，以及許許多多其他人，都因愛因斯坦理論的優雅及強大威力，而一起投入這個領域。

那天晚上，我們發望遠鏡給當地民眾，並且抬頭仰望天空中的星星。天空美得令人屏息，它已經準備好提供我們更多資訊，幫助我們更深入挖掘愛因斯坦的理論。我想到，即使到了今天，愛因斯坦的理論仍然驅策著我們，放眼望向更大尺度的宇宙。新的普林西比有可能位在非洲南部或澳洲沙漠，而新的望遠鏡會使用二十一世紀最新、威力最強大的技術。

仍然在太空中等待被發現

雖然當初愛丁頓使用的是光學望遠鏡，某種有透鏡、接目鏡、以及照相底板的儀器，新一代的望遠鏡卻是仰賴無線電天線及碟型天線。無線電波已經為廣義相對論做出很大的貢獻，但是

這一次，它將走得比你能想像的還要遠得多。

目前的想法是：建造數以萬計的一批無線電天線，讓它們散布在廣達數百或數千公里的區域。這些天線被稱為**平方公里陣列**（Square Kilometer Array, SKA），因為所有天線的蒐集面積加起來後，可以達到一平方公里，而我們有可能需要利用一塊大陸、甚至兩塊大陸的土地，來配合這項計畫。有些望遠鏡將會設置在澳洲西部的曠野，另一些則散布在非洲南部。這個大傢伙的核心將會放置在南非的卡魯沙漠（Karoo Desert），但是有不少的碟型天線將會散布在非洲大陸，像納米比亞、莫三比克、迦納、肯亞及馬達加斯加等國的土地上。它真的會是一、兩塊大陸（非洲與澳洲）的投入。

而且就像愛丁頓當初利用普林西比的觀測，來建立廣義相對論的地位，SKA也將會成為在宇宙尺度上，以前所未有的精確度檢驗愛因斯坦理論的大傢伙。SKA將會偵測愛因斯坦的偉大想法是否有任何裂縫。它有辦法偵測到那些難以捉摸的重力波，這些波仍然在太空中等待被發現。SKA甚至有可能為我們揭開那惡名昭彰的暗能量的本質，這些暗物質似乎已經在現行的宇宙模型中占有一席之地。

那天晚上，我們在慶祝愛丁頓及愛因斯坦的偉大成就時，我心想，我們現在只是位在時空理論即將告訴我們許多事的起頭處而已。二十一世紀肯定會是愛因斯坦廣義相對論的世紀，我很慶幸自己活在一個有這麼多新事物等待我們發現的年代。在愛因斯坦提出他的廣義相對論一百年後，某些神奇的事即將要發生。

第14章〈某些神奇的事即將發生〉附記

如果你想要了解多重宇宙，可以去閱讀Susskind（2006）與Greene（2012）這兩本強力鼓吹這想法的書，但也請參考立場與前者相左的Ellis（2011b），以作折衷。如果你想要追蹤那些大型實驗，你應該到下列網站逛逛：

http://www.skatelescope.org/

http://www.eventhorizontelescope.org/

http://www.ligo.caltech.edu/

你可以在這些地方，看到許多來自廣義相對論觀測研究的第一現場的有趣資訊。

誌謝

　　有兩個人促成了本書的出版。瓦爾希（Patrick Walsh）說服並且給我機會寫這個我最著迷的主題。柯特尼・楊（Courtney Young）收下我的初稿，非常寬厚、但又堅定的把它整理成我自己也想讀的書稿。

　　在本書中，我大量採用了這許多年來，我的同事、朋友、家人、讀者及其他作者的個人證詞、建議和批評。以下我嘗試將他們的姓名逐一列出（很可能還是不夠完全）：Andy Albrecht, Arlen Anderson, Tessa Baker, Max Bañados, Julian Barbour, John Barrow, Adrian Beecroft, Jacob Bekenstein, Jocelyn Bell Burnell, Orfeu Bertolami, Steve Biller, Michael Brooks, Harvey Brown, Phil Bull, Alex Butterworth, Philip Candelas, Rebecca Carter, Chris Clarkson, Tim Clifton, Frank Close, Peter Coles, Amanda Cook, Marc Davis, Xenia de la Ossa, Cécile DeWitt-Morette, Mike Duff, Jo Dunkley, Ruth Durrer, George Efstathiou, George Ellis, Graeme Farmelo, Hugo and Karin Gil Ferreira, Andrew Hodges, Chris Isham, Andrew Jaffe, David Kaiser, Janna Levin, Roy Maartens, Ed Macaulay, João Magueijo, David Marsh, Lance Miller, John Miller, José Mourão, Samaya Nissanke, Tim Palmer, John Peacock, Jim Peebles, Roger Penrose, João Pimentel, Andrew Pontzen, Frans Pretorius, Dimitrios Psaltis, Martin Rees, Bernard Schutz, Joe Silk, Constantinos Skordis, Lee Smolin, George Smoot, Andrei Starinets, Kelly Stelle, Kip

Thorne, Neil Turok, Tony Tyson, Gisa Weszkalnys, John Wheater, Adam Wishart, Andrea Wulf, and Tom Zlosnik。他們所提供的資料非常有價值，但是書中的任何錯誤及誤解是我自己該負責的。

Conville and Walsh 經紀公司的團隊，全力支持本書的出版。我在牛津大學的同事們也對本書多所期待，並且提供了不少協助。能夠與他們成為同事，真的是我的榮幸。

延伸閱讀

　　撰寫本書的過程中，令我相當愉快的一件事是，我讀了許多關於廣義相對論的原始論文及評論，也看了不少歷史、傳記及回憶錄。我希望以下所列出的這些文獻，能夠鼓勵讀者進一步去閱讀關於這個主題的材料。你所下的工夫絕對是值得的。每一章末尾的附記裡，所列出的參考文獻資料，完整的名稱都可以在這裡找到，共分成「書籍」和「文章」兩部分，條列出來。

　　我非常建議讀者花工夫去閱讀科學論文，即使你並沒有足以理解其內容的背景知識。這會讓你更貼近事實，體會到科學是怎麼一回事，了解科學界是如何呈現、解釋及提倡事情，並感受到諸多科學家是如何透過科學期刊來互動。可惜的是，許多期刊要付費才能閱讀，如果你不是在學術單位工作或求學，某些我在書中提到的論文你就看不到。不過，還是有相當多的論文是你可以看到的，你不妨試著去查閱一下這些論文。我建議你使用以下的搜尋引擎：

　　http://scholar.google.com

　　http://inspirehep.net

　　http://adsabs.harvard.edu/abstract_service.html

　　這三個搜尋引擎網站有各自的語法和呈現方式，但是綜合起來，應該可以幫助你找到任何你想查閱的論文。過去二十年來，天文學、數學及物理學的科學社群，已經把一些可以免費下載

的文章放在http://arxiv.org 的存放區。只要某篇論文有這樣的連結，我就會盡可能把那連結提供給讀者。

　　為了撰寫這本書，我訪談了書中提到的幾位主角。在書末的〈資料來源〉中，我明確指出書裡的哪些引文是來自那些訪談。

書籍：

Barrow, J., *The Constants of Nature,* Vintage (2003).

Barrow, J., P. Davies, and C. Harper Jr., *Science and Ultimate Reality: Quantum Theory, Cosmology and Complexity,* Cambridge University Press (2004).

Barrow, J., and F. Tipler, *The Anthropic Cosmological Principle,* Oxford University Press (1988).

Baum, R., and W. Sheehan, *In Search of the Planet Vulcan: The Ghost in Newton's Clockwork Universe,* Basic Books (1997).

Berendzen, R., R. Hart, and D. Seeley, *Man Discovers the Galaxies,* Science History Publications (1976).

Berger, A., *The Big Bang and Georges Lemaître,* D. Reidel (1984).

Bernstein, J., *Oppenheimer: Portrait of an Enigma,* Ivan R. Dee (2004).

Bernstein, J., and G. Feinberg, *Cosmological Constants: Papers in Modern Cosmology,* Columbia University Press (1986).

Bird, K., and M. Sherwin, *American Prometheus: The Triumph and Tragedy of J. Robert Oppenheimer,* Atlantic (2009).

Bodanis, D., *E=mc2: A Biography of the World's Most Famous Equation,* Pan (2001).

———, *Electric Universe: How Electricity Switched On the Modern World,* Abacus (2006).

Boslough, J., *Stephen Hawking's Universe,* Avon (1989).

Burbidge, G., and M. Burbidge, *Quasi-Stellar Objects,* W. H. Freeman (1967).

Close, F., *The Infinity Puzzle,* Oxford University Press (2011).

Collins, H., *Gravity's Shadow: The Search for Gravitational Waves,* University of Chicago Press (2004).

Chandrasekhar, S., *Eddington: The Most Distinguished Astrophysicist of His Time,*

Cambridge University Press (1983).

Christensen, S., ed., *Quantum Theory of Gravity: Essays in Honor of the 60th Birthday of Bryce S DeWitt,* Adam Hilger (1984).

Cook, N., *The Hunt for Zero Point,* Arrow (2001).

Cornwell, J., Hitler's Scientists: Science, War, and the Devil's Pact, Penguin (2004).

Danielson, D., *The Book of the Cosmos: Imagining the Universe From Heraclitus to Hawking,* Perseus (2000).

Davies, P., and J. Brown, eds., *Superstrings,* Cambridge University Press (1988).

DeWitt, C., and B. DeWitt, eds., *Relativity Groups and Topology,* Gordon and Breach Science Publishers (1964).

———, eds., *Black Holes,* Gordon and Breach Science Publishers (1973).

DeWitt, C., and D. Rickles, *The Role of Gravitation in Physics: Report From the 1957 Chapel Hill Conference,* Edition Open Access (2011).

DeWitt-Morette, C., *Gravitational Radiation and Gravitational Collapse,* D. Reidel (1974).

———, *The Pursuit of Quantum Gravity: Memoirs of Bryce DeWitt From 1946 to 2004,* Springer (2011).

Dickens, C., *A Detective Police Party,* Read Books (2011).

Doxiadis, A., and C. Papadimitriou, *Logicomix: An Epic Search for Truth,* Bloomsbury (2009).

Durham, F., and R. Purrington, *Frame of the Universe: A History of Physical Cosmology,* Columbia University Press (1983).

Eddington, A., *The Nature of the Physical World,* Cambridge University Press (1929).

———, *Fundamental Theory,* Cambridge University Press (1953).

———, *The Internal Constitution of the Stars,* Dover (1959).

———, *The Mathematical Theory of Relativity,* Cambridge University Press (1963).

Ehlers, J., J. Perry, and M. Walker, *9th Texas Symposium on Relativistic Astrophysics,* New York Academy of Sciences (1980).

Einstein, A., *Relativity,* Routledge Classics (2001).

———, *The Collected Papers of Albert Einstein,* Volumes 1–13, Princeton University Press (2012).

Eisenstaedt, J., The Curious History of Relativity: How Einstein's Theory of Gravity Was Lost and Found Again, Princeton University Press (2006).

Eisenstaedt, J., and A. Kox, eds., *Studies in the History of General Relativity,* Volume 3, Birkhauser (1992).

Ellis, G., A. Lanza, and J. Miller, *The Renaissance of General Relativity and*

Cosmology, Cambridge University Press (1993).

Farmelo, G., *The Strangest Man: The Life of Paul Dirac,* Faber and Faber (2010).

Ferguson, K., *Stephen Hawking: His Life and Work,* Bantam (2012).

Ferreira, P., *The State of the Universe: A Primer in Modern Cosmology,* Phoenix (2007).

Feynman, R., *Surely You're Joking, Mr. Feynman! Adventures of a Curious Character,* W. W. Norton (1985).

Feynman, R., F. Morinigo, and W. Wagner, *Lectures on Gravitation,* Penguin (1999).

Fölsing, A., *Albert Einstein,* Penguin (1998).

Gamow, G., *My World Line: An Informal Autobiography,* Viking (1970).

Gorobets, B., *The Landau Circle: The Life of a Genius,* URSS (2008).

Graham, L., *Science in Russia and in the Soviet Union: A Short History,* Cambridge University Press (1993).

Greene, B., *The Elegant Universe: Superstrings, Hidden Dimensions, and the Quest for the Ultimate Theory,* Vintage (2000).

———, *The Hidden Reality: Parallel Universes and the Deep Laws of the Cosmos,* Penguin (2012).

Gregory, J., *Fred Hoyle's Universe,* Oxford University Press (2005).

Gribbin, J., and M. Gribbin, *How Far Is Up: The Men Who Measured the Universe,* Icon Books (2003).

Harrison, B., K. Thorne, M. Wakano, and J. Wheeler, *Gravitation Theory and Gravitational Collapse,* University of Chicago Press (1965).

Harvey, A., *On Einstein's Path: Essays in Honor of Engelbert Schucking,* Springer-Verlag (1992).

Hawking, S., *A Brief History of Time: From the Big Bang to Black Holes,* Bantam (1988).

Hawking, S., and W. Israel, eds., *General Relativity: An Einstein Centenary Survey,* Cambridge University Press (1979).

———, eds., *Three Hundred Years of Gravitation,* Cambridge University Press (1989).

Hawking, S., and L. Mlodinow, *The Grand Design,* Random House (2010).

Hoyle, F., *The Nature of the Universe,* Oxford Blackwell (1950).

———, *Frontiers of Astronomy,* Mentor (1955).

———, *Home Is Where the Wind Blows: Chapters From a Cosmologist's Life,* University Science Books (1994).

Hoyle, F., G. Burbidge, and J. Narlikar, *A Different Approach to Cosmology:*

From a Static Universe Through the Big Bang Towards Reality, Cambridge University Press (2000).

Isaacson, W., *Einstein: His Life and Universe,* Pocket Books (2008).

Isham, C., R. Penrose, and D. Sciama, eds., *Quantum Gravity: An Oxford Symposium,* Clarendon (1975).

John, L., *Cosmology Now,* BBC (1973).

Kaiser, D., "Making Theory: Producing Physics and Physicists in Postwar America," unpublished PhD thesis, Harvard University (2000).

Kennefick, D., *Traveling at the Speed of Thought: Einstein and the Quest for Gravitational Waves,* Princeton University Press (2007).

Kilmister, C., *Eddington's Search for a Fundamental Theory: A Key to the Universe,* Cambridge University Press (1994).

Kolb, E., M. Turner, K. Olive, and D. Seckel, *Inner Space/Outer Space,* University of Chicago Press (1986).

Kragh, H., *Cosmology and Controversy: The Historical Development of Two Theories of the Universe,* Princeton University Press (1996).

Krauss, L., *Quantum Man: Richard Feynman's Life in Science,* W. W. Norton (2012).

Kumar, M., *Quantum: Einstein, Bohr, and the Great Debate About the Nature of Reality,* Icon (2009).

Lambert, D., *Un atome d'univers: La vie et l'oeuvre de Georges Lemaître,* Éditions Racine (1999).

Lang, K., and O. Gingrich, *A Source Book in Astronomy and Astrophysics, 1900–1975,* Harvard University Press (1979).

Lemonick, M., *The Light at the Edge of the Universe,* Princeton University Press (1995).

Lenin, V., *Materialism and Empiriocriticism,* Literary Licensing, LLC (2011).

Levin, J., *A Madman Dreams of Turing Machines,* Phoenix (2010).

Lichnerowicz, A., A. Mercier, and M. Kervaire, *Cinquantenaire de la théorie de la relativité,* Birkhäuser (1956).

Lightman, A., and R. Brawer, *Origins: The Lives and Worlds of Modern Cosmologists,* Harvard University Press (1990).

Lourie, R., *Sakharov: A Biography,* Brandeis (2002).

Marx, K., *Capital,* Penguin (1990).

Melia, F., *Cracking the Einstein Code: Relativity and the Birth of Black Hole Physics,* University of Chicago Press (2009).

Michelmore, P., *Einstein: Profile of the Man,* Dodd, Mead (1962).

完美的理論
356 ———

Miller, A., *Empire of the Stars: Friendship, Obsession, and Betrayal in the Quest for Black Holes,* Abacus (2007).

———, *Deciphering the Cosmic Number: The Strange Friendship of Wolfgang Pauli and Carl Jung,* W. W. Norton (2009).

Minton, S., *Fred Hoyle: A Life in Science,* Cambridge University Press (2011).

Misner, C., K. Thorne, and J. Wheeler, *Gravitation,* W. H. Freeman (1973).

Monk, R., *Inside the Centre: The Life of J. Robert Oppenheimer,* Jonathan Cape (2012).

Munns, D., *A Single Sky: How an International Community Forged the Science of Radio Astronomy,* MIT Press (2012).

North, J., *The Measure of the Universe: A History of Modern Cosmology,* Dover (1965).

Novikov, I., *River of Time,* Cambridge University Press (2001).

Nussbaumer, H., and L. Bieri, *Discovering the Expanding Universe,* Cambridge University Press (2009).

Ostriker, J., *Selected Works of Yakov Borisovich Zeldovich,* Princeton University Press (1993).

Overbye, D., *Lonely Hearts of the Cosmos,* Harper Collins (1991).

Pais, A., *Subtle Is the Lord: The Science and Life of Albert Einstein,* Oxford University Press (1982).

Pais, A., and R. Crease, *J. Oppenheimer: A Life,* Oxford University Press (2006).

Panek, R., *The 4% Universe: Dark Matter, Dark Energy, and the Race to Discover the Rest of Reality,* Houghton Mifflin Harcourt (2011).

Peat, D., *Superstrings and the Search for the Theory of Everything,* Contemporary Books (1988).

Peebles, P., *Physical Cosmology,* Princeton University Press (1971).

Peebles, P., L. Page, and B. Partridge, *Finding the Big Bang,* Cambridge University Press (2009).

Proust, M., *In Search of Lost Time,* Volume 5: *The Captive and the Fugitive,* Vintage (1996).

Regis, E., *Who Got Einstein's Office? Eccentricity and Genius at the Princeton Institute for Advanced Study,* Penguin (1987).

Reid, C., *Hilbert,* Springer-Verlag (1970).

Robinson, I., A. Schild, and E. Schucking, *Quasi-stellar Sources and Gravitational Collapse,* University of Chicago Press (1965).

Rovelli, C., *Quantum Gravity,* Cambridge University Press (2010).

Sakharov, A., *Collected Scientific Works*, Marcel Dekker (1982).

———, *Memoirs*, Vintage (1992).

Schilpp, P., *Albert Einstein: Philosopher-Scientist*, Open Court (1949).

Schrödinger, E., *Space-Time Structure*, Cambridge University Press (1960).

Schweber, S., *QED and the Men Who Made It*, Princeton University Press (1994).

———, *Einstein and Oppenheimer: The Meaning of Genius*, Harvard University Press (2008).

Silk, J., *The Big Bang*, W. H. Freeman (1989).

Smolin, L., *Three Roads to Quantum Gravity*, Weidenfeld & Nicholson (2000).

———, *The Trouble with Physics: The Rise of String Theory, the Fall of Science, and What Comes Next*, Allen Lane (2006).

Smoot, G., and K. Davidson, *Wrinkles in Time: The Imprint of Creation*, Abacus (1995).

Sommerfeld, A., *Atomic Structure and Spectral Lines*, Methuen (1923).

Stachel, J., ed., *Einstein's Miraculous Year: Five Papers That Changed the Face of Physics*, Princeton University Press (1998).

Stalin, J., *Problems of Leninism*, Foreign Languages Press (1976).

Stanley, M., *Practical Mystic*, University of Chicago Press (2007).

Sunyaev, R., ed., *Zeldovich: Reminiscences*, Taylor & Francis (2005).

Susskind, L., *The Cosmic Landscape: String Theory and the Illusion of Intelligent Design*, Back Bay Books (2006).

———, *The Black Hole War: My Battle With Stephen Hawking to Make the World Safe for Quantum Mechanics*, Back Bay Books (2008).

Thorne, K., *Black Holes and Time Warps: Einstein's Outrageous Legacy*, Picador (1994).

Tropp, E., V. Frenkel, and A. Chernin, *Alexander A. Friedmann: The Man Who Made the Universe Expand*, Cambridge University Press (1993).

Turok, N., ed., *Critical Dialogues in Cosmology*, World Scientific (1997).

Vucinich, A., *Einstein and Soviet Ideology*, Stanford University Press (2001).

Wazek, M., *Einsteins Gegner*, Campus Verlag (2010).

Weinberg, S., *Gravitation and Cosmology*, John Wiley and Sons (1972).

———, *Lake Views: This World and the Universe*, Harvard University Press (2009).

Wheeler, J., *Geometrodynamics*, Academic Press (1962).

———, *At Home in the Universe*, AIP Press (1994).

Wheeler, J., and K. Ford, *Geons, Black Holes, and Quantum Foam: A Life in Physics*, W. W. Norton (1998).

Woit, P., *Not Even Wrong: The Failure of String Theory and the Continuing Challenge to Unify the Laws of Physics*, Vintage (2007).

Yau, S-T., and S. Nadis, *The Shape of Inner Space: String Theory and the Geometry of the Universe's Hidden Dimensions*, Basic Books (2010).

Yourgrau, P., *A World Without Time: The Forgotten Legacy of Gödel and Einstein*, Allen Lane (2005).

Zeldovich, Y., and I. Novikov, *Relativistic Astrophysics: Stars and Relativity*, University of Chicago Press (1971).

文章：

Abadies, J., http://arxiv.org/abs/1003.2480 (2010).

Abramowicz, M., and P. Fragile, http://arxiv.org/abs/1104.5499 (2011).

Albrecht, A., and P. Steinhardt, *Phys. Rev. Lett.*, 48, 1220 (1982).

Alpher, R., H. Bethe, and G. Gamow, *Nature*, 73, 803 (1948).

Altshuler, B., http://arxiv.org/abs/hep-ph/0207093 (2002).

Appell, D., *Physics World*, October, 36 (2011).

Ashtekhar, A., *Phys. Rev. Lett.*, 57, 2244 (1986).

———, *Phys. Rev. D*, 36, 1587 (1987).

Ashtekhar, A., and R. Geroch, *Rep. Prog. Phys.*, 37, 122 (1974).

Bahcall, N., et al., *Science*, 284, 1481 (1999).

Barbour, J., *Nature*, 249, 328 (1974).

Barreira, M., M. Carfora, and C. Rovelli, http://arxiv.org/abs/gr-qc/9603064 (1996).

Bartusiak, M., *Discovery*, August, 62 (1989).

Battersby, S., *New Scientist*, April, 30 (2005).

Bekenstein, J., *Phys. Rev. D*, 7, 2333 (1973).

———, *Phys. Rev. D*, 11, 2072 (1975).

———, *Sci. Am.*, August, 58 (2003).

———, http://arxiv.org/abs/astro-ph/0403694 (2004).

———, http://arxiv.org/abs/astro-ph/0701848 (2007).

Bekenstein, J., and A. Meisels, *Phys. Rev. D*, 18, 4378 (1978).

———, *Phys. Rev. D*, 22, 1313 (1980).

Bekenstein, J., and M. Milgrom, *Astroph. Jour.,* 286, 7 (1984).

Belinsky, V., I. Khalatnikov, and E. Lifshitz, *Advances in Physics,* 19, 525 (1970).

Bell Burnell, J., *Ann. New York Acad. Sci.,* 302, 665 (1977).

———, *Astron. and Geoph.,* 47, 1.7 (2004).

Blandford, R., and M. Rees, *Mon. Not. Roy. Ast. Soc.,* 169, 395 (1974).

Blumenthal, G., A. Dekel, and J. Primack, *Astroph. Jour.,* 326, 539 (1988).

Bohr, N., and J. Wheeler, *Phys. Rev.,* 56, 426 (1939).

Bondi, H., and T. Gold, *Mon. Not. Roy. Ast. Soc.,* 108, 252 (1948).

Born, M., *Nature,* 164, 637 (1949).

Bowden, M., *The Atlantic Monthly,* July (2012).

Brans, C., http://arxiv.org/abs/gr-qc/0506063 (2005).

———, *AIP Conf. Proc.,* 1083, 34 (2008).

Candelas, P., et al., *Nuc. Phys. B,* 258, 46 (1985).

Calder, L., and O. Lahav, *Astron. & Geoph.,* 49, 1.13 (2008).

Carroll, S., W. Press, and E. Turner, *Ann. Rev. Astron. Astroph.,* 30, 499 (1992).

Carter, B., *Phys. Rev.,* 141, 1242 (1966).

———, *Phys. Rev.,* 174, 1559 (1968).

———, http://arxiv.org/abs/gr-qc/0604064 (2006).

Centrella, J., et al., *Rev. Mod. Phys.,* 82, 3069 (2010).

Chandrasekhar, S., *Astroph. Journ.,* 74, 81 (1931a).

———, *Mon. Not. Roy. Ast. Soc.,* 91, 456 (1931b).

———, *The Observatory,* 57, 373 (1934).

———, *The Observatory,* 58, 33 (1935a).

———, *Mon. Not. Roy. Ast. Soc.,* 95, 207 (1935b).

———, *Mon. Not. Roy. Ast. Soc.,* 95, 226 (1935c).

Chandrasekhar, S., and C. Miller, *Mon. Not. Roy. Ast. Soc.,* 95, 673 (1935).

Chandrasekhar, S., and J. Wright, *Proc. Nat. Ac. Sci.,* 47, 341 (1961).

Chiu, H., *Physics Today,* May, 21 (1964).

Choptuik, M., *Astron. Soc. Pac.,* 123, 305 (1997).

Coles, P., http://arxiv.org/abs/astro-ph/0102462 (2001).

Crease, R., *Physics World,* January, 19 (2010).

Davis, M., et al., *Astroph. Journ.,* 292, 371 (1985).

———, *Nature,* 356, 489 (1992).

de Bernardis, P., et al., *Nature,* 404, 955 (2000).

de Sitter, W., *Proc. Roy. Neth. Ac. Art. Sci.,* 20, 229 (1918).

———, *The Observatory,* 53, 37 (1930).

DeVorkin, D., interview with V. Rubin for AIP, http://www.aip.org/history/ohilist/5920_1.html (1984).

DeWitt, B., *Phys. Rev.,* 160, 1113 (1967a).

———, *Phys. Rev.,* 162, 1195 (1967b).

———, *Phys. Rev.,* 162, 1239 (1967c).

———, *Gen. Rel. Grav.,* 41, 413 (2009).

Dicke, R., et al., *Astroph. Jour.,* 142, 414 (1965).

Dirac, P., *Nature,* 168, 906 (1958a).

———, *Proc. Roy. Soc. Lon. A,* 246, 333 (1958b).

———, *Proc. Roy. Soc. A.,* 338, 439 (1974).

Doroshkevich, A., R. Sunyaev, and Y. Zeldovich, *IAU Symp.,* 63, 213 (1974).

Doroshkevich, A., Y. Zeldovich, and I. Novikov, *Sov. Ast.,* 11, 233 (1967).

Douglas, D., *Jour. Roy. Ast. Soc. Can.,* 61, 77 (1967).

Duff, M., *Phys. Rev. D,* 7, 2317 (1971).

———, *New Scientist,* January, 96 (1977).

———, http://arxiv.org/abs/hep-th/9308075 (1993).

———, *Sci. Am.,* February, 64 (1998).

———, http://arxiv.org/abs/1112.0788 (2011).

Dyson, F., A. Eddington, and C. Davison, *Philosophical Transactions of the Royal Society of London,* A 220, 291 (1920).

Earman, J., and C. Glymour, *Arch. Hist. Exac. Sci.,* 19, 291 (1978).

Eddington, A., *The Observatory,* 36, 62 (1913).

———, *The Observatory,* 38, 93 (1915).

———, *The Observatory,* 39, 270 (1916).

———, *The Observatory,* 40, 93 (1917).

———, *The Observatory,* 42, 119 (1919a).

———, *Nature,* 114, 372 (1919b).

———, *Proc. Roy. Soc. Lon. A,* 102, 268 (1922).

———, *Mon. Not. Roy. Ast. Soc.,* 90, 668 (1930).

———, *Nature,* 127, 447 (1931).

———, *Mon. Not. Roy. Ast. Soc.*, 95, 194 (1935a).

———, *The Observatory*, 58, 33 (1935b).

———, *Mon. Not. Roy. Ast. Soc.*, 96, 20 (1935c).

———, *Proc. Roy. Soc. Lon. A*, 162, 55 (1937).

———, *Proc. Phys.*, 54, 491 (1942).

———, *The Observatory*, 37, 5 (1943).

———, *Mon. Not. Roy. Ast. Soc.*, 104, 20 (1944).

Eddington, A., and K. Schwarzschild, *Mon. Not. Roy. Ast. Soc.*, 77, 314 (1917).

Efstathiou, G., W. Sutherland, and S. Maddox, *Nature*, 348, 705 (1990).

Einstein, A., *Ann. Phys.*, 17, 891 (1905a).

———, *Ann. Phys.*, 18, 639 (1905b).

———, *Ann. Phys.*, 19, 289 (1906a).

———, *Ann. Phys.*, 19, 371 (1906b).

———, *Jahr. Rad. Elek.*, 4, 411 (1907).

———, *Ann. Phys.*, 35, 989 (1911).

———, *Sitzungsberichte de Preussischen Akad. d. Wiss.*, 315 (1915).

———, *Sitzungsberichte de Preussischen Akad. d. Wiss.*, 142 (1917).

———, *Zeitschrift für Physik*, 11, 326 (1922).

———, *Zeitschrift für Physik*, 16, 228 (1923).

———, *Philosophy of Science*, 1, 163 (1934).

———, *Ann. Math.*, 40, 992 (1939).

———, *Physics Today*, August, 45 (1982).

Einstein, A., and M. Grossman, *Zeitschrift für Physik*, 62, 225 (1913).

Ellis, G., http://www.st-edmunds.cam.ac.uk/faraday/cis/Ellis (2007).

———, *Nature*, 469, 294 (2011a).

———, *Sci. Am.*, August, 38 (2011b).

Esposito, G., http://arxiv.org/abs/1108.3269v1 (2011).

Faber, S., and J. Gallagher, *Ann. Rev. Astron. Astroph. I*, 17, 135 (1979).

Ferreira, P., *New Scientist*, 12 October (2010).

Fock, V., *Voprosy Philosophii*, 1, 168 (1953).

Fowler, R., *Mon. Not. Roy. Ast. Soc.*, 87, 114 (1926).

Friedan, D., http://arxiv.org/abs/hep-th/0204131 (2002).

Friedmann, A., *Zeitschrift für Physik*, 10, 377 (1922).

Gamow, G., *Nature,* 162, 680 (1948).

Garwin, R., *Physics Today,* 27, 9 (1974).

Giacconi, R., et al., *Phys. Rev. Lett.,* 9, 439 (1962).

Gibbs, G., *Sci. Am.,* April, 89 (2002).

Giddings, S., http://arxiv.org/abs/1105.6359v1 (2011a).

———, http://arxiv.org/abs/1108.2015v2 (2011b).

Glanz, J., *Science,* 279, 651 (1998).

Gödel, K., *Rev. Mod. Phys.,* 21, 447 (1949).

Goenner, H., *Liv. Rev. Rel.,* 7 (2004).

Gorelik, G., *Sci. Am.,* August, 72 (1997).

Green, M., and J. Schwarz, *Phys. Lett. B,* 149, 117 (1984).

Greenstein, J., *Ann. Rev. Astron. Astroph.,* 22, 1 (1984).

Gross, D., *Nuc. Phys. B.,* 236, 349 (1984).

Guth, A., *Phys. Rev. D,* 23, 347 (1981).

Guzzo, L., et al., http://arxiv.org/abs/0802.1944 (2008).

Hamber, H., http://arxiv.org/abs/0704.2895v3 (2007).

Hanany, S., *Astroph. Journ. Lett.,* 545, 5 (2000).

Hanbury-Brown, R., *IAU Supp.,* 9, 471B (1959).

Hannam, M., *Class. Quant. Grav.,* 26, 114001 (2009).

Harvey, A., and E. Schucking, *Am. Journ. Phys.,* 68, 723 (1999).

Harwitt, M., interview with P.J.E. Peebles for AIP, http://www.aip.org/history/ohilist/4814.html (1984).

Hawking, S., *Phys. Rev. Lett.,* 17, 444 (1966).

———, *Comm. Math. Phys.,* 25, 152 (1971a).

———, *Phys. Rev. Lett.,* 26, 1344 (1971b).

———, *Nature,* 248, 30 (1974).

———, *Comm. Math. Phys.,* 43, 199 (1975).

———, *Phys. Rev. D,* 13, 13 (1976a).

———, *Phys. Rev. D,* 14, 2460 (1976b).

———, *Nuc. Phys. B,* 144, 349 (1978).

———, *Comm. Math. Phys.,* 87, 395 (1982).

Hawking, S., and G. Ellis, *Astroph. Jour.,* 152, 25 (1968).

Hawking, S., and R. Penrose, *Proc. Roy. Soc. Lon. A,* 314, 529 (1970).

Hegyi, D., ed., 6th Texas Symposium on Relativistic Astrophysics, *Ann. New York Ac. Sci.,* 224 (1973).

Hetherington, N., *Nature,* 316, 16 (1986).

Hewish, A., S. Bell, J. Pilkington, P. Scott, and R. Collins, *Nature,* 217, 709 (1968).

Hoyle, F., *Mon. Not. Roy. Ast. Soc.,* 108, 372 (1948).

Hoyle, F., and G. Burbidge, *Astroph. Jour.,* 144, 534 (1966).

Hoyle, F., and J. Narlikar, *Proc. Roy. Soc. Lon. A,* 273, 1 (1963).

Hoyt, W., Biographical Memoirs, *Nat. Acad. Sci.* 52, 411 (1980).

Hubble, E., *Astr. Jour.,* 64, 321 (1926).

———, *Astr. Jour.,* 69, 103 (1929a).

———, *Proc. Nat. Ac. Sci.,* 15, 168 (1929b).

Hughes, S., http://arxiv.org/abs/hep-ph/0511217 (2005).

Humason, M., *Proc. Nat. Ac. Sci.,* 15, 167 (1929).

Huterer, D., and M. Turner, http://arxiv.org/abs/astro-ph/9808133 (1998).

Ioffe, B., http://arxiv.org/abs/hep-ph/0204295 (2002).

Isham, C., http://arxiv.org/abs/gr-qc/9210011 (1992).

Israel, W., *Phys. Rev.,* 164, 1776 (1967).

Jacobson, T., http://arxiv.org/abs/gr-qc/9908031 (1999).

Jacobson, T., and L. Smolin, *Nuc. Phys. B,* 299, 295 (1988).

Jansky, K., *Proc. IRE,* 21, 1387 (1933).

Janssen, M., University of Minnesota Colloquium at https://sites.google.com/a/umn.edu/micheljanssen/home/talks (2006).

Jennison, R., and M. Das Gupta, *Nature,* 172, 996 (1953).

Kennefick, D., *Physics Today,* September, 43 (2005).

Kerr, R., *Phys. Rev. Lett.,* 11, 237 (1963).

Kragh, H., *Centaurus,* 32, 114 (1987).

Kragh, H., and R. Smith, *Hist. Sci.,* 41, 141 (2003).

Krasnov, K., http://arxiv.org/abs/gr-qc/9710006 (1997).

Landau, L., *Physikalische Zeitschrift der Sowjetunion,* 1, 258 (1932).

———, *Nature,* 364, 333 (1938).

Lemaître, G., *Ann. de la Soc. Sci. de Brux.,* A47, 49 (1927).

———, *Nature,* 127, 706 (1931).

———, *Proc. Nat. Ac. Sci.,* 20, 12 (1934).

———, *Ricerche Astronomiche,* 5, 475 (1958).

Lenard, P., Nobel lecture, http://www.nobelprize.org/nobel_prizes/physics/laureates/1905 (1906).

Le Verrier, U., *Ann. De l'Obs. Imp. Paris,* IV (1858).

Lifshitz, E., and I. Khalatnikov, *Soviet Physics—JETP,* 12, 108 and 558 (1961).

Lightman, A., interview with G. de Vaucouleurs for AIP, http://www.aip.org/history/ohilist/33930.html (1988a).

———, interview with P.J.E. Peebles for AIP, http://www.aip.org/history/ohilist/33957.html (1988b).

Linde, A., *Phys. Lett. B,* 108, 389 (1982).

Lundmark, K., *Mon. Not. Roy. Ast. Soc.,* 84, 747 (1924).

Lynden-Bell, D., *Nature,* 223, 690 (1969).

Lynden-Bell, D., and M. Rees, *Mon. Not. Roy. Ast. Soc.,* 152, 461 (1971).

Maksimov, A., *Red Fleet,* 14 June (1952).

Mathur, S., http://arxiv.org/abs/gr-qc/0502050 (2005).

———, http://arxiv.org/abs/0909.1038v2 (2009).

Milgrom, M., *Astroph. Jour.,* 270, 365 (1983).

Mills, B., and O. Slee, *Aust. Jour. Phys.,* 10, 162 (1956).

Misner, C., *Rev. Mod. Phys.,* 29, 497 (1957).

———, *Astrophys. Space Sci. Lib.,* 367, 9 (2010).

Mooallem, J., *Harper's Magazine,* October, 84 (2007).

Mota, E., P. Crawford, and A. Simões, *British Journal for the History of Science,* 42, 245 (2008).

Neyman, J., and E. Scott, *Astroph. Jour.,* 116, 144 (1952).

———, *Astroph. Jour. Supp.,* 1, 269 (1954).

Norton, J., in *Reflections on Spacetime,* Kluwer Academic Publishing (1992).

———, *Stud. Hist. Phil. Mod. Phys.,* 31, 135 (2000).

Novikov, I., *Soviet Ast.,* 11, 541 (1967).

Nussbaumer, H., and L. Bieri, http://arxiv.org/abs/1107.2281 (2011).

Oppenheimer, J. R., and R. Serber, *Phys. Rev.,* 54, 540 (1938).

Oppenheimer, J. R., and H. Snyder, *Phys. Rev.,* 56, 455 (1939).

Oppenheimer, J. R., and G. Volkoff, *Phys. Rev.,* 55, 375 (1939).

Osterbrock, D., R. Brashear, and J. Gwinn, *Ast. Soc. Pac.,* 10, 1 (1990).

Ostriker, J., and P. Steinhardt, *Nature,* 377, 600 (1995).

Overbye, D., *The New York Times,* November 11, 2003.

Peacock, J., http://arxiv.org/abs/0809.4573 (2008).

Peat, D., and P. Buckley, interview with P. Dirac, http://www.fdavidpeat.com/interviews/dirac.htm (1972).

Peebles, P., *Astroph. Jour.,* 142, 1317 (1965).

——, *Astroph. Jour.,* 146, 542 (1966a).

——, *Phys. Rev. Lett.,* 16, 410 (1966b).

——, *Astroph. Jour.,* 147, 859 (1967).

——, *Nature,* 220, 237 (1968).

——, *Astroph. Jour.,* 158, 103 (1969).

——, *IAU Symp.,* 58, 55 (1974).

——, *Astroph. Jour. Lett.,* 263, 1 (1982).

——, *Astroph. Jour.,* 284, 439 (1984).

——, *Nature,* 327, 210 (1987a).

——, *Astroph. Jour. Lett.,* 315, 73 (1987b).

——, http://arxiv.org/abs/astro-ph/0011252v1 (2000).

——, http://arxiv.org/abs/astro-ph/0410284v1 (2004).

Peebles, P., and J. Yu, *Astroph. Jour.,* 162, 815 (1970).

Penrose, R., *Phys. Rev. Lett.,* 14, 57 (1965).

——, *Nature,* 229, 185 (1971).

Penzia, A., and R. Wilson, *Astroph. Journ.,* 142, 419 (1965).

Perlmutter, S., et al., *Astroph. Journ.,* 517, 565 (1999).

Pretorius, F., *Phys. Rev. Lett.,* 95, 121101 (2005).

——, http://arxiv.org/abs/0710.1338 (2007).

Pringle, J., M. Rees, and A. Pacholczyk, *Astron. & Astroph.,* 29, 179 (1973).

Reber, G., *Astroph. Jour.,* 91, 621 (1940).

——, *Astroph. Jour.,* 100, 279 (1944).

Rees, M., *Mon. Not. Roy. Ast. Soc.,* 135, 145 (1967).

——, *IAU Symposium,* 64, 194 (1974).

——, *The Observatory,* 98, 210 (1978).

Rees, M., and D. Sciama, *Nature,* 207, 738 (1965a).

——, *Nature,* 208, 371 (1965b).

——, *Nature,* 211, 468 (1966).

Reiss, A., et al., *Astroph. Jour.*, 16, 1009 (1998).

Robertson, H., *Proc. Nat. Ac. Sci.*, 93, 527 (1949).

Rovelli, C., http://arxiv.org/abs/gr-qc/9603063 (1996).

——, http://arxiv.org/abs/1012.4707v2 (2010).

Rovelli, C., and L. Smolin, *Phys. Rev. D*, 61, 1155 (1988).

——, *Nuc. Phys. B*, 331, 80 (1990).

——, *Phys. Rev. D*, 52, 5743 (1995).

Rubin, V., *Proc. Nat. Ac. Sci.*, 40, 541 (1954).

——, *Astroph. Journ.*, 159, 379 (1970).

——, *Physics Today*, December, 8 (2006).

Ruffini, R., and J. Wheeler, *Physics Today*, January, 30 (1971).

Ryle, M., *The Observatory*, 75, 13 (1955).

Ryle, M., and J. Bailey, *Nature*, 217, 907 (1968).

Ryle, M., and R. Clarke, *Mon. Not. Roy. Ast. Soc.*, 172, 349 (1961).

Ryle, M., F. Smith, and B. Elsmore, *Mon. Not. Roy. Ast. Soc.*, 110, 508 (1950).

Sachs, R., and A. Wolfe, *Astroph. Jour.*, 147, 73 (1967).

Sakharov, A., *Nature*, 331, 671 (1988).

Salpeter, E., *Astroph. Jour.*, 140, 796 (1964).

Schucking, E., *Physics Today*, August, 46 (1989).

——, http://arxiv.org/abs/0903.3768 (2009).

Sciama, D., *Nature*, 224, 1263 (1969).

Sciama, D., G. Field, and M. Rees, *Phys. Rev. Lett.*, 23, 1514 (1969).

Sciama, D., and M. Rees, *Nature*, 211, 1283 (1966).

Shapiro, B., interview with M. Humason for AIP, www.aip.org/history/ohilist/4686.html (1965).

Shields, G., *Pub. Ast. Soc. Pac.*, 111, 661 (1999).

Silk, J., *Astroph. Jour.*, 151, 459 (1968).

Slipher, V., *Lowell Observatory Bulletin*, 58 (1913).

——, *Lowell Observatory Bulletin*, 62 (1914).

——, *Proc. Amer. Phil. Soc.*, 56, 403 (1917).

Smeenk, C., interview with P.J.E. Peebles for AIP, http://www.aip.org/history/ohilist/25507_1.html (2002).

Smolin, L., *Nuc. Phys. B*, 160, 253 (1979).

Smoot, G., et al., *Astroph. Journ. Lett.*, 396, 1 (1992).

Stelle, K., http://arxiv.org/abs/hep-th/0503110v1 (2005).

———, *Nature Physics*, 3, 448 (2007).

———, *Fortschr. Phys.*, 57, 446 (2009).

Stominger, A., and C. Vafa, *Phys. Lett. B*, 379, 99 (1996).

Stoner, E., *Philosophical Magazine*, 7, 63 (1929).

Straumann, N., http://arxiv.org/abs/gr-qc/0208027 (2002).

Strominger, A., *Nuc. Phys. B*, 192, 119 (2009).

Susskind, L., http://arxiv.org/abs/hep-th/9309145v2 (1993).

Susskind, L., and L. Thorlacius, http://arxiv.org/abs/hep-th/9308100v1 (1993).

Susskind, L., L. Thorlacius, and J. Uglum, http://arxiv.org/abs/hep-th/9306069v1 (1993).

't Hooft, G., *Nuc. Phys. B*, 256, 727 (1985).

———, *Nuc. Phys. B*, 335, 138 (1990).

———, http://arxiv.org/abs/gr-qc/9310026v2 (1993).

———, http://arxiv.org/abs/hep-th/0003004v2 (2000).

Thorne, K., *LIGO Report*, P-000024-00-D (2001).

Tolman, R., *Phys. Rev. D*, 55, 364 (1939).

Trimble, V., *Beam Line*, 28, 21 (1998).

Tyson, A., and R. Giffard, *Ann. Rev. Astron. Astrophys.*, 16, 521 (1978).

Unzicker, A., http://arxiv.org/abs/0708.3518 (2008).

van den Bergh, S., http://arxiv.org/abs/astro-ph/9904251 (1991).

Vittorio, N., and J. Silk, *Astroph. Journ.*, 297, L1 (1985).

Wang, L., et al., *Astroph. Journ.*, 530, 17 (2000).

Wazak, M., *New Scientist*, November, 27 (2010).

Weart, S., interview with S. Chandrasekhar for AIP, http://www.aip.org/history/ohilist/4551_3.html (1977).

———, interview with T. Gold for AIP, http://www.aip.org/history/ohilist/4627.html (1978).

Weber, J., *Phys. Rev. Lett.*, 22, 1320 (1969).

———, *Phys. Rev. Lett.*, 24, 276 (1970a).

———, *Phys. Rev. Lett.*, 25, 180 (1970b).

———, *Nature*, 240, 28 (1972).

Weber, J., and J. Wheeler, *Rev. Mod. Phys.*, 29, 509 (1957).

Weinberg, S., *Phys. Rev.*, 138, 988 (1965).

———, *Phys. Rev. Lett.*, 59, 2607 (1987).

Weyl, H., *Zeitschrift für Physik*, 24, 230 (1923).

Wick, G., *Physics Today*, February, 1237 (1970).

Witten, E., *Physics Today*, April, 24 (1996a).

———, *Nature*, 383, 215 (1996b).

———, *Notices of the AMS*, 45, 1124 (1998).

Wheeler, J., *Phys. Rev.*, 97, 511 (1955).

———, *Phys. Rev.*, 2, 604 (1957).

———, *Ann. Rev. Ast. Astroph.*, 4, 393 (1966).

White, S., et al., *Nature*, 330, 451 (1987).

Williamson, R., *Jour. Roy. Ast. Soc. Can.*, 45, 185 (1951).

Woodard, R., http://arxiv.org/abs/0907.4238 (2009).

Wright, P., interview with M. Schmidt for AIP, http://www.aip.org/history/ohilist/4861.html) (1975).

Zel'dovich, Y., *Soviet Physics—Doklady*, 9, 195 (1964).

———, *Soviet Physics Uspekhi*, 11, 381 (1968).

———, *JETP Letters*, 14, 180 (1971).

———, *Mon. Not. Roy. Ast. Soc.*, 160, 7 (1972).

Zel'dovich, Y., and O. Guseinov, *Astroph, Jour.*, 144, 840 (1965).

資料來源

1 「當你拿起一份申請案時」：F. Haller，見 Isaacson (2008), p.67.

2 「你是個很聰明的孩子」：H. Weber 致愛因斯坦，見 Isaacson (2008), p.34.

3 「對我人際關係的開展有很大的助益」：愛因斯坦致 W. Dällenbach，1918年，見 Fölsing (1998), p.221.

4 「不對稱性」：愛因斯坦，見 Stachel (1998) 與 Pais (1982), p.140.

5 普魯斯特與勒威耶：見 Proust (1996).

6 狄更斯與勒威耶：見 Dickens (2011).

7 「在太陽附近的行星」：勒威耶，1859年，見 Baum and Sheehan (1997), p.139.

8 「若有人從空中自由落下，他將不會感覺到自己的重量」：愛因斯坦 1922 年在京都的演講，見 Einstein (1982).

9 「我的論文相當受到重視」：愛因斯坦致 M. Solovine，1906，見 Fölsing (1998), p.201.

10 「歷史中充滿這種老天開的玩笑」：J. Laub 致愛因斯坦，1908年，見 Fölsing (1998), p.235.

11 「一旦你開始動手計算」：Fölsing (1998), p.311.

12 「蹩腳的數學」：閔考斯基向學生說的話，見 Reid (1970), p.112 與 Fölsing (1998), p.311.

13 「膚淺的學問」：Fölsing (1998), p.311.

14 「自從數學家也投入相對論的研究之後」：同上，p.245.

15 「你一定要幫幫我，不然我會瘋了」：同上，p.314.

16 「重力現象已經完全釐清了，我非常滿意」：愛因斯坦致 P. Ehrenfest，見 Pais (1982), p.223.

17 「瘋人院」：愛因斯坦致 H. Zangger，1915年，見 Fölsing (1998), p.349.

18 「動到居民的性命或財產」：Fölsing (1998), p.345.

19 「各國的知識份子」：同上，p.346.

20 愛丁頓與珀賴因會面：Mota, Crawford, and Simões (2008).

21 「讓德國重新進入國際社會」：透納，1916年，見Stanley (2007), p.88.

22 「不要去想像一個象徵性的德國人」：Eddington (1916).

23 「我們兩人之間似乎是有些不太舒服的感覺」：愛因斯坦致希爾伯特，1915年，見Fölsing (1998), p.376.

24 「我這一生最珍貴的發現」：愛因斯坦致索末菲，1915年，見Fölsing (1998), p.374.

25 「那些誇張及虛假的宣稱」：透納，1918年，見Stanley (2007), p.97.

26 「只有極少數的人能去觀測這次的日食」：戴森，1918年，見Stanley (2007), p.149.

27 「穿過雲。有望」：Pais (1982), p.304.

28 「日食，帥呆了」：同上。

29 「所獲得的最重要成就」：湯姆森，1919年，見Chandrasekhar (1983), p.29.

30 〈科學革命・新的宇宙理論〉：*The Times,* November 7, 1919.

31 〈天空中所有的光都被扭曲了〉：*The New York Times*, November 10, 1919.

32 「而對英國人來說，我是個德國科學家」：愛因斯坦談到他的理論，*The Times*, November 28, 1919.

33 「引進這樣的常數」：Einstein (2001).

34 「將某個不尋常的東西放進重力理論」：愛因斯坦致P. Ehrenfest，1917年，見Isaacson (2008), p.252.

35 「去承認這種可能性，似乎沒有意義」：同上.

36 「宇宙常數……無法被決定……因為它是任意的常數」：Friedmann (1922)，轉載於Bernstein and Feinberg (1986).

37 「重要性」：Einstein (1922), 轉載於Bernstein and Feinberg (1986).

38 「若您發現本人信中所寫之計算正確無誤」：傅里德曼給愛因斯坦的信，1922年，見Schweber (2008), p.324.

39 「隨時間而變的解」：Einstein (1923), 轉載於 Bernstein and Feinberg (1986).

40　愛丁頓對勒梅特印象深刻：Douglas (1967).

41　外勒與愛丁頓關於德西特效應的討論：Weyl (1923) 與 Eddington (1963).

42　斯里弗發表的論文有 Slipher (1913), Slipher (1914), and Slipher (1917)，讀者可以在 http://www.roe.ac.uk/~jap/slipher 查到這些論文。

43　朗馬克嘗試偵測德西特效應：Lundmark (1924).

44　不太知名的比利時期刊：Lemaître (1927).

45　「雖然你的計算是正確的，但是你的物理很糟糕」：愛因斯坦致勒梅特，1927 年，索爾維研討會，Berger (1984).

46　哈伯關於測量仙女座星系距離的論文：Hubble (1926) 與 Hubble (1929a).

47　德西特的論文：de Sitter (1930).

48　哈伯與赫馬森：在赫馬森接受美國物理學會的專訪中，他非常生動的描述了他在帕洛瑪天文台與哈伯一起研究的經驗，見 Shapiro (1965).

49　哈伯與赫馬森接連發表的論文：見 Humason (1929) 與 Hubble (1929b).

50　「我寄了幾份論文抽印本給您」：勒梅特寫給愛丁頓的信，1930 年，轉載於 Nussbaumer and Bieri (2009), p.123.

51　「如果世界始於一個單一的量子」：Lemaître (1931).

52　「目前自然界的秩序是有個起點」：Eddington (1931).

53　「最美麗、最令人滿意的解釋」：愛因斯坦談到勒梅特，見 Kragh (1996), p.55.

54　「世界頂尖的宇宙學家」：*The New York Times*, February 19, 1933.

55　「恆星會將自己封閉起來」：Oppenheimer and Snyder (1939).

56　施瓦氏寫給愛因斯坦的信：見 Einstein (2012).

57　愛丁頓談施瓦氏：見 Eddington and Schwarzschild (1917).

58　愛因斯坦寫給施瓦氏的信：見 Einstein (2012).

59　「當我們透過數學分析而了解某樣結果時」：Eddington (1959), p.103.

60　「當恆星的次原子能量最終消耗殆盡時」：同上，p.172.

61　「重力會大到讓光無法從恆星逃脫」：同上，p.6.

62　「當它突然從數學公式的迷宮中掉出來」：同上，p.103.

63 「釋放出帶負電的電子到空氣中」：Lenard (1906).

64 「要讓世人看到印度人可以有什麼樣的能耐」：錢卓塞卡，見Weart (1977).

65 錢卓塞卡與索末菲：Sommerfeld (1923).

66 「質量較大的恆星無法進到白矮星的階段」：Chandrasekhar (1935a).

67 「我認為會有一條自然律來避免恆星做出這麼荒謬的事」：Eddington (1935b).

68 錢卓塞卡論愛丁頓：見Chandrasekhar (1983).

69 P. Bridgeman 論歐本海默，見Bernstein (2004).

70 「嗯姆嗯唎男孩」：包立談歐本海默的團隊，見Regis (1987).

71 「變得和希特勒與墨索里尼一樣」：Gorelik (1997).

72 「考慮非靜態的解是絕對必要的」：Oppenheimer and Volkoff (1939).

73 「質量會帶來很大的曲率」：Eddington (1959), p.6.

74 波耳與惠勒的論文：見Bohr and Wheeler (1939).

75 「重力變得強大到足以將輻射捉住」：Eddington (1935b).

76 錢卓塞卡談愛丁頓：見Chandrasekhar (1983).

77 愛因斯坦曾經犯錯，企圖除掉施瓦氏解：見Einstein (1939).

78 「理想世界只不過是經過人類心靈的反思」：Marx (1990).

79 貝利亞的私人信件：ЦХСД. ф.4. Оп.9. Д.1487. Л.5–7. Копия. CDMD (Central Depository of Modern Documents of the Russian Federation Archives) 與 ЦХСД. Ф. 4. Оп. 9. Д. 1487. Л. 11–11 об. Копия. (Central Depository of Modern Documents of the Russian Federation Archives).

80 〈愛因斯坦即將做出重大發現〉：*The New York Times*, November 4, 1928.

81 「愛因斯坦著迷於攪拌理論」：*The New York Times*, February 4, 1929.

82 「為宇宙打造了一把萬能鑰匙」：*The New York Times*, December 27, 1949.

83 「愛因斯坦提出新理論」：*The New York Times*, March 30, 1953.

84 愛因斯坦寫給比利時女王的信：1933年，保存在耶路撒冷希伯來大學的愛因斯坦檔案室，見Fölsing (1998), p.679.

85 愛因斯坦談哥德爾：見Yourgrau (2005), p.6.

86　哥德爾解：見Gödel (1949).

87　愛因斯坦評論哥德爾解：見Schilpp (1949).

88　歐本海默寫給他弟弟的信：見Schweber (2008), p.265.

89　包立與愛因斯坦談歐本海默：見 Schweber (2008), p.271.

90　「歐本旅館今年的賓客名單」：Time magazine, November 8, 1948.

91　戴森的信件：1948年，見Schweber (2008), p.272.

92　「重力與基礎理論」：高斯密特，見DeWitt-Morette (2011).

93　「持續致力於扭轉美國軍事政策」：Fortune, May 1953, Schweber (2009), p.181.

94　「完全不將國家安全系統的要求放在眼裡」：Bernstein (2004).

95　「愛因斯坦警告全世界」：The New York Post, February 13, 1950.

96　「採取甘地那種不合作的革命性作為」：愛因斯坦，見The New York Times,
　　June 12, 1953.

97　「愛因斯坦絕對是我們這個時代中最偉大的一位」：歐本海默的演講，1965
　　年，見 Schweber (2008), p.277.

98　「愛因斯坦是一座里程碑，卻不是燈塔」：Time magazine, November 8, 1948.

99　「愛因斯坦在他晚年，沒有做出任何貢獻」：歐本海默，見 L'Express,
　　December 20, 1965.

100　「這些理論都是奠基一個假設上」：霍伊爾在BBC電台的廣播，1949年。

101　R. Williamson在加拿大廣播公司談霍伊爾：1951年，見Kragh (1996), p.194.

102　愛丁頓的的理論：愛丁頓的基礎理論在這裡有非常詳細的介紹，見
　　Eddington (1953).

103　米爾內談愛丁頓的基本理論：見Kilmister (1994), p.3.

104　包立談愛丁頓：見 Miller (2007), p.89.

105　「他們幾乎是放任我在其中飄移」：Lightman and Brawer (1990), p.53.

106　「我希望接下來的餘生都住在這裡」：邦第，見Kragh (1996), p.166.

107　「沒來由的動起肝火來，愈說愈激昂」：勾德，見Kragh (1996), p.186.

108　「我們唯一能做的就是接受這樣的悖論」：德西特，見Kragh (1996), p.74.

109 「那是一個非理性的過程，無法用科學的詞彙來描繪」：Hoyle (1950).

110 「完全無法令人滿意的概念」：同上.

111 《夜之死》（*Dead of Night*）：這是卡瓦爾康蒂（Alberto Cavalcanti）拍的一部英國電影，Cavalcanti (1945).

112 「每一個世紀……加一個原子」：Hoyle (1955), p.290.

113 最早兩篇關於穩定態宇宙的論文：Bondi and Gold (1948) 與 Hoyle (1948).

114 米爾內的評論：見 Kragh (1996), p.190.

115 「這個定律肯定就是能量守恆律」：Born (1949).

116 「一廂情願的猜測」：Michelmore (1962), p.253.

117 「要向那些遲鈍的人，解釋物理、數學」：霍伊爾，見 Kragh (1996), p.192.

118 「我發現我的論文很難被期刊接受及刊登」：同上.

119 「我覺得這種說法不無道理」：同上，p.270.

120 電波天文學的誕生：見 Jansky (1933), Reber (1940) 與 Reber (1944).

121 「我認為這些理論家誤解了實驗的數據」：賴爾在皇家天文學會，1955 年，見 Lang and Gingrich (1979).

122 「如果我們接受大多數電波星是位在銀河系外的結論」：Ryle (1955).

123 「不要相信他們，這裡面可能有很多錯誤」：勾德，見 Weart (1978).

124 「劍橋版目錄是受到其電波干涉儀的低解析度的影響」：Mills and Slee (1956).

125 「電波天文學的研究必須有更長足的進展」：Hanbury-Brown (1959).

126 「看起來已經提供了決定性的證據」：Ryle and Clarke (1961).

127 「《聖經》是正確的」：*Evening News and Star*, February 10, 1961.

128 「我不認為這宣判了連續創生論死刑……」：邦第，*The New York Times*, February 11, 1961.

129 「我踏入這個領域的第一步」：Wheeler (1998), p.228.

130 「激進的保守主義者」：A. Komar, 見 Misner (2010).

131 「在教導我們新的數學技巧時，他喜歡跟我們說」：Wheeler (1998), p.87.

132 關於費曼科學生涯的生動描述，可以在 Krauss (2012) 看到。

133 「發現它結構上的破綻可能躲在什麼地方」：Wheeler (1998), p.232.

134 「所謂『黑洞』的這種想法，一直跟我的理念不合」：同上，p.294.

135 「空間旅者」：德威特的論文 "Why Physics?" 見 DeWitt-Morette (2011).

136 「可謂適得其所」：溫伯格追悼德威特，見 DeWitt-Morette (2011).

137 「凡上升的必會下降」：巴布森，見 GRF 網站。

138 「重力就像一條龍一樣，上來將她抓了下去」：同上。

139 〈太空船驚奇之旅在望，若重力能被克服〉：*New York Herald Tribune*, November 21, 1955.

140 〈新的夢幻飛機可以飛到重力的領域外〉：*New York Herald Tribune*, November 22, 1955.

141 〈未來的飛機有可能在太空旅行中對抗重力與氣升〉：*Miami Herald*, December 2, 1955.

142 〈征服重力：美國境內最頂尖科學家的目標〉：*New York Herald Tribune*, November 20, 1955.

143 「最終有可能完全被我們控制，就像光及無線電波一樣」：同上。

144 德威特的得獎論文：1953年，見 GRF 網站。

145 「重力在過去三十年受到很少注意」：同上。

146 「我最快賺到的一千美金」：德威特，見 DeWitt-Morette (2011).

147 「重力這個主題通常是與各種奇幻的可能性牽扯在一起」：班森，見 DeWitt and Rickles (2011).

148 「有許多參加會議的人，想必昨天就來到這裡了」：Feynman (1985).

149 「它缺少實驗的支持」：費曼，見 DeWitt and Rickles (2011).

150 「不是實驗把我們往前推，而是想像力把我們往前拉」：同上。

151 「相對論似乎純粹是個數學上的理論」：狄基，見 DeWitt and Rickles (2011).

152 「今天辦公室發生了一件很可怕的事」：施密特，見 Wright (1975).

153 「從宇宙學的標準來看」：*Time* magazine, November 3, 1966.

154 「這地方的吸引力不會比巴拉圭好到哪裡去」：Schucking (1989).

155 「科學貧瘠的南方」：同上。

156 「導致電波源形成的那些能量」：Robinson, Schild, and Schucking (1965).

157 「無比美妙、壯觀，史無前例的重大事件」：*Life* magazine, January 24, 1964.

158 「quasar」：Chiu (1964).

159 「終態問題」：惠勒，見 Harrison, Thorne, Wakano, and Wheeler (1965).

160 「傑出與會者」：Schucking (1989).

161 「推展到連科幻小說作家也想像不到的地步」：*Life* magazine, January 24, 1964.

162 「天文物理學家則是透過合併另一種學問——廣義相對論，而擴張了……他們的帝國版圖」：Robinson, Schild, and Schucking (1965).

163 「讓我們期盼廣義相對論是對的」：同上。

164 「惠勒的演講讓我留下非常深刻的印象」：潘若斯，訪談，2011.

165 「廣義相對論的黃金年代」：Thorne (1994).

166 「你可以去問問夏瑪，他很懂這些東西」：同上.

167 「支持『老愛因斯坦』對抗『新愛因斯坦』」：同上.

168 「我們基本上不會去問那些錢是從裡來的」：同上.

169 克爾與潘若斯：關於克爾與潘若斯在第一屆德州會議的互動，見 Schucking (1989) 有非常生動的描述.

170 「聽眾並沒有太注意他在講什麼」：潘若斯，訪談，2011。

171 「蘭道理論物理檢定」：細節可在 Ioffe (2002) 找到。

172 「那畜性」：蘭道論澤多維奇，見 Gorelik (1997).

173 「我不再怕他，也不願意繼續研究核武器了」：蘭道，見 Gorelik (1997).

174 「他們做了太多假設了」：潘若斯，訪談，2011。

175 「偏離球狀對稱並無法避免奇異點的產生」：Penrose (1965).

176 「我就躲在角落」：潘若斯，訪談，2011。

177 「正是這張圖讓夏瑪改變了信念」：芮斯，訪談，2011。

178 「做了許多粗重的工作」：Bell Burnell (2004).

179 「我有辦法揮動大榔頭」：同上。

180 「我回家時覺得實在是受夠了」：同上。

181 「這輻射似乎是來自銀河系內的天體」：Hewish et al. (1968).

182 「記者問他一些……之類的問題」：Bell Burnell (1977).

183 「他們轉向我，問我身高體重三圍等資料」：Bell Burnell (2004).

184 〈看見小綠人的女孩〉：*The Sun,* March 6, 1968.

185 「pulsar」：*The Daily Telegraph,* March 5, 1968.

186 「我最後終於還是有機會出席這場盛會」：約瑟琳・貝爾，訪談，2011。

187 澤多維奇最重要的幾篇論文及附帶的評語：可參閱 Ostriker (1993).

188 「要掌握住任何一個領域百分之十的內容」：Sunyaev (2005).

189 「精神分析的教父」：Ostriker (1993).

190 「質量無比巨大、但相對來說塊頭並不大的天體」：Salpeter (1964).

191 「全部通過一個正常大小的排水孔流乾」：潘若斯，見 John (1973).

192 「受重力完全崩陷的天體」：Wheeler (1998), p.296.

193 「當你唸這名字十次之後」：惠勒，*The New York Times,* October 20, 1992.

194 「我們已經間接觀測它們許多年了」：Lynden-Bell (1969).

195 「廣義相對論在不到十年內，歷經了脫胎換骨般的轉變」：DeWitt and DeWitt (1973).

196 「當時有三組研究人員嘗試了解黑洞」：芮斯，訪談，2011。

197 「無法涵蓋所有我們感興趣的主題」：Novikov (2001).

198 「我看到黑洞從純粹是數學上的物件，變成人們真正相信的東西」：潘若斯，訪談，2011。

199 「廣義相對論這麼孤芳自賞」：德威特，見 DeWitt-Morette (2011).

200 包立致德威特：見 DeWitt-Morette (2011).

201 「狄拉克是我們很少見到的幽靈」：艾利斯，訪談，2012。

202 「受到大家的冷嘲熱諷」：達夫，訪談，2011，以及 Duff (1993).

203 「並不是在做物理」：康德拉斯，訪談，2011。

204 「上帝所撕裂的，人們就別想把它黏合起來」：Isham, Penrose, and Sciama (1975).

205 「看來只有奇蹟，才能拯救我們脫離無法重整化的困境」：達夫，見 Isham, Penrose, and Sciama (1975).

206 《自然》關於這場研討會的文章：這篇關於牛津研討會的報導是匿名寫成的，見 Nature, 248, 282 (1974).

207 「我們不應該把 T 視為黑洞的溫度」：Bekenstein (1973).

208 「蒸發」：Hawking (1974).

209 「它的威力相當於一百萬顆百萬噸級的氫彈」：同上。

210 「人們對霍金非常尊敬，但是沒人真的聽得懂他在講些什麼」：康德拉斯，訪談，2011年。

211 「大家普遍的反應是不可置信」：Hawking (1988).

212 「這場研討會最大的亮點」：Nature, 248, 282 (1974).

213 「物理史上最美的論文之一」：夏瑪，Boslough (1989).

214 B. Carr 筆下的惠勒：見 The Observer, January 1, 2012.

215 「我們在這個領域裡是第一名」：韋伯，見 The Baltimore Sun, April 7, 1991.

216 「思想的速率」：愛丁頓，見 Kennefick (2007).

217 重力波的真實性：在 DeWitt and Rickles (2011) 裡，有關於重力波真實性的討論。

218 「一個好徵兆」：Weber (1970b).

219 Weber 的研究成果：關於韋伯研究成果的報導，可以在《時代》雜誌與《紐約時報》看到，1970年。

220 重力輻射源：Tyson and Giffard (1978) 回顧了當時物理學家猜測存在的一些重力輻射源。

221 「尚無法完全排除韋伯實驗所提到的高質量耗損率為真的可能性」：Sciama, Field, and Rees (1969).

222 「大家都非常懷疑韋伯的實驗結果」：舒茲，訪談，2012。

223 「不是來自重力波，而且不可能來自重力波」：Garwin (1974).

224 約瑟夫・泰勒的研究成果：1978年在慕尼黑舉辦的第九屆德州會議中，

約瑟夫・泰勒展示了他的研究成果。會議論文集後來成為 Ehlers, Perry, and Walker (1980).

225 「要不是寫程式的人開槍結束自己的生命，就是跑程式的電腦整個炸掉」：密斯納，見 DeWitt and Rickles (2011).

226 在電腦上解黑洞碰撞問題：史瑪爾在 Christensen (1984) 介紹了最初的幾個步驟。

227 「天真的想法行不通」：普雷托瑞斯，訪談，2011年。

228 「這問題已經困難到……還沒辦法被解到一定的地步」：同上。

229 「天文物理學界大半的人似乎都覺得」：A. Tyson, *The New York Times*, April 30, 1991.

230 「應該等待某人想出一個比較便宜、也比較可靠的重力波偵測法再說」：奧斯崔克，*The New York Times,* April 30, 1991.

231 「不想引人矚目」：普雷托瑞斯，訪談，2011。

232 「真是煎熬」：同上。

233 「大家對那結果很感興趣」：同上。

234 「維持您身為一位科學家的聲譽」：戴森，見 Collins (2004).

235 「等到他挺身反對LIGO時」：舒茲，訪談，2012。

236 「環境科學中最偉大的一支」：芮斯，見 Turok (1997).

237 「宇宙常數」：Peebles (1971).

238 「骯髒的小祕密」：匹柏士，訪談，2011。

239 「我的學術生涯很快就演變成以狄基為中心」：匹柏士，見 Smeenk (2002).

240 「一門只有二或三個數的科學，總是讓我覺得很可悲」：匹柏士，見 Lightman (1988b).

241 「導致一個可以在不久的未來執行的實驗」：匹柏士，見 Smeenk (2002).

242 「已經被別人搶得先機了」：狄基，根據匹柏士在 Smeenk (2002) 裡的說法。

243 「一個相當困難、目前仍未解決，而且幾乎沒有人想去研究的問題」：雖然真正建立宇宙物理學的是匹柏士和同時代的學者，但最早揣測在擴張中的熱大霹靂模型與星系的形成之間，有某種非常根本的關聯性的，卻是 Lemaître (1934) 及 Gamow (1948).

244 大尺度結構：關於宇宙大尺度結構是如何形成的一些想法，可在 Silk (1968), Sachs and Wolfe (1967), Peebles and Yu (1970) 與 Zeldovich (1972) 找到。

245 「沒有人注意我們的論文」：匹柏士，訪談，2011.

246 「星系流……超星系」：德沃庫勒，見 Lightman (1988a).

247 「沒有任何證據顯示超星系存在」：同上。

248 「超星系團並不存在」：同上。

249 戴維斯談匹柏士：見 Lightman and Brawer (1990).

250 「我寫過幾篇非常刻薄的論文」：匹柏士，見 Lightman (1988b).

251 「內在空間與外在空間之間」：1984年，費米實驗室舉辦了一場探討「內在空間」與「外在空間」之間的關聯性的歷史性研討會，在 Kolb et al. (1986) 裡有關於這場研討會的介紹。

252 「發光物質的密度和某種暗物質的密度比較起來，顯然是小巫見大巫」：茲威基，見 Panek (2011), p.48.

253 「我們認為看不見之物質的發現，很可能會持續成為現代天文學的重要結論之一」：Faber and Gallagher (1979).

254 「我當時並不是那麼認真看待這個模型」：匹柏士，訪談，2011。

255 「有許多撒網的工作要做」：匹柏士，見 Smeenk (2002).

256 澤多維奇針對宇宙常數所做的估計：Zeldovich (1968).

257 「我們主張，在一個空間上平坦……」：Efstathiou, Sutherland, and Maddox (1990).

258 「一個有臨界能量密度及很大的宇宙常數的宇宙，看起來是個比較好的選項」：Ostriker and Steinhardt (1995).

259 「這個選項的問題……是它看起來不太可能」：Peebles (1984).

260 「一個非零的宇宙常數」：Efstathiou, Sutherland, and Maddox (1990).

261 「進行數量多到不切實際的微調」：Blumenthal, Dekel, and Primack (1988).

262 「我們如何能從理論的觀點，來解釋這個非零的宇宙常數？」：Ostriker and Steinhardt (1995).

263 「這感覺就像是在看著上帝」：史慕特在勞倫斯柏克萊國家實驗室的記者會上的說詞，1992。

264 「也為主張宇宙常數存在的理論，注入了新生命」：*The Washington Post,* January 9, 1998.

265 〈爆炸的恆星告訴我們存在一種萬有的排斥力〉：Glanz (1998).

266 「對於宇宙可能在加速，感到相當震驚」：CNN, February 27, 1998.

267 「我自己的反應大概是介於驚奇及恐懼之間」：施密特，*The New York Times,* March 3, 1998.

268 「最佳的解釋就是存在一個宇宙常數」：匹柏士，訪談，2011。

269 「在一個精靈從壺中被釋放出來後」：Zeldovich and Novikov (1971), p.29.

270 暗能量：最早提出暗能量這個詞的人是 Huterer and Turner (1998).

271 〈我們看到理論物理學的終點了嗎？〉：霍金演講的全文發表於 Boslough (1989).

272 霍金的演講：讀者可以在 Susskind (2008) 裡讀到關於霍金演講的生動描述。

273 「三部曲」：DeWitt-Morette (2011).

274 「惠勒感到非常興奮，開始在每個場合都跟人談論這個方程式」：同上。

275 「許多弦論的研究工作都在那裡完成」：葛爾曼在 *Science News* 上的專訪，September 15, 2009.

276 「M 可以代表 Magic、Mystery 或 Membrane，就看你喜歡哪一個」：維騰接受瑞典廣播公司的專訪，June 6, 2008.

277 「一個好理論不應該這樣」：費曼，Davies and Brown (1988), p.194.

278 「超弦理論物理學家還沒有證明他們的理論真的行得通」：格拉肖，Davies and Brown (1988).

279 「要成為一個物理學理論，弦論毫無信譽可言」：Friedan (2002).

280 「弦論是個絲綢錢包」：DeWitt-Morette (2011).

281 「它應該一直待在歷史的垃圾筒中」：同上。

282 「惠勒－德威特方程是錯的」：同上。

283 「我傾向於把他的研究視為浪得虛名」：同上。

284 「我們已經運用弦論及 M 理論，獲致了重大的進展」：達夫，訪談，2011。

285 「M理論是宇宙的完備理論的唯一候選人」：Hawking and Mlodinow (2010), p.181.

286 「指責他們老是喜歡宣稱『量子重力』與『迴圈量子重力』是同義詞」：達夫，訪談，2011。

287 「他們甚至沒辦法計算出重力子會做什麼事」：康德拉斯，訪談，2011。

288 「這個將自己塑造成是主導物理學方向的社群」：施莫林，見 *Wired*, September 14, 2006.

289 弦論年會：2008年在弦論的年度大會上（Strings 2008是在歐洲粒子物理研究中心舉辦），羅威利終於受邀介紹迴圈量子重力。

290 「不同意，就拉倒！」：*The Big Bang Theory*（宅男行不行）第二季，第二集，Chuck Lorre Productions/CBS.

291 「近似的、暫時的、古典的概念」：Witten (1996a).

292 「小尺度下的幾何」：Wheeler (1955).

293 「大自然所提供的方程式之美……能給人帶來一種強烈的情緒反應」：狄拉克接受加拿大廣播電台的專訪，1979。

294 「實驗學家，尤其是在NASA的那些人，對於有藉口來挑戰愛因斯坦的理論，可是高興得不得了」：Brans (2008).

295 「一個興趣廣泛的人」：沙卡洛夫談澤多維奇，見 Sakharov (1988).

296 「我不了解沙卡洛夫是如何思考的」：澤多維奇談沙卡洛夫，見 http://www.joshuarubenstein.com/KGB/KGB.html

297 「像霍金這樣的人是把一生都投入科學研究，沒有任何事物會讓他們分心」：澤多維奇談沙卡洛夫，見 Sunyaev (2005).

298 「我覺得我不得不站出來大聲說話」：Sakharov (1992).

299 「廣義相對論是宇宙學可行模型的第一選擇」：Peebles (2000).

300 「為什麼在廣義相對論中，人們總是以某種方式在做研究」：貝肯斯坦，訪談，2011。

301 「有些人看著我的那種表情」：同上。

302 「髒字眼」：N. Turok，訪談，2005。

303 「那些從事MOND研究的人，應該受到多一點的鼓勵」：匹柏士，見 Smeenk (2002).

304 「我們必須注意到，MOND對上暗物質的這個議題，並不只是學術上的爭論而已」：貝肯斯坦，訪談，2011。

305 「我認為，現在是提出一個相對論性物理理論的實例，來正面迎戰前述論證的時候了」：同上。

306 貝肯斯坦的理論：見 Bekenstein (2004).

307 黃金年代結束時出版的教科書：我所談到的兩本經典教科書是 Misner, Thorne, and Wheeler (1973) 與 Weinberg (1972).

308 事件視界望遠鏡：在 http://www.eventhorizontelescope.org/ 可以看到關於事件視界望遠鏡的描述。

309 〈銀河系的黑洞已被證實〉：http://news.bbc.co.uk/2/hi/science/nature/7774287.stm.

310 〈證據顯示銀河系中央的黑洞存在〉：*The New York Times*, September 6, 2001.

311 「最近觀測到的一個類星體」：M. Capellari 被問到關於至今被發現的最大黑洞的事，請參見 http://www.bbc.co.uk/news/science-environment-16034045。

312 LHC會產生黑洞：讀者可以在 http://www.lhcdefense.org/press.php 看到那些反對任由LHC產生黑洞的人士的一些有趣反應。

313 「這就好像是在問，北極的北邊是什麼」：約瑟琳‧貝爾，訪談，2011。

314 「我不相信那些其他宇宙的存在性已經獲得證明」：Ellis (2011b).

315 「多重宇宙的論證是個有其根據的哲學主張」：Ellis (2011a).

316 「但願目前關於弦論的這些討論是走偏了」：維騰，見 Battersby (2005).

科學文化 167A

完美的理論
一整個世紀的天才與廣義相對論之戰
The Perfect Theory
A Century of Geniuses and the Battle over General Relativity

原著 —— 費瑞拉（Pedro Ferreira）
譯者 —— 蔡承志
科學文化叢書策劃群 —— 林和（總策劃）、牟中原、李國偉、周成功

總編輯 —— 吳佩穎
編輯顧問暨責任編輯 —— 林榮崧
封面設計暨美術編輯 —— 江儀玲

出版者 —— 遠見天下文化出版股份有限公司
創辦人 —— 高希均、王力行
遠見・天下文化・事業群 董事長 —— 高希均
事業群發行人／CEO —— 王力行
天下文化社長 —— 林天來
天下文化總經理 —— 林芳燕
國際事務開發部兼版權中心總監 —— 潘欣
法律顧問 —— 理律法律事務所陳長文律師
著作權顧問 —— 魏啟翔律師
社址 —— 台北市 104 松江路 93 巷 1 號 2 樓
讀者服務專線 —— 02-2662-0012 ｜ 傳真 —— 02-2662-0007, 02-2662-0009
電子郵件信箱 —— cwpc@cwgv.com.tw
直接郵撥帳號 —— 1326703-6 號 遠見天下文化出版股份有限公司

排版廠 —— 極翔企業有限公司
製版廠 —— 東豪印刷事業有限公司
印刷廠 —— 祥峰印刷事業有限公司
裝訂廠 —— 台興印刷裝訂股份有限公司
登記證 —— 局版台業字第 2517 號
總經銷 —— 大和書報圖書股份有限公司 電話 —— 02-8990-2588
出版日期 —— 2015 年 4 月 27 日第一版第 1 次印行
　　　　　　2023 年 4 月 25 日第二版第 3 次印行

國家圖書館出版品預行編目 (CIP) 資料

完美的理論：一整個世紀的天才與廣義相對
論之戰 / 費瑞拉 (Pedro Ferreira) 著；蔡承
志譯. -- 第一版. -- 臺北市：遠見天下文
化, 2015.04
　面；　公分. --（科學文化；167）
譯自：The perfect theory : a century of geniuses
and the battle over general relativity
　ISBN 978-986-320-715-3（平裝）

1. 相對論

331.2　　　　　　　　　　　104005721

定價 —— NTD450
書號 —— BCS167A
4713510947340
天下文化官網 —— bookzone.cwgv.com.tw

天下文化
BELIEVE IN READING